DEUTSCHE ENTOMOLOGISCHE ZEITSCHRIFT

HERAUSGEGEBEN VOM

Zoologischen Museum

MUSEUM FÜR NATURKUNDE
DER HUMBOLDT-UNIVERSITÄT
ZU BERLIN

Chefredakteur:

Prof. Dr. H.-J. Hannemann

Neue Folge Band 33

1986

Heft 3—5

Ausgegeben am 17. Oktober 1986

AKADEMIE-VERLAG · BERLIN

ISSN 0012-0073 Dtsch. ent. Z., Berlin 33 (1986) 3—5, 129—296

Instructions for Authors

1. Papers should be type-written in German, English or French. They must be sent in a final form ready for publication.
2. Manuscripts should be typed with double spacing, on one side of the paper, quarto size, leaving a top and left hand 4 cm margin.
3. A brief abstract in English must precede the text of all articles.
4. Bibliographical references should be listed in alphabetical order at the end of the paper followed by the full address of the author.
5. Figures (line drawings with black India ink on strong or transparent paper) should be numbered consecutively with Arabic numerals.
6. Legends of figures must be type-written on a separate sheet.
7. The author receives 60 reprints free of charge.
8. Manuscripts should be addressed to the Editor-in-Chief, Prof. Dr. H.-J. Hannemann, Zoologisches Museum der Humboldt-Universität, Invalidenstr. 43, DDR-1040 Berlin.

Bestellungen sind zu richten

- **in der DDR**
  an das Zeitungsvertriebsamt der Deutschen Post, Abt. Zentralvertrieb Berlin, 1017 Berlin, Straße der Pariser Kommune 3–4
  oder an den AKADEMIE-VERLAG BERLIN, DDR-1086 Berlin, Leipziger Str. 3–4;
- **im sozialistischen Ausland**
  an eine Buchhandlung für fremdsprachige Literatur oder an den zuständigen Postzeitungsvertrieb;
- **in der BRD und Berlin(West)**
  an eine Buchhandlung oder an die Auslieferungsstelle KUNST UND WISSEN, Erich Bieber OHG, Wilhelmstr. 4–6, D-7000 Stuttgart 1;
- **in den übrigen westeuropäischen Ländern**
  an eine Buchhandlung oder an die Auslieferungsstelle KUNST UND WISSEN, Erich Bieber GmbH, General Wille-Str. 4, CH-8002 Zürich;
- **im übrigen Ausland**
  an den internationalen Buch- und Zeitschriftenhandel; den BUCHEXPORT, Volkseigener Außenhandelsbetrieb der Deutschen Demokratischen Republik, DDR-7010 Leipzig, Postfach 160;
  oder an den AKADEMIE-VERLAG BERLIN, DDR-1086 Berlin, Leipziger Str. 3–4.

DEUTSCHE ENTOMOLOGISCHE ZEITSCHRIFT

Herausgeber: Zoologisches Museum – Museum für Naturkunde der Humboldt-Universität zu Berlin.

Verlag: Akademie-Verlag Berlin, DDR-1086 Berlin, Leipziger Str. 3–4; Fernruf: 2236221 oder 2236229; Telex-Nr. 114420; Bank: Staatsbank der DDR, Berlin, Kto.-Nr. 6836-26-29712.

Chefredakteur: Prof. Dr. Hans-Joachim Hannemann.

Anschrift der Redaktion: Zoologisches Museum der Humboldt-Universität zu Berlin, DDR-1040 Berlin, Invalidenstr. 43.

Veröffentlicht unter der Lizenznummer 1325 des Presseamtes beim Vorsitzenden des Ministerrates der DDR.

Gesamtherstellung: VEB Druckerei „Thomas Müntzer", DDR-5820 Bad Langensalza.

Erscheinungsweise:
Die Deutsche Entomologische Zeitschrift erscheint jährlich in einem Band mit 5 Heften. Bezugspreis je Band 125,– DM zuzüglich Versandspesen. Preis je Heft 25,– DM. Der gültige Jahresbezugspreis für die DDR ist der Postzeitungsliste zu entnehmen.

Bestellnummer dieses Heftes: 1032/33/3–5.

AN (EDV) 55217 · AN (ZV) 1118001139

02100

DEUTSCHE ENTOMOLOGISCHE ZEITSCHRIFT

HERAUSGEGEBEN VOM

Zoologischen Museum

**MUSEUM FÜR NATURKUNDE
DER HUMBOLDT-UNIVERSITÄT
ZU BERLIN**

Chefredakteur:
Prof. Dr. H. J. Hannemann

Neue Folge Band 34
Jahrgang 1987

AKADEMIE-VERLAG BERLIN

Inhaltsverzeichnis vom Band 34

(Es erschienen Heft 1—3: 15. März 1987; Heft 4—5: 15. September 1987)

Arachnida

Coleoptera

Diplopoda, Polydesmida

Diptera

Heteroptera

Homoptera

Hymenoptera

Lepidoptera

Odonata

Orthopteromorpha

Trichoptera

In Band 34 (1987) erschienene Neubeschreibungen

DEUTSCHE ENTOMOLOGISCHE ZEITSCHRIFT

N. F. Band 33 | Heft 3—5 | 17. Oktober 1986

Dtsch. ent. Z., N. F. **33** (1986) 3—5, 129—135

Eine neue Aphis-Art von Astragalus cicer

(Homoptera: Aphididae)

Von

FRITZ PAUL MÜLLER

Mit 2 Tafeln

Abstract

Aphis ciceri n. sp. taken from Astragalus cicer near Jena is described through material sampled at the locus typicus as well as acquired by rearing the aphid on its natural host in the field insectary. The new species resembles in its morphology *A. acetosae* L. Distinguishing characters facing *A. acetosae* and *Aphis* species known from Astragalus are given.

Fundatrix

Morphologische Kennzeichen. Körper rundlich, 1,89—2,06 mm. Abdominales Dorsum bis auf das VII. und VIII. Tergit weichhäutig. Marginaltuberkel an den Hinterleibssegmenten II bis IV vorhanden.

Jedes der untersuchten 4 Tiere hat sowohl am V. wie am VI. Hinterlebssegment auf einer Seite oder beidseitig einen kleinen Marginalhöcker. Die beiden Seitenteile der mesothoracalen Furca durch einen dünnen Steg miteinander verbunden.

Cuticula des Kopfes wenig gewellt, fast glatt. Stirnprofil ziemlich flach. 4 von den 8 untersuchten Fühlern sind deutlich 6gliedrig, bei den übrigen 4 sind das III. und das IV. Glied miteinander verwachsen. Fühler 1,14—1,25 mm lang, $^3/_5$ (0,58—0,62) der Körperlänge, ohne sekundäre Rhinarien. Processus terminalis 1,6—2,0mal so lang wie die Basis des VI. Fühlergliedes, bei normal 6gliedrigen Fühlern 0,67—0,75 der Länge von Glied III. Rostrum mit seiner Spitze den Hinterrand der Coxen des III. Beinpaares erreichend. Letztes Rüsselglied so lang wie das II. Glied der Hintertarsen.

Siphonen 0,20—0,25 mm, $^1/_9$—$^1/_8$ der Körperlänge, in der basalen Hälfte manchmal leicht geschwollen, ohne deutliche Flansche. Cauda zungenförmig, 0,18—0,22 mm, ungefähr $1^1/_2$mal so lang wie an der Basis breit, 0,79—0,95 der Länge der Siphonen.

Chaetotaxie. Haare fein und nur wenig hervortretend, kürzer als bei dem ungeflügelten viviparen Weibchen. Letztes Rüsselglied mit 2 proximalen Haaren, Zahl der Haare an der Cauda 9—12.

Färbung und Pigmentierung. Grundfärbung nicht notiert. Kopf, die Fühlerglieder I und II, Coxen, distale Hälfte der Hinterschenkel, Tibienende und die Tarsen braun. Siphonen, Cauda und Genitalplatte dunkelbraun.

Beschreibung nach 4 Tieren, die am 16. Mai 1983 der Zucht an Astragalus cicer entnommen worden waren.

Ungeflügeltes vivipares Weibchen (Tafel I, Fig. 1)

Morphologische Kennzeichen. Körper rundlich oval, 2,22—2,61 mm. Sklerotisch sind außer Kopf und Pronotum große marginale und spinopleurale Partien des Mesonotums, breite spinopleurale Querplatten der Abdominalsegmente I bis VIII und postsiphonale, mit dem Querband des VI. Segments verbundene Sklerite. Die Querplatten auf den drei proximalen Abdominaltergiten manchmal nur schwach entwickelt. Spinopleurale Hinterleibssklerite I bis VI mit deutlich netzartiger Skulptur. Große Marginaltuberkel sind außer am I. und VII. regelmäßig auch am II., III., und IV. Hinterleibssegment vorhanden. Von 36 Individuen hatten 18 am V., 15 am VI. Hinterleibssegment auf einer Körperseite oder beidseitig einen kleinen Marginaltuberkel. Mesothoracale Furca nicht zweigeteilt.

Cuticula des Kopfes glatt. Stirnprofil ziemlich flach, Fühlersockel nur wenig hervortretend. Fühler immer deutlich 6gliedrig, 1,44—1,80 mm, $^2/_3$ (0,62—0,73) der Körperlänge, ohne sekundäre Rhinarien. Processus terminalis 2,5—3,1mal so lang wie die Basis des VI. Fühlergliedes, 0,86—1,12 der Länge von Glied III. Rostrum mit seiner Spitze den Hinterrand der Coxen des III. Beinpaares erreichend. Letztes Rüsselglied so lang (0,94—1,07) wie das II. Glied der Hintertarsen.

Siphonen 0,25—0,39 mm, $^1/_{10}$—$^1/_6$ der Körperlänge, in der basalen Hälfte manchmal leicht geschwollen, Flansche wenig hervortretend. Cauda zungenförmig, ungefähr $1^1/_2$mal so lang wie an der Basis breit, 0,21—0,24 mm, 0,62—0,85 der Länge der Siphonen.

Chaetotaxie. Alle Haare fein gespitzt. Längste Haare auf der Stirn 27—30 µm, am III. Fühlerglied 27—33 µm und $1^1/_4$mal so lang wie der Durchmesser dieses Gliedes, auf dem III. Abdominaltergit 23—32 µm. Letztes Rüsselglied mit 2 bis 4 Haaren außer den drei apikalen Haarpaaren, an der Cauda 9—16, meist 12—15 Haare. Erste Tarsenglieder mit 3, 3, 2 Haaren.

Färbung und Pigmentierung. Körper sehr dunkel grün, schwarz erscheinend, dorsal ± glänzend, ventral matt. Kopf, Genitalplatte, untere Afterklappe, Siphonen und Cauda sehr dunkel pigmentiert. Sklerite des Thorax und des Abdomens braun. Marginaltuberkel hellbraun. Grundfärbung der Fühler und Beine sehr hell bräunlich. Fühlerglieder der I, II und VI, die distalen $^2/_5$ der Hinterschenkel, Tibienenden und Tarsen braun. Siphonen parallel getragen.

Kleine Larven smaragdgrün, große Larven dunkel smaragdgrün. Alle Larven grau bereift, Kolonien deshalb bläulichgrau erscheinend.

Beschreibung nach 36 Tieren, die entweder am 19. Juli 1977 am Fundort gesammelt oder, nachdem am 13. August 1979 am Fundort erneut Material entnommen worden war, durch Züchtung auf Astragalus cicer gewonnen und am 15. und 24. August 1979 konserviert wurden.

Maße eines Tieres (Holotypus, gesammelt am 19. Juli 1977 bei Leutra von Astragalus cicer): Körper 2,47 mm, Fühler 1,67 mm, Siphonen 0,36 mm, Cauda 0,24 mm, Längenverhältnisse der Fühlerglieder:

$$\frac{100}{\text{III}}:\frac{78}{\text{IV}}:\frac{65}{\text{V}}:\frac{(34+98)}{\text{VI}}.$$

Geflügeltes vivipares Weibchen (Tafel 1, Fig. 2)

Morphologische Kennzeichen. Länge 2,08—2,61 mm. Kopf und Thorax sklerotisch. Das Abdomen hat ziemlich große Marginal- und Postsiphonalsklerite sowie deutliche pleurale Muskelsklerite. Spinopleurale Sklerite auf den Tergiten VI, VII und VIII, das erstere manchmal mit den postsiphonalen Skleriten verbunden. Große Marginaltuberkel außer am I. und VII. auch am II., III. und IV. Hinterleibssegment. Von 12 Individuen hatten 9 am V. und 9 am VI. Abdominalsegment auf einer Körperseite oder beidseitig einen kleinen Marginalhöcker. Flügelgeäder normal; Media zweimal gegabelt.

Kopf mit niedrigen Fühlersockeln und median schwach konvex, Stirnocellus wenig hervortretend. Cuticula des Kopfes fast glatt. Fühler 6gliedrig, 1,56—1,90 mm, $^{2}/_{3}$—$^{4}/_{5}$ der Körperlänge. Flagellarglieder schwach geschuppt. Processus terminalis $2^{1}/_{2}$—3mal so lang wie die Basis des VI. Fühlergliedes, 0,83—1,03 der Länge von Glied III. Am III. Fühlerglied 6—10 in einer Reihe angeordnete Rhinarien. Von 26 Fühlern hatten 5 am IV. Glied ein Rhinarium, die übrigen Fühlerglieder ohne sekundäre Rhinarien.

Siphonen mit schwach schuppiger Skulptur, nahezu zylindrisch und ohne deutliche Flansche, 0,20—0,28 mm, $^{1}/_{10}$—$^{1}/_{8}$ der Körperlänge, Cauda länglich zungenförmig, am proximalen $^{1}/_{3}$ leicht eingeschnürt, $1^{1}/_{3}$mal so lang wie an der Basis breit, 0,18—0,20 mm, $^{7}/_{10}$—$^{9}/_{10}$ der Länge der Siphonen.

Chaetotaxie. Längste Haare auf der Stirn und am III. Fühlerglied 33 µm, $1^{1}/_{4}$mal so lang wie der Durchmesser von Glied III. An der Cauda 11—15, meist 13 oder 14 Haare. VIII. Abdominaltergit mit 2 oder 3 Haaren. Übrige Merkmale wie bei der ungeflügelten Virgo.

Färbung und Pigmentierung. Kopf und Thorax schwarz. Abdomen dunkelgrün. Dorsum glänzend. Fühler in der gesamten Länge fast gleichmäßig braun, nur Glieder I und II dunkler. Basis der Schenkel und die Schienen hellbraun. Distale $^{2}/_{3}$ der Schenkel, Enden der Tibien und die Tarsen dunkelbraun. Genitalplatte, untere Afterklappe, Siphonen und die Cauda sehr dunkel pigmentiert. Marginal- und Postsiphonalsklerite, spinopleurale Sklerite auf den Hinterleibssegmenten VI, VII und VIII, Muskelsklerite und ein meist unterbrochenes Querband auf dem V. Hinterleibstergit dunkelbraun. Marginaltuberkel höchstens nur sehr schwach gebräunt.

Nymphen dunkelsmaragdgrün, querstreifig bereift, aber ohne segmentale Wachspuderflecke.

Beschreibung nach 13 Tieren, die entweder am 19. Juli 1977 am Fundort gesammelt oder am 4. und 15. August 1979 aus der Zucht auf Astragalus cicer entnommen worden waren.

Maße eines Tieres (aus Zucht entnommen am 15. August 1979): Körper 2,47 mm, Fühler 1,70 mm, Siphonen 0,25 mm, Cauda 0,18 mm. Längenverhältnisse der Fühlerglieder:

$$\frac{100}{\text{III}} : \frac{85}{\text{IV}} : \frac{65}{\text{V}} : \frac{(33 + 98)}{\text{VI}} .$$

Sekundäre Rhinarien an den Fühlergliedern: 7 und 7 an III, 0 und 1 an IV.

Ovipares Weibchen (Tafel 2, Fig. 3)

Morphologische Kennzeichen. Körper rundlich, 2,17—2,44 mm. Kopf und der größte Teil des Pronotums sklerotisch. Große marginale Sklerite und ein großes spinales Sklerit auf dem Mesonotum. Abdomen mit spinopleuralen Skleriten auf dem VII. und VIII. Tergit und schmalen, oft reduzierten oder gänzlich fehlenden Querbändern auf den übrigen Segmenten. Große Marginaltuberkel außer am I. und VII. regelmäßig auch am II., III. und IV. Hinterleibssegment vorhanden. Von 12 Individuen hatten 4 am V., 6 am VI. Abdominalsegment auf einer Körperseite oder beidseitig einen kleinen Marginalhöcker. Mesothoracale Furca nicht zweigeteilt. Genitalplatte undeutlich zweiteilig.

Cuticula des Kopfes glatt. Stirnprofil ziemlich flach. Fühler immer deutlich 6gliedrig, 1,28—1,61 mm, 0,58—0,66 der Körperlänge, ohne sekundäre Rhinarien. Processus terminalis 2,5—2,8mal so lang wie die Basis des VI. Fühlergliedes, etwa so lang (0,97—1,17) wie Glied III. Die Spitze des Rostrums die Coxen des III. Beinpaares erreichend. Letztes Rüsselglied so lang (0,93—1,0) wie das II. Glied der Hintertarsen. An den Hinterschienen keine Pseudosensorien erkennbar.

Siphonen 0,20—0,29 mm, $^1/_{10}$ (0,09—0,11) der Körperlänge, nahezu zylindrisch mit wenig entwickelter Flansche. Cauda zungenförmig, ungefähr $1^1/_2$mal so lang wie an der Basis breit, 0,14—0,20 mm, 0,64—0,9 der Länge der Siphonen.

Chaetotaxie. Haare fein gespitzt. Längste Haare auf der Stirn und am III. Fühlerglied 30 µm, $1^1/_3$mal so lang wie der Durchmesser von Fühlerglied III. Letztes Rüsselglied mit 2, 3 oder 4 Haaren außer den 3 apikalen Haarpaaren, an der Cauda 10—16 Haare. Erste Tarsenglieder mit 3, 3, 2 Haaren.

Färbung und Pigmentierung. Grundfärbung sehr dunkel grün, in Alkohol dunkel olivbraun. Marginalhöcker schwach gebräunt. Kopf, die Fühlerglieder I und II, Coxen, Siphonen, Genitalplatte, untere Afterklappe und Cauda dunkelbraun. Pigmentierung der Fühler und Beine wie bei der ungeflügelten Virgo.

Beschreibung nach 12 Tieren, die am 1. und 14. Oktober 1979 aus der Zucht an Astragalus cicer entnommen worden waren.

Männchen (Tafel 2, Fig. 4)

Morphologische Kennzeichen. Ungeflügelt. Körper oval, 1,56—1,89 mm. Kopf und Pronotum sklerotisch. Mesonotum mit großen marginalen Skleriten und großem spinalen Sklerit. Metanotum mit kleinen Marginalskleriten. Abdominales Tergum mit spinopleuralen Skleriten, die auf dem I. Segment immer und auf den übrigen Segmenten manchmal nur schwach entwickelt sind. Postsiphonale Sklerite deutlich, mit dem spinopleuralen Sklerit des VI. Tergits verbunden. Spinopleurale Hinterleibssklerite I bis VI mit deutlicher netzartiger Skulptur. Abdomen mit kleinen Marginalskleriten und mit Marginalhöckern außer am I. und VII. auch am II., III. und IV. Segment. Am V. und VI. Segment keine Marginalhöcker. Mesothoracale Furca vorhanden, nicht zweigeteilt.

Cuticula des Kopfes glatt, ohne Spuren von Ocellen. Stirnprofil ziemlich flach. Fühler immer deutlich 6gliedrig, 1,42—1,75 mm, 0,82—1,05 der Körperlänge. Processus terminalis 2,6—3,1mal so lang wie die Basis des VI. Fühlergliedes, 0,9—1,18mal so lang wie Glied III. Sekundäre Rhinarien an den Fühlergliedern: am III. 7—14, am IV. 9—24, am V. 2—10 (meist 6 oder 7), am IV. Glied nicht in einer Reihe angeordnet. Spitze des Rostrums den Hinterrand der Coxen des III. Beinpaares ein wenig überragend. Letztes Rüsselglied so lang wie das II. Glied der Hintertarsen.

Siphonen 0,12—0,18 mm, $^1/_{14}$—$^1/_{10}$ der Körperlänge, ohne erkennbare Flansche. Cauda zungenförmig, $1^1/_4$mal so lang wie an der Basis breit, 0,10—0,15 mm, $^4/_5$ bis so lang wie die Siphonen.

Chaetotaxie. Alle Haare fein gespitzt. Längste Haare auf der Stirn, am III. Fühlerglied und auf dem III. Abdominaltergit 22—27 µm, nur wenig länger als der Durchmesser des III. Fühlergliedes. Letztes Rüsselglied mit 2 bis 4 Haaren außer den 3 apikalen Haarpaaren. An der Cauda 10 bis 13 Haare. Erste Tarsenglieder mit 3, 3, 2 Haaren.

Färbung und Pigmentierung. Dunkel olivgrün, oben glänzend, ventral matt. Kopf, Fühler in ganzer Länge, distale $^3/_5$ der Hinterschenkel, Enden der Tibien, Tarsen, Siphonen und Cauda sehr dunkel pigmentiert. Spinopleurale und marginale Sklerite des Dorsums braun. Marginale Höcker leicht gebräunt.

Beschreibung nach 11 Tieren, die am 8. und 15. September und am 1. und 14. Oktober 1979 aus der Zucht an Astragalus cicer entnommen worden waren.

Wirtspflanze

Astragalus cicer L. (deutsch: Kicher-Tragant).

Fundort

Südhang gegenüber dem Dorf Leutra, 7 km südlich von Jena.

Typen

Holotypus (1 ungeflügeltes vivipares Weibchen) und Paratypen unter Nr. 2454 in der Sammlung des Verfassers. Paratypen auch im Zoologischen Museum der HUMBOLDT-Universität zu Berlin.

Biologie

Die Aphiden saßen an der Fundstelle in dichten Kolonien an den untersten Stengelteilen von Astragalus cicer bis 4 cm über dem Boden und bis unmittelbar unter der Erdoberfläche. Sie zeigten eine Bevorzugung für solche basale Stengelteile, die unmittelbar dem harten, steinigen Boden auflagen, besiedelten aber an diesen nur die der Erdoberfläche zugewandte Seite. Sie waren immer von Ameisen (*Formica rufa*) besucht. Die Kolonien enthielten am 19. Juli 1977 nur wenige Nymphen und wenige Geflügelte, am 13. August 1979 aber 15% Nymphen und 15% Geflügelte.

In Zuchten im Freiland-Insektarium an Astragulus cicer entstand gute Besiedelung an der Basis der Stengel und wie in der natürlichen Umgebung unterseits an niederliegenden Stengeln. Vereinzelte Geflügelte sind noch im August aufgetreten. Die Zuchten litten ab Anfang September an starker Verpilzung. Die ersten Sexuales zeigten sich am 8. September. Die oviparen Weibchen waren die Nachkommen von Ungeflügelten. Eiablage, Mitte September beginnend, an die Basis der Stengel. Die Aufzucht der Fundatrizen war schwierig.

Taxonomische Stellung

Die neue Art ist *Aphis acetosae* L. nach den morphologischen Kennzeichen ähnlich. Das gilt vor allem für die Geflügelten (Abb. 34 in F. P. MÜLLER, 1975). Jedoch die

Siphonen sind bei den *ciceri*-Geflügelten deutlich kürzer, bei den *acetosae*-Geflügelten so lang wie das IV. Fühlerglied. Den Ungeflügelten von *A. acetosae* fehlt die netzartige Skulptur auf den abdominalen Tergiten. *Aphis astragali* Ossiannilsson, 1959, beschrieben aus dem nördlichen Schweden, lebt an den „supraterraneous parts" von Astragalus alpinus. Von ihr ist nur die ungeflügelte Virgo beschrieben. Diese besitzt, wie die Abbildung des Autors ausweist, an den Hinterleibssegmenten II bis IV keine Marginalhöcker, und die Cauda ist wenig länger bis so lang wie die Siphonen. *Aphis tacita* Huculak, 1968, lebt von Ameisen besucht an den Wurzeln und am Wurzelhals von Astragalus arenarius in Nord-ost-Polen. Huculaks sehr gute, deutschsprachige Beschreibung umfaßt die ungeflügelte Virgo, das ovipare ♀ und das ♂. Die Sklerotisierung des zentralen abdominalen Dorsums ist einschließlich der netzartigen Skulptur ähnlich wie bei *A. ciceri* ausgebildet, aber es sind bei den ungeflügelten Virgines am Hinterleib pigmentierte marginale Sklerite vorhanden, welche bei *A. ciceri* fehlen. *A. tacita* hat auf den Abdominalsegmenten II bis IV nur unregelmäßig kleine Marginaltuberkel (auf Huculaks Abbildung sind keine eingezeichnet), der Processus terminalis ist nur 1,63—2,41mal so lang wie die Basis des VI. Fühlergliedes, die Siphonen sind mit $^1/_6$—$^1/_8$ der Körperlänge relativ etwas länger und der „Rüssel kaum die Hintercoxen erreichend". Bei dem ♂ von *A. tacita* ist der Processus terminalis nur 2,1mal so lang wie die Basis des VI. Fühlergliedes gegenüber 2,6—3,1 bei *A. ciceri.* — Holman und Pintera (1981) fanden an Astragalus cicer nur *Acyrthosiphon pisum* und *Therioaphis trifolii.*

J. Holman & Szelegiewicz (Acta ent. bohemoslov. 68, pp. 408—411, 1971) beschrieben *Aphis astragalicola* sp. n. von Astragalus sp. aus der Region Čita östlich des Baikalsees. Die Beschreibung, die erst nach Fertigstellung des vorliegenden Manuskripts ausgewertet werden konnte, betrifft nur das ungeflügelte vivipare Weibchen. Die Autoren bringen keine Angaben zur Biologie und erwähnen nur, daß ihre Aphide an den basalen Teilen der Stengel einer nicht identifizierten Astragalus-Art lebt. Größe und Anzahl der abdominalen Marginaltuberkel scheinen denjenigen von *A. ciceri* zu entsprechen. Die Sklerotisation des Hinterleibsrückens ist geringer und hauptsächlich auf die Segmente IV bis VI beschränkt. Postsiphonale Sklerite sind klein oder fehlen vollständig, bei *ciceri* dagegen auffallend groß und mit dem Querband des VI. Abdominalsegments verwachsen. Am VI. Fühlerglied ist der Processus terminalis 1,65—2,15mal so lang wie die Basis dieses Gliedes gegen 2,5—3,1 bei *ciceri.* Die Fühler sind mit 0,45—0,60 der Körperlänge etwas kürzer (0,62—0,73 bei *ciceri*). Der Rüssel ist „rather short, hardly reaching to the hind coxae", seine Spitze erreicht dagegen bei *ciceri* den Hinterrand der Coxen des III. Beinpaares. Die Haare sind bei *A. astragalicola* kürzer, z. B. auf dem Kopf und an den proximalen Abdominaltergiten nur 12—15 µm. Die Cauda hat eine mehr gedrungene Gestalt und trägt mit 8—10 weniger Haare als bei *ciceri.*

Danksagung

Ich danke meiner lieben Frau, Elfriede Müller, für ihre Hilfe bei der Erfassung der biometrischen Daten, meinen Mitarbeiterinnen Frau Hanna Steiner und Frau Ingrid Jennerjahn für die Herstellung der mikroskopischen Präparate in bester Qualität, für die Wartung der Zuchten und Pflanzen und die Anfertigung des Manuskriptes, Herrn Alfred Gold für die Anfertigung der Fotos.

Zusammenfassung

Aphis ciceri F. P. Müller lebt an den unteren Stengelteilen von Astragalus cicer L. von Ameisen besucht unmittelbar über der Erdoberfläche. Ungeflügelte und geflügelte vivipare Weibchen wurden an einem Süd-Hang bei Jena gesammelt. Die Oviparen und die immer ungeflügelten ♂♂, welche ebenfalls beschrieben werden, erhielt man in Zuchten an der natürlichen Wirtspflanze im Freiland-Insektarium. In ihrer Morphologie ist die neue Art *Aphis acetosae* L. ähnlich. Beide Arten sind kenntlich durch große Marginaltuberkel am II., III. und IV. Abdominalsegment, welche zwei anderen an Astragalus lebenden *Aphis*-Arten, nämlich *A. astragali* OSSIANNILSSON und *A. tacita* HUCULAK fehlen. Die spinopleuralen abdominalen Sklerite der apteren Virgines haben bei *ciceri* eine kräftige netzartige Skulptur, während sie bei *acetosae* annähernd glatt sind. Die Siphonen sind bei *ciceri* etwas kürzer als bei *acetosae*.

Summary

Aphis ciceri F. P. MÜLLER lives on the lower stem parts of Astragalus cicer L. immediately above the soil surface attended by ants. Apterous and alate viviparous females were sampled on a south slope near Jena. The oviparae and the apterous males which are described too were obtained in cultures on the natural host plant in the field insectary. As to its morphology the new species is similar to *Aphis acetosae* L. Both species are distinguished by large marginal tubercles on the IInd, IIIrd and IVth abdominal segment which are deficient in two other *Aphis* species living on Astragalus, that are *A. astragali* OSSIANNILSSON and *A. tacita* HUCULAK. The spinopleural abdominal sclerites of the apterous viviparous females bear a strong reticulated sculpture in *ciceri* whereas they are approximately smooth in *acetosae*. The siphunculi in *ciceri* are somewhat shorter than in *acetosae*.

Literatur

HOLMAN, J. und A. PINTERA (1981): Übersicht der Blattläuse (Homoptera, Aphidoidea) der Rumänischen Sozialistischen Republik. — Verlag der Tschechoslowakischen Akademie der Wissenschaften, Prag.

HUCULAK, S. (1968): Eine neue Gattung und vier neue Blattlausarten (Homoptera, Aphididae) aus Polen. — Ann. Zool., Warschau **25:** 425—451.

MÜLLER, F. P. (1975): Bestimmungsschlüssel für geflügelte Blattläuse in Gelbschalen. — Arch. Phytopathol. u. Pflanzenschutz, Berlin **11:** 49—77.

OSSIANNILSSON, F. (1959): Contributions to the knowledge of Swedish aphids, I, — Kungl. Lantbrukshögskolans Ann. **25**: 1—46.

Anschrift des Verfassers

Prof. Dr. sc. phil. F. P. MÜLLER
WILHELM-PIECK-Universität Rostock
Sektion Biologie
DDR-2500 Rostock, Wismarsche Str. 8

Buchbesprechungen

SCHÜTT, P., &c. [5 Mitautoren] (1983): **So stirbt der Wald. Schadbilder und Krankheitsverlauf.** — 2. Aufl.; München usw. (BLV-Verlag); 95 S., 64 Farbfotos, 7 farbige Grafiken; brosch. DM 9.80. —

Eine fleißige und anschauliche Lehrfibel der Wissenschaftler des Lehrstuhls für Forstbotanik an der Universität München über die Waldschäden unter Hervorhebung des Verhaltens verschiedener Baumarten — wegen der Kompliziertheit der Phänomenologie auch für den Fachmann von Nutzen. Differenzierung zu nicht dem Waldsterben zugehörige andere Krankheiten und Sekundärschäden an Bäumen (aber ohne Schadinsekten). Vorzüglich gegliedert und glänzend illustriert, klare Darstellung der Entwicklung unserer Kenntnisse vom Waldsterben sowie Diskussion der gängigen Hypothesen, die zur Abgrenzung des modernen Waldsterbens (in der BRD) gegenüber bloßen Rauchschäden durch SO_2 (im Erzgebirge) zwingen. Am Schluß ein kurzes Glossarium.

Wd. EICHLER (Berlin) und E. MEY (Rudolstadt).

EDWARDS, St. R., & BELL, B. M., & KING, M. E. [Hg.] (1981): **Pest control in museums: A status report (1980).** — Lawrence/Kansas/USA (Association of Systematics Collections); ca. XXVI + 177 S., 32 Abb., brosch. —

Schädlingsbekämpfung in Sammlungen gehört zu den wichtigsten Aufgaben des Kustos, wird aber oft etwas stiefmütterlich behandelt oder bloß traditionell weitergeführt. Vorliegendes Buch ist aus Einzelbeiträgen zusammengesetzt (neben den Herausgebern sind noch weitere 7 Autoren als Verfasser zusätzlicher Beiträge beteiligt), leider in der Anordnung z. T. schwer übersichtlich (offenbar schlecht koordiniert; so wird beispielsweise die jeweils getrennte Paginierung der Anhangskapitel als störend empfunden). Mustergültig sind die meisten Zeichnungen der sammlungsschädlichen Insekten; man hätte sich aber zu den Zeichnungen auch Größenvergleichsmarken gewünscht. Referent hat geschmunzelt, auch hier dem weitverbreiteten Schreibfehler *Blatella* zu begegnen. Der Pestizid-Teil wird durch ein Fachwörter-Glossarium begonnen, dann werden „in Museumssammlungen erlaubte" Insektizide (z. B. Dichlorvos-Strips; obwohl Dichlorvos bei Ratten zu Fortpflanzungsschäden führt und deshalb die Analogie zum Menschen ausdrücklich gefürchtet wird) von darin „verbotenen" unterschieden (z. B. Paradichlorbenzol, Tetrachlorkohlenstoff); Lindan fehlt erstaunlicherweise völlig. Einen großen Teil des Buches umfaßt die Darstellung von einschlägigen gesetzlichen Bestimmungen in den USA. Nützlich ist gewiß auch die Aufzählung staatlicher Institutionen, die bei akuten Problemen beraten oder helfen können. Sie erfolgt in alphabetischer Anordnung der US-Bundesstaaten. Umso erstaunter ist man, hier die Marianen und „American Samoa" alphabetisch eingeordnet zu finden. Dem Herausgeber hätte es gewiß nicht schlecht angestanden, hier mehr Rücksicht auf das diplomatische Protokoll zu nehmen

WD. EICHLER

CHRISTIAN STEINBERG u. BRIGITTE LENHART: **Wenn Gewässer sauer werden. Ursachen, Verlauf, Ausmaß.** BLV Umweltwissen. 1985. 127 Seiten, 57 Farbfotos, 6 s/w-Fotos, 28 Zeichnungen, Format 12,5 × 19 cm, broschiert. BLV Verlagsgesellschaft München/Wien/Zürich. Preis 14.80 DM. ISBN 3-405-13145-6.

Die Luftverschmutzung durch Verkehrsmittel, Haushalte, Industrie und Kraftwerke bedroht nicht nur die Wälder sondern führt auch zur Boden- und Gewässerversauerung. Durch Windströmung können Schadstoffe, wie SO_2, Stickoxide und Stäube weit verfrachtet werden. Niederschläge säuern den Boden und das Wasser der Seen, vor allem in den Urgesteinsregionen, wo der zur Neutralisierung notwendige Kalk fehlt. Besonders die Seen in Südskandinavien sind hiervon betroffen infolge der Abgase aus den in Westeuropa gelegenen Industriezentren.

Sehr anschaulich wird die Problematik dieses schwerwiegenden Eingriffes des Menschen in vormals intakte Ökosysteme dargestellt. Der Leser erhält einen guten Einblick in Ursachen, Verlauf und Ausmaß der Versauerung. Breiten Raum nehmen die Ausführungen über die biologischen Auswirkungen auf Pflanzen und Tiere ein, deren sichtbarste Folge das Aussterben von Fischen ist. Mögliche Gegenmaßnahmen werden erörtert. Ein Glossar, Literaturhinweise und ein Register beschließen das Werk. Dieses Taschenbuch spricht nicht nur den Fachmann sondern wegen der höchst aktuellen Thematik breite Kreise der Öffentlichkeit an.

HANNEMANN

Dtsch. ent. Z., N. F. 33 (1986) 3—5, 137—175

Die Gruppe des Bembidion (Subgenus: Ocydromus CLAIRV.) decorum ZENKER

(Coleoptera: Carabidae)

Von

GERD MÜLLER-MOTZFELD

Mit 8 Abbildungen im Text und 9 Tafeln

Abstract

The group of *Bembidion* (Subgenus: *Ocydromus* CLAIRVILLE) *decorum* ZENK. (Coleoptera, Carabidae, Bembidiini).

A taxonomic and phylogenetic review of the "*decorum*-group" is given on the base of morphological studies. The internal structure of genitals of males, the microsculpture of the cuticular body surface (caput, pronotum, elytrae), the form of the postangular carina of the pronotum and the deep of elytral striation are studied and partial figured.

9 species with 13 geographical races and 5 infrasubspecifical forms (natio) including a new species (*B. hiekei* nov. spec. from Kopet-Dagh-mountains in Turkmenia) belong to the "*decorum*-group". A catalogue of all forms, tabels for determination and a particular characteristic each of these forms with remarks on synonymy, taxonomy, distribution and phylogeny are given. Some problems by the cladistic analysis of this group are discussed.

Inhalt

1. Einleitung

In der Bestimmungstabelle der *Bembidion*-Arten des paläarktischen Gebietes werden von NETOLITZKY (1942/43) die Gruppen des *decorum* ZENK. und *siculum* DEJ. anhand der Ausbildung des Postangularfältchens unterschieden. Jede dieser Gruppen wurde als Superspecies aufgefaßt, die aus den in Rassen gegliederten polytypischen namengebenden Arten und einigen stärker abweichenden Formen, die als selbständige Arten abgetrennt wurden, besteht. Zumindest für die westpaläarktische Fauna läßt sich diese Trennung nicht aufrecht erhalten, was vor allem anhand des Penisfeinbaus nachgewiesen werden kann. Im weiteren werden beide Gruppen als Einheit behandelt, deren Name nach der ältesten bekannten Art: *Bembidion decorum* Zenk. als „*decorum*"-Gruppe festgelegt wird.

Diese Gruppe gehört zusammen mit den Gruppen der *B. atlanticum/saxatile/modestum* zum Subgenus *Ocydromus* Clairville s. str., das durch einen typischen Penis-Innenbau und deutliche Punktierung des Scheitels charakterisiert werden kann. Typusart des Subgenus ist *B. modestum* F. *Ocydromus* s. str. gehört zusammen mit *Peryphanes*, *Peryphiolus*, *Peryphus* u. a. zur *Ocydromus*-Reihe (*Peryphus*-Reihe nach Netolitzky 1942/43). Eine phylogenetisch begründete Gliederung dieser Reihe liegt bisher nicht vor. Das von de Monte (1947) für die *decorum*-Gruppe aufgestellte Subgenus *Perigonium* ist jüngeres Synonym zu *Ocydromus* s. str.

Die zur Unterscheidung der *siculum*- und *decorum*-Verwandtschaft von Netolitzky herausgearbeiteten Merkmale: z. B. Ausbildung des Postangular-Fältchens in den Hinterwinkeln des Pronotum, lassen keine durchgehende Charakterisierung zu, da die vollständige Rückbildung des Fältchens als abgeleitetes Merkmal in dieser Gruppe nur bei *B. decorum* Zenk. vorkommt, damit aber nur das „apomorphe Ende" der Differenzierungsreihe als monophyletisch erkannt werden kann, während alle übrigen Arten nur durch eine Synplesiomorphie: Besitz des Postangularfältchens, charakterisiert würden, womit ihre Monophylie gegenüber *decorum* nicht zu begründen wäre. Daneben zeigen aber auch die Gruppen des *B. modestum* und die des *B. saxatile* Tendenzen zur Reduktion des Hinterwinkelfältchens. Im weiteren stützt sich die verwandtschaftliche Gliederung der Gruppe vor allem auf den Bau des männlichen Genital-Apparates (s. Abb. 1).

Nach der Innenstruktur des männlichen Genitals weisen *B. hasurada* Andr., *semilotum* Net. und *ispartanum* Net. große Ähnlichkeit mit *B. decorum* Zenk. auf, während *siculum* Dej. davon etwas stärker abweicht und *aetolicum* Apf. als Übergangsform vermittelt. Ein ganz ähnliches Grundschema wird von den Gruppen des *modestum/saxatile/atlanticum* repräsentiert, nur daß diese viel kleinere Genitalien mit feinerer Innenstruktur besitzen. Schuler (1961) rechnet auch *B. transsylvanicum* Bielz hierher, für das Netolitzky (1942/43) das Subgenus *Synechoperyphus* aufstellte. Nach dem Genital läßt sich *transsylvanicum* an *scopulinum* Kirby (*modestum*-Gruppe) anschließen, dessen ssp. *mongolicum* Jedl. ähnelt ihm auch habituell.

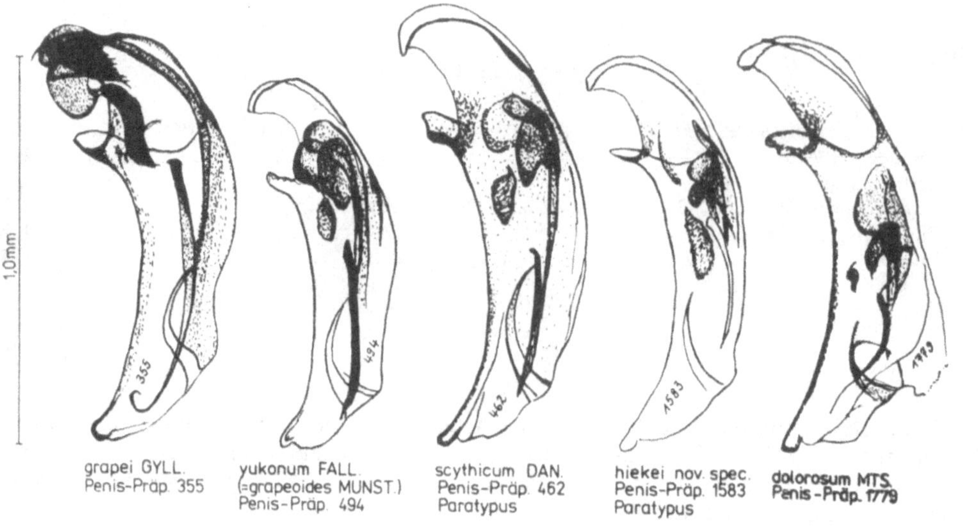

Abb. 1

Penis von *Bembidion grapei* Gyll., *yukonum* Fall., *scythicum* Dan., *hiekei* nov. spec. und *dolorosum* Mts.

Eine auffallende Ähnlichkeit im Penisfeinbau besteht zwischen dem nordischen *grapei* GYLL. und *B. siculum* DEJ., sie stimmen auch in der querriefigen Mikroskulptur der Elytren — einem abgeleiteten Merkmal — gut überein. *B. grapei* GYLL. wird von NETOLITZKY zur *nitidulum*-Gruppe gerechnet (Subgenus *PERYPHANES* JEANNEL).

Eine weitere Übereinstimmung im Genitalfeinbau besteht mit *B. yukonum* FALL und *scythicum* DAN. LINDROTH (1954) stellte die Identität des nordamerikanischen *yukonum* FALL mit dem skandinawischen *grapeioides* MUNSTER fest, der Genitalfeinbau dieser nordischen Art stimmt völlig mit dem mittelasiatischen *B. scythicum* DAN. überein (s. Abb. 1).

B. scythicum DAN. unterscheidet sich äußerlich aber recht erheblich von *yukonum* FALL. Durch das Fehlen einer Punktierung auf dem Kopf (am Hinterende der Stirnfurchen) werden *grapei* GYLL., *yukonum* FALL und *scythicum* DAN. in ganz andere Verwandtschaftsgruppen eingegliedert als *siculum* DEJ. Es ist zumindest auffallend, daß die beiden äußerlich ähnlichen nordischen Arten *grapei* und *yukonum*, deren Penes trotz ähnlicher Grundstruktur doch deutlich verschieden voneinander sind, jeweils im Süden der Paläarktis ein Pendant mit sehr ähnlicher oder wie im Fall von *yukonum* und *scythicum* völlig übereinstimmender Penis-Innenstruktur besitzen. Es sind dies die einzigen mir bisher bekannten Fälle, wo Innenstrukturen der Genitalien von *Bembidion* möglicherweise als konvergente Bildungen gedeutet werden könnten, wobei im o. g. Fall Homoiologie vorzuliegen scheint.

Da LINDROTH (1963) *B. grapei* GYLL. und *yukonum* FALL zum Subgenus *Peryphanes* stellte, *B. scythicum* DAN. zusammen mit *straussi* NET. nach NETOLITZKY (1943) eine eigene Gruppe innerhalb der typischen Kreuzgezeichneten *Peryphus* STEPH. repräsentieren, *siculum* DEJ. aber zu *Ocydromus* s. str. (= *Perigonium* DE MONTE, 1947) gerechnet werden muß, wird die Problematik der Abgrenzung und Bewertung der Ranghöhe der oben aufgeführten Artengruppen deutlich.

Die nächsthöhere Verwandtschaftsgruppe, der alle die o. g. Formen angehören, ist *Ocydromus* CLAIRV. s. l. (= *Peryphus* STEPH. sensu NETOLITZKY 1943). Von diesem Subgenus wurde aufgrund der extremen Bildung des Genitals *Peryphanes* JEANNEL abgegliedert, ohne daß das Schwesterngruppenverhältnis geklärt werden konnte. Eine Ableitung dieser Gruppe anhand morphologischer Merkmals-Reihen gelingt über die Gruppe des *terminale* HEER (über *mckinleyi* FALL, *dudichi* CSIKI) besser als über *grapei* GYLL. bzw. *siculum* DEJ.

Die um *scythicum* — *straussi* zu gruppierenden Formen besitzen eine auffallend breite Halschildseitenrand-Kehle, eine sicherlich abgeleitete Ausprägungsform dieses Merkmals. Interessanterweise kommt diese breite Seitenrand-Kehle auch bei einer Art aus dem Kopet-Dagh vor, die zugleich einige starke Punkte am Hinterende der Stirnfurchen besitzt und sich im Penis-Feinbau sehr gut an die *decorum*-Gruppe anschließen läßt, sonst aber dem *B. scythicum* DAN. sehr ähnelt. Die Beschreibung dieser neuen Art erfolgt im Anschluß an die *decorum*-Gruppe.

PERRAULT (1981) erhebt *Ocydromus* in den Rang einer Gattung.

2. Material und Methode

Herkunft des Materials

Der größte Teil des Untersuchungsmaterials stammt aus dem Staatlichen Museum für Tierkunde Dresden (MTD), dem Zoologischen Museum der *Humboldt*-Universität Berlin (MHB) und dem Institut für Pflanzenschutzforschung Eberswalde (D.E.I.). Des weiteren wurde Material (vor allem auch Typen) folgender Museen untersucht: Naturhistorisches Museum Wien, Termeszettudomany Muzeum Budapest, Zoologische Staatssammlung München, Museum G. FREY Tutzing, Narodn. Muzeum Praha-Kunratice, British Museum London, Zool. Inst. Akad. Nauk Leningrad, Museo Civico di Storia Naturale Triest,

Naturhistorisches Museum Basel, Staatliches Museum für Naturkunde Görlitz und Zoologische Sammlung der M.-Luther-Universität Halle.

Großen Dank schulde ich all den Kollegen, die mir Untersuchungsmaterial zugänglich machten, mir schriftliche oder mündliche Hinweise zum Verbleib von Typen gaben oder auf andere Weise die nun vorliegende Arbeit unterstützten, neben den im laufenden Text erwähnten Sammlern sind dies vor allem die Herren Dieckmann (Eberswalde), Dorn (Halle), Drovenik (Lubljana), Dunger (Görlitz), Freude (Falconara Marittima), Heinz (Waldmichelbach), Hieke (Berlin), Janczyk (Wien), Jeanne (Langon), Jelinek (Prag), Kaszab (Budapest), Kibby/Stork (London), Korge (Berlin-W.), Kryzhanovsky (Leningrad), Marggi (Thun), Matter (Strasbourg), Mezzena (Triest), Neri (Forli), Nüssler (Dresden), Scherer (München), Wittmer (Basel), Yablokoff-Khnzorian (Erewan), Zaballos (Salamanca) und Frau Tabaković-Tosić (Sarajevo).

Fundortangaben

Die Fundorte des untersuchten *Bembidion*-Materials werden nach dem Original-Etikett zitiert und entsprechend der heute gültigen Staatsgrenzen zugeordnet. In eckigen Klammern werden die heute geltenden Ortsbezeichnungen angeführt, soweit eine Zuordnung eindeutig möglich war. Wenn bekannt, folgen in runder Klammer: Jahreszahl, Name des Sammlers und Anzahl der untersuchten Tiere. Ein Semikolon trennt in der Klammer die zum gleichen Fundort gehörenden Daten verschiedener Sammler, außerhalb der Klammer die verschiedenen Fundorte. Durch Komma werden Präzisierungen zum Fundort getrennt, bzw. in der Klammer Jahreszahl und Anzahl der untersuchten Individuen, wenn kein Sammler bekannt ist. Sind weder Sammler noch Sammeldaten bekannt, steht die Zahl der untersuchten Exemplare direkt hinter den Fundortangaben.

Körper-Maße

Wenn nicht anders angegeben, beziehen sich die Größenmaße auf das vom Verfasser untersuchte Material, gemessen wurde die Körpergröße vom Vorderrand der Oberlippe (Labrum) bis zur Spitze der Elytren; die Elytrenlänge von einer gedachten Basal-Linie (senkrecht zur Körperlängsachse in Höhe der Halsschild-Einkerbung des Scutellum) bis zur Elytrenspitze; die Breite beider Elytren jeweils an der breitesten Stelle.

Die Länge des Pronotum wurde entlang der Mittellinie, die Breite an der jeweils breitesten Stelle und die Basisbreite zwischen den Hinterwinkelspitzen beider Seiten in gerader Linie gemessen.

Präparations- und fixationsbedingte Veränderungen der Körpermaße wurden, sofern sie nicht durch die o.g. Meßmethode schon ausgeschaltet werden konnten, weitgehend berücksichtigt.

Untersuchungstechnik

Zur Entnahme der Genitalien wurden die Tiere in konzentriertem Ammoniak bzw. in „Fit"-Wasser gekocht, nach der Präparation erfolgte das Mazerieren und Aufhellen in Milchsäure. Alle Zeichnungen wurden im gleichen Größenmaßstab mit Hilfe eines Mikroprojektionsgeräts (Pictoval mit Zoom-Aufsatz) der Firma Carl Zeiss Jena angefertigt. An dieser Stelle sei Frl. A. Niemann für die bewährte Unterstützung bei den mühevollen technischen Arbeiten gedankt.

Die rasterelektronenmikroskopischen Untersuchungen zur Morphologie des Ektoskeletts wurden von Herrn Ernst Fischer (Laboratorium für Elektronenmikroskopie des WB Allgemeine Mikrobiologie der Sektion Biologie der EMAU Greifswald) durchgeführt, wofür ich mich an dieser Stelle ebenfalls ganz herzlich bedanken möchte.

Die Mikroskulptur der Typen und zahlreicher anderer Unikate wurden im Auflicht-UV mit dem Zeiss-Mikroskop Fluoval untersucht, da bei diesem Material von einer Schwermetall-Bedampfung der Oberfläche Abstand genommen werden mußte (s. Tafel 11).

3. Katalog der Arten

1. *decorum* (Zenk.), 1801 (syn.: *agile* Steph., 1829; *luridum* Suff., 1843; als rufinistische Form: a. *munganasti* Reitt., 1908)
   - ssp. *decorum s. str.* Zenk., 1801
   - ssp. *caraffai* Dev., 1906
   - ssp. *ticinense* Mey., 1936

ssp. *nigrotinctum* SCHATZM., 1941
ssp. *bodemeyeri* DAN., 1902 (syn.: *eskilos* SCHATZM., 1909)
ssp. *subconvexum* DAN., 1902 (syn.: *analogicum* MEY., 1919; schuberti JEDL., 1963) n. *festinum* LUTSH., 1937/38 (syn.: *kurnakovi* (SCHULER, 1962) n. *lopatini* (SCHUL., 1962)

2. *zolotarewi* REITT., 1910 (syn.: *matalabai* JEDL., 1965)
3. *dolorosum* MOTSCH., 1850 (syn.: *interstrictum* NET., 1910)
4. *echigonum* HABU, 1957
5. *hasurada* ANDR., 1924 (syn. *merum* JEDL., 1933)
   ssp. *hasurada* s. str. ANDR., 1924
   ssp. *pagmanicum* FASS., 1959
6. *hiekei* nov. spec.
7. *semilotum* NET., 1911
8. *ispartanum* NET., 1930
   ssp. *ispartanum* s. str. NET., 1930
   ssp. *nairicum* KHNZ., 1976
9. *aetolicum* APF., 1901
   ssp. *aetolicum* s. str. APF., 1901
   ssp. *taygetanum* MAR., 1935
10. *siculum* DEJ., 1831
    Rassensektor: *siculum* DEJ.
    ssp. *siculum* s. str. DEJ., 1831
    ssp. *certans* NET., 1931
    ssp. *breiti* NET., 1918 (syn.: *clermonti* PUEL, 1919)
    Rassensektor: *smyrnense* APF.
    ssp. *winkleri* NET., 1943, n. *coiffaiti* (JEANNE, 1972) n. *rude* DE MONTE, 1947
    ssp. *smyrnense* APF. (syn.: *rebellum* SCHATZM., 1909)
    ssp. *zagrosensis* (MORVAN, 1973)

Im Katalog wird auf Lokalformen, die z. B. an den Arealgrenzen von Rassen auftreten, als infrasubspezifische Einheiten („natio (n.)") hingewiesen.

Leider war es nicht möglich, alle ostasiatischen Formen hier mit einzubeziehen, da es bisher nicht gelang, von allen möglicherweise hierher gehörenden Formen die Genitalien zu studieren. Erschwert wird dies außerdem dadurch, daß einige Autoren ihre Beschreibungen nicht an den von MÜLLER (1920) und NETOLTZKY (1942/43) teilweise sehr gut herausgearbeiteten Verwandtschaftskreisen orientieren.

So meldete NETOLITZKY (1942/43) eine noch unbenannte Art der *decorum*-Gruppe aus Japan, außerdem könnten *B. umeayi* (HABU, 1959) und *B. negrei* (HABU, 1958) noch in diese Gruppe gehören. Aus Mittelasien (Ala-Tau) ist mir ein Tier bekannt geworden, das zumindest als sicherer Beleg für die Existenz des *B. decorum* in diesem Gebiet angesehen werden kann. Meldungen des *B. bodemeyeri* DAN. aus Afghanistan (MANDL, 1967) beziehen sich sicher auf *B. decorum subconvexum* DAN. *B. waziristanum* ANDR., das NETOLITZKY (1943) in die *siculum*-Gruppe einreihte, gehört nach dem Genital nicht zu *Ocydromus* s. str. (MÜLLER-M., 1985). *B. palaciosi* ANDR., *hutchinsoni* ANDR. und *khyber* ANDR., bei denen NETOLITZKY Verwandtschaft zu *decorum* vermutete, gehören zur Gruppe des *atlanticum/megaspilum* (MÜLLER-M., 1985).

4.1. Bestimmungstabelle der Gruppen des Subgenus Ocydromus s. str. mit punktiertem Scheitel

1 Pronotum sehr schlank ohne Mikroskulptur; Hinterwinkel ohne deutliches Fältchen; Seitenrand-Kehle sehr schmal; Basis des Pronotum grob punktiert. Jede Elytre mit hellem Apikal-Fleck, diese können zu einer einheitlichen Quermakel zusammentreten . . . . **modestum-Gruppe**

— Pronotum wenigstens an den Seiten mit Mikroskulptur; Pronotum nie so schmal wie bei dem vorigen **2**

2 Elytren in der Regel mit Kreuzzeichnung; bei einigen Formen ist diese aber sehr undeutlich bzw. reduziert auf eine dunkle Zentralmakel auf hellem Grund; Basis des Pronotum im Vergleich zu dessen Länge immer relativ breit; das Pronotum relativ flach mit breiter Seitenrand-Kehle. Typischer Penisfeinbau (s. Abb. 2) 3
— Elytren einfarbig metallisch, selten die ganzen Elytren bräunlich gelb, nur bei einer japanischen Art mit 2 Apikalflecken; nie mit Kreuzzeichnung 4
3 Elytren bis zur Spitze stark punktiert gestreift; Augen normal oder etwas verflacht; Penis zum Apikal-Orificium an der Basis des Flagellum mit striegel- oder kammartigem sklerotisierten Kongrement (s. Abb. 2) . . . . **saxatile-Gruppe**
— Streifen der Elytren zur Spitze viel feiner werdend, dort nur der 1., 5. und 8. tief; Augen in der Regel stark vorgequollen . . . . **atlanticum-Gruppe**
4 Elytren zumindest nach Betrachtung im Durchlicht mit Apikal-Flecken oder Kreuzzeichnung . . . 5
— Elytren einfarbig metallisch oder ganz braungelb bzw. von der Spitze ausgehend ± aufgehellt . . . 7
5 Streifung der Elytren bis zur Spitze tief; unterdrückte Kreuzzeichnung. Penis (s. Abb. 2) **saxatile-Gruppe**
— Streifung an der Spitze der Elytren schwächer, zumindest nach Lüftung der Flügeldecken Apikal-Makeln oder Apikal-Lunula sichtbar 6
6 Halsschild-Mitte mit deutlicher Mikroskulptur, Punktierung der Streifen auch an der Spitze noch deutlich. Augen normal . . . . **B. dolorosum** MOTSCH.
— Halsschild-Mitte ohne Mikroskulptur; Punktstreifen an der Spitze der Elytren außer Naht- und Spitzenstreif erloschen. Augen halbkugelig vorquellend (s. Tafel 9) . . . . **atlanticum-Gruppe**
. . . . (z. B. *atlanticum* ssp. *phobon* NET.)
7 Dunkel-metallisch; Spitze der Elytren stark gestreift; Halsschild flach, mit breiter Seitenrand-Kehle; Penis der saxatile-Gruppe (s. Abb. 2) . . . . **saxatile-Gruppe**
. . . . (z. B. *apterum* NET.)
Vertreter dieser Art wurden von REITTER u. a. unter dem Namen *ovalipenne* SOLSKY verbreitet und finden sich in vielen Sammlungen.
— Elytren schmutzig braun mit metallischem Schimmer; Seitenrand-Kehle des Pronotum sehr breit (ähnlich wie in der Gruppe des *scythicum/straussi*), aber mit Punktgruppe am Hinterende der Stirnfurchen; Streifung der Elytren nach hinten abgeschwächt (s. Tafel 3) . . . . . *hiekei nov. spec.*
— Wenn dunkel-metallisch, stark gestreift und mit flachem Halsschild, dann Seitenrand-Kehle schmaler und Penis anders; ansonsten Formen, deren Elytren weniger stark gestreift sind und deren Halsschild schlanker ist und eine schmale Seitenrand-Kehle besitzt (s. Tafel 4) . . . . **decorum-Gruppe**

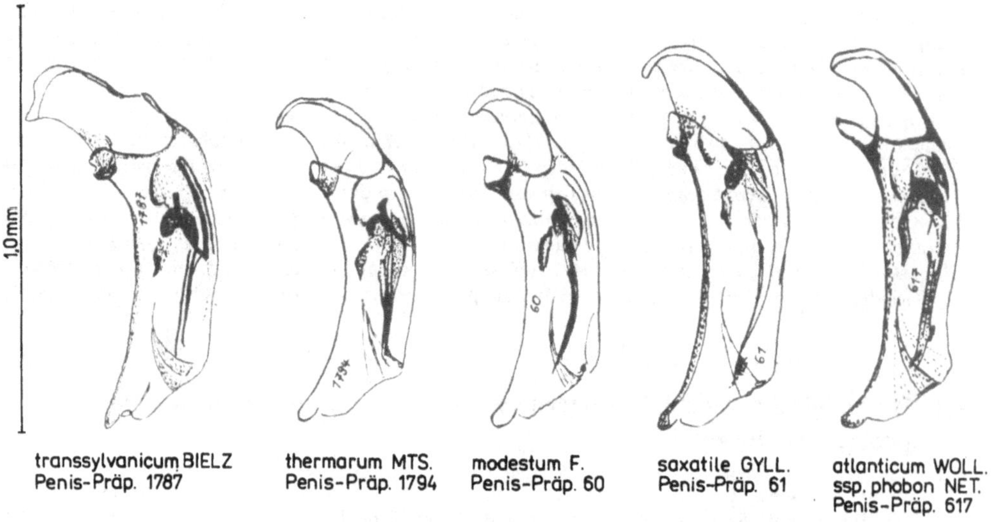

Abb. 2
Penis von *Bembidion transsylvanicum* BIELZ, *scopulinum* KIRBY (= *thermarum* MTS.), *modestum* F., *saxatile* GYLL. und *atlanticum* ssp. *phobon* NET.

A B

Abb. 3
Lacinia-Spitze. **A** *Dorypteryx domestica* (SMITHERS), **B** *Dorypteryx pallida* AARON.

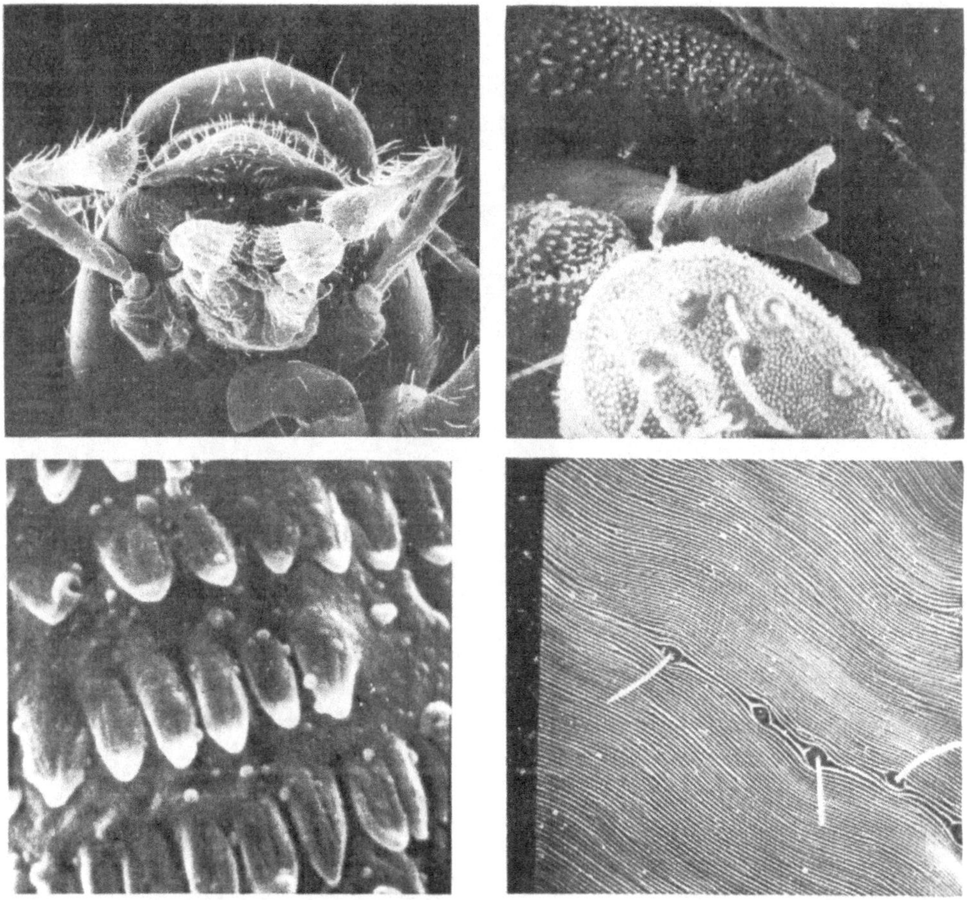

Taf. I
Dorypteryx domestica SMITHERS (REM-Aufnahmen von KL. HONOMICHL)
Fig. 1
Kopf, Ventralansicht. Vergr. 140fach.
Fig. 2
Lacinia-Spitze und Endglied des Labialpalpus. Vergr. 1000fach.
Fig. 3
Ausschnitt der Sensillenringe auf den Fühlergeißelgliedern. Vergr. 5500fach.
Fig. 4
Cuticula-Mikroskulptur auf den mittleren Abdominaltergiten. Vergr. 650fach.

Durch ein technisches Versehen wurden 3 der 4 Fotos auf der S. 77 des Heftes 1 – 2 (1986) negativ gedruckt.
Dieses Einlegeblatt zeigt nun die Fotos in richtiger Form (positiv). Wir bitten die Leser herzlichst, die nachgedruckte S. 77 in das Heft 1 – 2 (1986) an entsprechender Stelle einzulegen.

4.2. Bestimmungstabelle der decorum-Gruppe

1 Fältchen in den Hinterwinkeln des Pronotum stets deutlich (Tafel 5). Mikroskulptur auf der Scheibe des Pronotum stark unterdrückt, oft nur an den Seiten erkennbar (s. Tafel 6) 2
— Ohne oder mit nur schwach angedeutetem Hinterwinkelfältchen, bzw. Fältchen reicht nicht bis in den Hinterwinkel (Tafel 4). Mikroskulptur auf der Scheibe des Pronotum erkennbar, selten so stark unterdrückt wie in der o. g. Gruppe, dann aber ohne Hinterwinkelfältchen 12
2 Flügeldecken mit bis zur Spitze stark punktierten Streifen, auch der 7. kräftig punktiert; Zwischenräume gewölbt; $3^1/_2$ Basalglieder der Fühler hell 3
— Punktstreifen zur Spitze der Elytren abgeschwächt, der 7. nie tiefer eingegraben, höchstens als feine Punktreihe angedeutet; Zwischenräume stets flach 4
3 Basis des Pronotum gröber und weitläufiger punktiert. $3^1/_2$ Basalglieder der Fühler, Palpen und Beine hell; Elytren etwas stärker gestreift . . . . **hasurada** ANDR. **s. str.**
— Basis des Pronotum feiner und dichter punktiert, $3^1/_2$ Basalglieder der Fühler, Palpen und Beine hell; Elytren schwächer punktiert gestreift, besonders der 7. Streifen und die Spitze der Elytren . . . . **hasurada, ssp. pagmanicum** FASS.
— Vergleiche mit den ebenfalls stärker gestreiften *B. aetolicum*, *zolotarewi* und *subconvexum*, die teilweise ein relativ gut entwickeltes Hinterwinkelfältchen besitzen, aber durchschnittlich schwächer gestreift sind als hasurada. In Zweifelsfällen schafft nur die Präparation des männlichen Genitals Klarheit!
4 Schenkel stark verdunkelt, höchstens zu deren Spitze unscharf heller, auch die Fühler wenigstens vom 3. Glied an geschwärzt 5
— Schenkel höchstens an der Basis geschwärzt, oft ganz hell 7
5 Fühlerbasis mit nur einem hellen Glied, oft auch dieses getrübt; an den Beinen auch die Basis der Schienen geschwärzt, Taster schwarz; Elytren etwas stärker punktiert, 7. Streifen deutlicher (Tafel 7) 6
— Fühlerbasis mit wenigstens 2 hellen Basalgliedern; Taster, Spitze der Schenkel und Basis der Schienen hell; 7. Streifen schwächer, oft ganz erloschen . . . . **semilotum** NET.
6 Kopf auf der Stirn auch vor der typischen Punktgruppe des Scheitels noch mit verstreuten einzelnen feinen Pünktchen (Tafel 8); Streifung der Elytren feiner; Penis dem *semilotum* ähnelnd (s. Abb. 3) . . . . **ispartanum** NET.

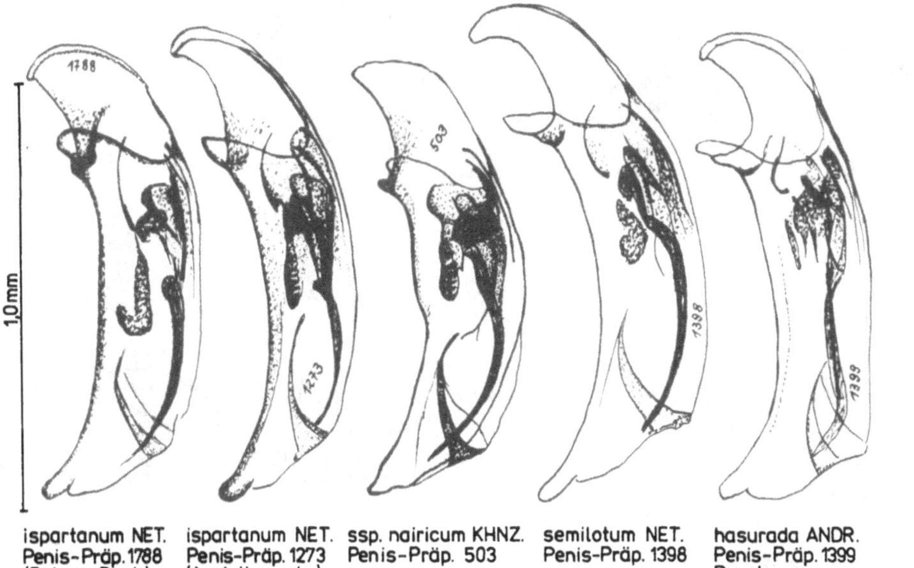

Abb. 3
Penis von *Bembidion ispartanum* NET. aus dem Bulgar Dagh und aus Zentralanatolien, *ispartanum* ssp. *nairicum* KHNZ., *semilotum* NET. und *hasurada* ANDR.

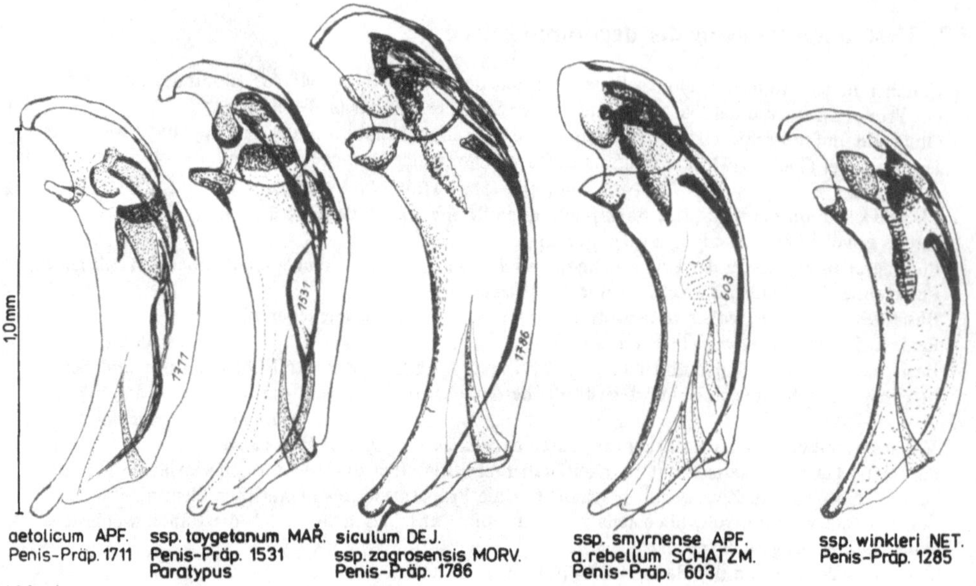

Abb. 4
Penis von *Bembidion aetolicum* APF., *aetolicum* ssp. *taygetanum* MAŘ., *siculum zagrosensis* MORV., *siculum smyrnense* APF. und *siculum* ssp. *winkleri* NET.

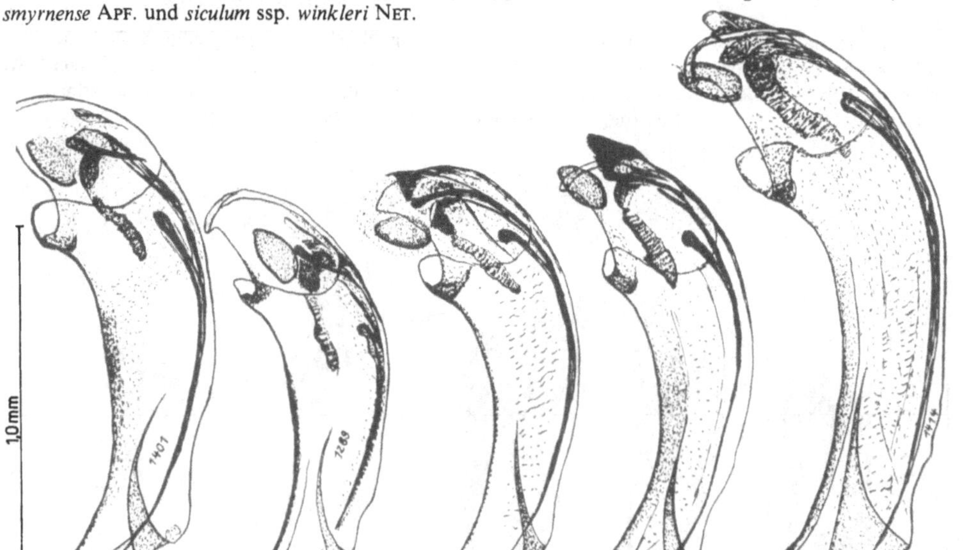

Abb. 5
Penis der „*Bembidion-siculum*-Gruppe":
Die ssp. *winkleri* vermittelt zwischen den Rassensektoren *smyrnense* APF. und *siculum* DEJ., das Penisinnere ragt, wie für den Rassensektor *smyrnense* typisch, nicht aus dem Basalorificium heraus. Von der Größe her vermittelt n. *rude* DEM. zur Nominat-ssp., während n. *coiffaiti* JEANNE den Übergang zu *certans* NET. demonstriert.

— Kopf nur mit der normalen Scheitelpunkt-Gruppe; Streifung der Elytren gröber, oft die Zwischenräume leicht gewölbt; Penis der *siculum*-Gruppe (s. Abb. 4 und 5) . . . **siculum ssp. zagrosensis** MORV.

7 Fühlerbasis mit nur einem hellen Basalglied, aber Taster hell oder nur leicht getrübt und Beine ganz gelb; Kopf im Vergleich zum Pronotum etwas breiter; Streifung der Elytren feiner als bei *ispartanum* . . . . **ispartanum ssp. nairicum** KHNZ.

— Fühlerbasis ausgedehnter aufgehellt oder Schenkelbasis und Taster deutlich verdunkelt **8**

8 Vorletztes Kiefer-Tasterglied ganz hell, Schenkelbasis ungetrübt; Fühlerbasis mit mehr als 3 hellen Gliedern **9**

— Vorletztes Kiefer-Tasterglied zumindest an der Spitze getrübt oder Schenkelbasis verdunkelt; Fühler mit höchstens 3 hellen Basalgliedern **10**

9 Kopf, Halsschild und Elytren gleichfarbig hell olivgrün oder blaugrün, nur bei unreifen Stücken am Apex aufgehellt; 7. Streifen schwach . . . . **siculum** DEJ. **s. str.**

— Kopf, Halsschild und meist die Skutellar-Region der Flügeldecken, Nahtstreifen und Seitenrand dunkler braun oder olivgrün, Flügeldecken hell gelbbraun, manchmal mit schwachem Metallschimmer; 7. Punktstreifen erloschen (in Sammlungen häufig mit *B. praeustum* verwechselt, das eine andere Mikroskulptur hat und keine Punkte am Hinterende der Stirnfurchen besitzt) . . . . **siculum ssp. breiti** NET.

10 Fühlerbasis meist mit 3 hellen Gliedern, Palpen meist hell oder nur an der Spitze getrübt; Schenkel höchstens an der Basis getrübt oder ganz hell; Flügeldecken oft mit bräunlichem Unterton oder undeutlich bräunlich aufgehelltem Apex; Penis-Innenstruktur das Basalorificium erreichend und oft aus diesem herausragend (dieses Merkmal besitzen nur noch *siculum* s. str. und *breiti* NET.). . . . . **siculum ssp. certans** NET.

— Basalglieder der Fühler wenigstens ab 3. Glied an der Spitze verdunkelt; Schenkel in der Regel basal geschwärzt und das vorletzte Glied der Kiefer-Taster deutlicher verdunkelt **11**

11 Streifen der Flügeldecken etwas stärker eingedrückt, aber der 7. Streifen meist völlig reduziert; Fühlerbasis bereits an der Spitze des 2. und 3. Gliedes verdunkelt; Halsschild-Hinterwinkel oft stumpf und flach, da Basalrand bogig verlaufend (Tafel 5) . . . . **siculum ssp. winkleri** NET. Hierzu Übergangsformen zum benachbarten Rassenkreis des *B. siculum* s. l. (*siculum, breiti, certans*), die nach dem Genitalfeinbau zu *winkleri* rechnen: Form vom Süden der Iberischen Halbinsel relativ große Tiere; in allen Merkmalen zwischen *winkleri* und *certans* vermittelnd („n. *coiffaiti* JEAN.“); Form aus Mittel-Italien in den Merkmalen zwischen der Stammform, *winkleri* und *smyrnense* vermittelnd („n. *rude* DE MONTE“).

— Streifen der Elytren flacher, aber der 7. deutlicher, seltener erloschen; Fühlerbasis mit $2^1/_2$ hellen Gliedern; Hinterwinkel regelmäßiger rechteckig, Oberseite gleichmäßig blaugrün leuchtend; Taster oft nur getrübt; Schenkelbasis meist deutlicher geschwärzt . . . . **siculum ssp. smyrnense** APF. Hierzu zählen auch die teilweise recht großen und mit relativ hell gefärbten Extremitäten ausgestatteten Formen von Zypern und dem Libanon, die offenbar den Übergang zu *certans* NET. bilden.
Die Aufhellung der Taster, Schenkel und Fühler beginnt schon auf den griechischen Inseln (s. Tabelle 1).

12 Seitenrand der Elytren bauchig gebogen; Punktstreifen grob und Elytren ± gewölbt; 7. Streifen immer sehr deutlich **13**

— Seitenrand der Elytren ± parallel oder nur schwach gerundet erweitert; immer ± flach, hierher alle Formen mit völlig reduziertem 7. Streifen, aber auch Formen mit deutlich entwickeltem 7. Streifen **16**

13 Vorletztes Tasterglied hell, Fühlerbasis mit wenigstens $3^1/_2$ hellen Gliedern; Beine ganz hell; Hinterwinkel-Fältchen kurz und undeutlich; Halsschildbasis breit, grob punktiert; Penis (s. Abb. 4) **14**

— Meist nur $2^1/_2$ Basalglieder der Fühler hell; Schenkelbasis der größeren Formen in der Regel getrübt. Sicher nur nach dem männlichen Genital zu bestimmen; (Penis vom „*decorum*-Typ“: Abb. 6—8) **15**

14 Etwas größer, mit stärker punktierten Streifen und gewölbteren Zwischenräumen; Halsschild an der Basis gröber punktiert, die Mittellinie an der Halsschildbasis ± furchig vertieft. (Halsschild-Länge/Basis-Breite: 1,09) . . . . **aetolicum** APF. **s. str.**

— Etwas kleiner und flacher, sehr dem *B. siculum* ähnelnd; Halsschild weniger stark verschmälert zur Basis als bei aetolicum (Halsschild-Länge/Basis-Breite: 1,04) . . . . **aetolicum ssp. taygetanum** MAŘAN

15 Kleiner, sehr stark gewölbt; Zwischenräume der Elytren an der Basis fast kielartig erhaben; Kopf und Halsschild sehr schlank; 7. Punktstreifen tief eingegraben, alle Streifen bis zur Spitze sehr deutlich; Beine gelb, Taster dunkel, $2^1/_2$ Basalglieder der Fühler hell; nur nach dem Genital von extremen

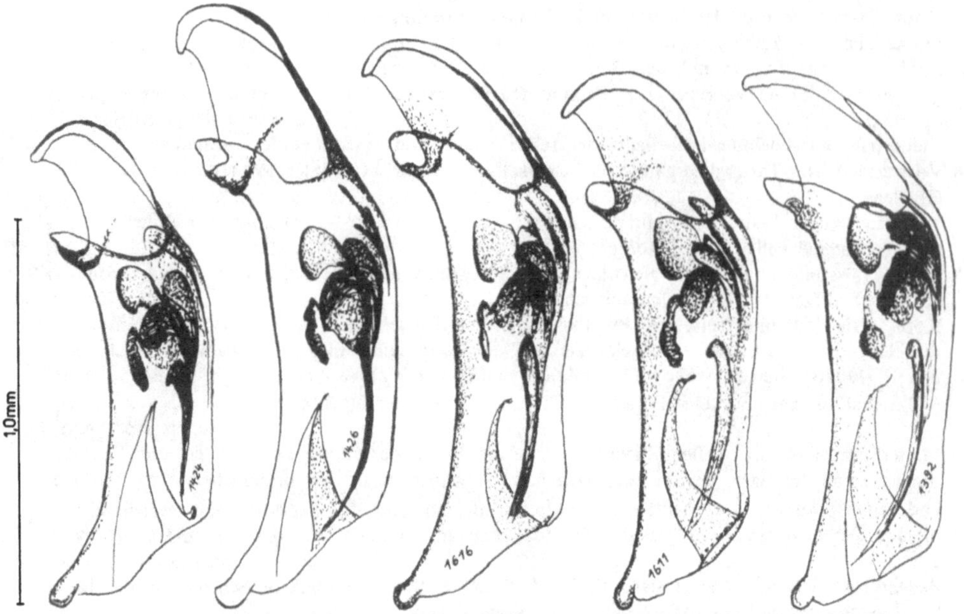

Abb. 6
Penis des *Bembidion decorum* aus Mitteleuropa und Bulgarien, sowie von Tieren aus dem Mischgebiet mit der Nachbarrasse ssp. *bodemeyeri*.

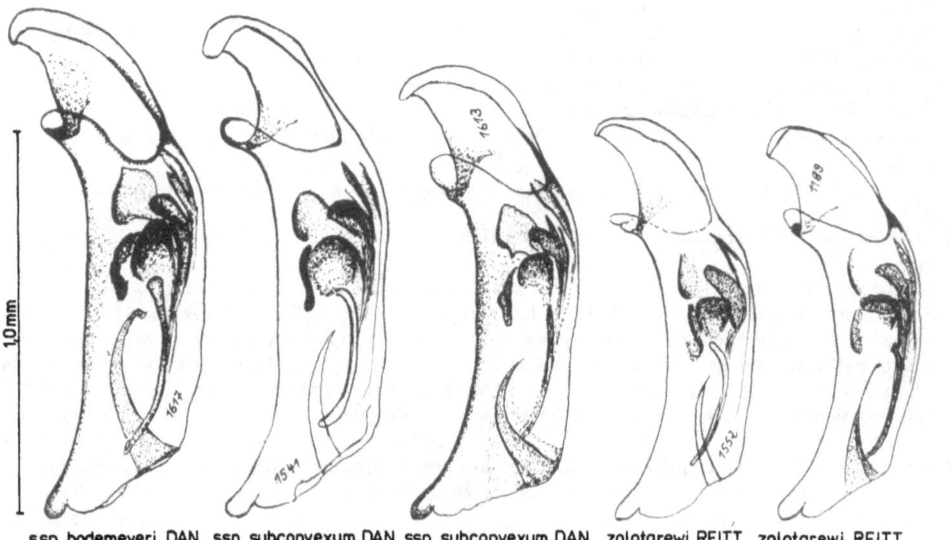

Abb. 7
Penis von *Bembidion decorum* ssp. *bodemeyeri* DAN., *decorum* ssp. *subconvexum* n. *festinum* LUTSH., *decorum* ssp. *subconvexum* DAN. und *B. zolotarewi* REITT. (= *matalabai* JEDL.).

Stücken der nachfolgenden Formen zu unterscheiden (s. Abb. 7) . . . . **zolotarewi** REITT.
— Größer, meist wesentlich schwächer gewölbt; Zwischenräume der Elytren flacher; Kopf und Halsschild vom „*decorum*-Typ"; Streifen der Elytren weniger tief eingegraben; Schenkelbasis häufig getrübt; Fühler teilweise schon vom 2. Glied an getrübt; Taster in der Regel hell . . . . **decorum ssp. subconvexum** DAN.
Hierher drei teilweise in der Färbung der Extremitäten erheblich variierenden kaukasischen Formen:
a. Oberseite ± dunkelolivgrün mit in der Regel getrübter Schenkelbasis, getrübten Tastern und relativ mehr zur Basis verschobenen Verdunkelung der Fühler; diese Tiere werden aufgrund ihrer starken Flügeldeckenwölbung in vielen Sammlungen mit *zolotarewi* REITT. verwechselt („n. *festinium* LUTSH.").
b. Oberseite dunkelblaugrün; Beine ganz gelb; Fühler vom 2. Glied ab dunkel; Augen flacher („n. *lopatini* SCHULER").
c. Mit kürzerem breiterem Pronotum, schlankeren Elytren; Taster, $2^1/_2$ Basalglieder der Fühler und Schenkelbasis trüb; Hinterwinkel-Fältchen deutlich („n. *balkariense* nov.")

16 Vorletztes Tasterglied dunkel; Fühler ab 2. Glied verdunkelt **17**
— Vorletztes Tasterglied hell oder nur an der Spitze leicht getrübt **19**
17 Flügeldecken ± parallel, sehr flach; Oberseite dunkelblaumetallisch; Beine ganz hell; Fühler bereits ab 2. Glied verdunkelt . . . . **ssp. decorum** ZENK. **s. str.**
— Flügeldecken etwas gewölbter und zumindest leicht gerundet erweitert; Fühler meist mit 2 hellen Basalgliedern; Streifen deutlicher punktiert, auch der 7. Punktstreifen entwickelt (hierher in der Fühler- und Tasterfärbung abweichende Exemplare von *ticinense* und *subconvexum*) **18**
18 Flügeldeckenseiten weniger gerundet, dafür mehr zylindrisch gewölbt, höchstens $2^1/_2$ helle Basalglieder der Fühler, Schenkelbasis hell . . . . **decorum ssp. ticinense** MEY.
— Flügeldeckenseiten stärker gerundet; Halsschild im Verhältnis zur Elytrenlänge größer; Schenkelbasis meist verdunkelt, oft mehr als 3 Basalglieder der Fühler hell . . . . **decorum ssp. subconvexum** DAN.
— Hinterwinkel des Halsschildes größer, Halsschild flacher und schlanker, nur das Basalglied der Fühler und die Basen der Glieder 2—4 hell; Körper größer, Beine dunkler, Schienen nicht deutlich heller als die Schenkel . . . . **echigonum** HABU
19 Schenkelbasis deutlich geschwärzt; vorletztes Tasterglied hell oder nur zur Spitze leicht getrübt; 7. Punktstreifen fast erloschen . . . . **decorum ssp. nigrotinctum** SCHATZM.
— Schenkelbasis nur getrübt; Körperoberseite oft mehr grünlich metallisch gefärbt; Elytren stärker gewölbt, mit gut entwickeltem 7. Streifen . . . . **decorum ssp. subconvexum n. festinum** LUTSH.
— Schenkelbasis hell, ungetrübt; vorletztes Tasterglied hell oder nur zur Spitze getrübt **20**
20 Relativ klein; Beine, Taster und $3^1/_2$ Basalglieder der Fühler hell; Elytren rotbraun mit nur schwachem Metallglanz; Augen stärker gewölbt; Halsschild relativ schmal; Flügeldecken nach hinten fast geradlinig leicht erweitert; 7. Punktstreifen deutlich . . . . **decorum ssp. caraffai** DEV.
— Elytren metallisch blau oder grünlichblau; Tiere größer; Seitenrand der Elytren leicht gerundet . . . **21**
21 Größer; Zwischenräume der Elytren flacher; Halsschild etwas breiter; 7. Streifen der Elytren meist schwächer; vorletztes Tasterglied in der Regel hell . . . . **decorum ssp. bodemeyeri** DAN.
Übergangsformen zur ssp. *decorum s. str.* finden sich in Südbulgarien (z. B.: Rapotamo-Tal), diese sind in der Größe und Färbung der Anhangsorgane sehr variabel. Eine sichere Trennung von der ssp. *ticinense* ist bei Einzelstücken ohne Fundortangaben sehr schwer!
— Kleiner; Zwischenräume gewölbter; Seiten der Elytren weniger bauchig, mehr zylindrisch; 7. Streifen stärker punktiert; vorletztes Tasterglied in der Regel zur Spitze verdunkelt . . **decorum ssp. ticinense** MEY.
Besondere Lokalformen:
Sizilien: Tiere sehr schlank mit verdunkeltem 2. Glied (? *decorum* s. str.)
Sardinien: Tiere mit rötlichem Unterton auf den Elytren und gelben Tastern
Elba: Tiere mit ganz hellem Kiefertaster
Übergänge zur Stammform in Südtirol.

5. Die Arten der decorum-Gruppe

Genus: **Bembidion** LATREILLE, **1802**
Hist. Nat. Ins. III, p. 82
Gattungstypus: *quadrimaculatum* (LINNE, 1761)

Subgenus: **Ocydromus** CLAIRVILLE, **1806**
Ent. Helvet. II, p. 20
Untergattungstypus: *modestum* (FABRICIUS, 1801) n. ANTOINE (1955)
Artengruppe: **decorum** (ZENKER in PANZER, **1801)**
Faun. Germ., 73, No. 4
Merkmale der Artengruppe:
— Metasternalfortsatz vor der Spitze eingedrückt und gerandet
— dorsale Borstenpunkte des 3. Zwischenraumes der Elytren liegen im 3. Streifen
— Umbilikalserie der Schultergruppe mit 4 Borstenpunkten
— Stirnfurchen gerade, nicht auf den Clypeus verlängert
— charakteristische Punktgruppe am Hinterende der Stirnfurchen vorhanden
— Mikroskulptur der Elytren aus feinsten Querlinien, die kaum in Maschen auflösbar sind
— Basis des Halsschildes punktiert
— Färbung der Oberseite einfarbig metallisch grün oder blau, seltener mit hellbraunen oder apikal aufgehellten Elytren, bzw. Apikalmakeln auf den Elytren!
— Elytren immer mit deutlichem Spitzenstreif und Nahtstreif, bei einigen Formen alle Streifen bis zur Spitze deutlich
— typischer Penis-Feinbau
Arten: **decorum** (ZENKER in PANZER, **1801)**
Fauna Germ., p. 73
Locus typicus: Dresden, Germ. centr.
Typus: Staatliches Museum für Tierkunde Dresden. Die Typen ZENKERS fielen im vorigen Jahrhundert einem Brand zum Opfer; bisher ist kein weiteres Material der Typenserie bekannt geworden.
Synonyme:
— *agile* STEPHENS, 1829, Illustr. Brit. Ent. Mandib. II, p. 15.
— *luridum* SUFFRIAN, 1843, Germ. Ztschr. Ent. IV, p. 169.
— *munganasti* REITTER, 1908, Fn. Germ. I, p. 116

Bembidion decorum ZENK. ist eine polytypische Art, die von der Iberischen Halbinsel bis Mittelasien verbreitet ist und vor allem im Mittelmeergebiet in teilweise schwer abgrenzbare geographische Rassen gegliedert ist. Die Nominatrasse, ssp. *decorum* s. str., lebt an Flußufern in der montanen Stufe West-, Mittel- und Südosteuropas. Dieser Form ähneln auch die Tiere Siziliens und Nordafrikas, bei spanischen Tieren ist ein Hinterwinkelfältchen angedeutet. TURIN (1981) meldet die Art auch von Fennoskandien und Dänemark; die Verbreitungskarte (TURIN, HAECK und HENGEVELD 1977) bedarf allerdings einiger Präzisierungen. Die ssp. *ticinense* MEYER vertritt *decorum* in Italien südlich der Alpen von Piemont bis Venetien. Übergänge zur Stammform bilden Tiere in den französischen Meeralpen u. Südtirol (MEYER 1936). In den Julischen Alpen und nach WAGNER (1929) auch in Kärnthen kommen relativ große Formen vor, die MEYER (1936) auch aus Kroatien, Rijeka (Fiume) erwähnt.

Die Subspecies *ticinense* MEYER besiedelt fast ganz Italien und grenzt in Calabrien an die ssp. *nigrotinctum* SCHATZM., die sich zwischen *ticinense* MEYER und die auf Sizilien vorkommende Stammform schiebt. Süditalienische Tiere (z. B. Neapel) bilden den Übergang zu den sizilianischen Tieren. Auf Korsika kommt eine eigene Rasse vor: ssp. *caraffai* DEV., zu der MAGISTRETTI (1965) auch die Tiere von Sardinien zählt. Alle mir bisher von Sardinien vorliegenden Exemplare waren wesentlich dunkler und größer als die korsischen Tiere und bilden offenbar eine Übergangsform zwischen *ticinense* und *caraffai.* Die relativ großen Tiere der Insel Elba gehören zu *ticinense* MEYER, besitzen aber helle Kiefertaster.

In Südosteuropa werden die Tiere der ssp. *decorum* s. str. relativ groß und grenzen in Bulgarien und Mazedonien an die ssp. *bodemeyeri* DAN. Hier finden sich alle Übergänge zwischen den beiden Subspecies (z. B. im Rapotamo-Tal). Die Subspecies *bodemeyeri* DAN.

besiedelt Griechenland, die ägäischen Inseln und Teile Kleinasiens, hier grenzt sie an die ssp. *subconvexum* DAN., die auch den Kaukasus besiedelt und hier teilweise abweichende Lokalformen bildet (*festinum* LUTSH., *lopatini* SCHULER). Die östliche Arealgrenze ist ungenügend erforscht, der mir bekannte östlichste Vertreter des *Bembidion decorum* ZENK, ist ein ♂ aus dem Ala-Tau (s. Penis-Abb. 8), das sich im Zoologischen Institut der Akademie der Wissenschaften in Leningrad befindet und hinten stärker gerundet erweiterte Elytren besitzt, so daß seine Körperform etwas „birnenförmig“ ist.

Alle die genannten Formen besitzen einen einheitlichen Penisfeinbau, der nur geringfügig variiert. Größe und Ausdehnung der Skelett-Elemente im Inneren lassen beim Vergleich Rassenunterschiede erkennen (Abb. 6—8).

Die Abgrenzung der geographischen Rassen gelingt relativ gut anhand von Färbungsmerkmalen (Taster, Fühler und Schenkel), wobei einzelne abweichende Stücke nicht nur im Grenzbereich zwischen benachbarten Rassen vorkommen. Um die Variabilität der einzelnen Rassen hinsichtlich der Ausprägung dieser Merkmale zu charakterisieren, sind diese in Tabellenform erfaßt (s. Tabelle 1 und 2).

Sehr schwierig ist die sichere Trennung der italienischen ssp. *ticinense* MEYER von der kleinasiatischen ssp. *subconvexum* DAN., der Name *subconvexum* DAN. wurde unter anderem auch von DANIEL selbst zunächst auch auf die italienischen Tiere bezogen. Da beide Rassen aber durch die Nominatrasse und die ssp. *bodemeyeri* getrennt sind, wäre eine Vereinigung beider Formen in eine Subspecies trotz gewisser Ähnlichkeit nur mit einer Reihe von Zusatz-Hypothesen zu begründen. So könnte aus der nahen Verwandtschaft mit den vorderasiatisch-kaukasisch-iranischen Arten (*semilotum, zolotarewi, ispartanum*) geschlossen werden, daß im ostmediterranen Raum das Differenzierungszentrum der ganzen Gruppe zu suchen ist. Die Schwesterngruppe von *decorum* ist zweifelsohne das kaukasische *zolotarewi* REITT., das gerade mit ssp. *subconvexum* DAN. die größte Ähnlichkeit aufweist. Sollte die Ausprägung der übereinstimmenden Merkmale als plesiotyp angesehen werden, wofür unter anderem die Tatsache spricht, daß ähnliche Ausprägungsformen auch bei dem ebenfalls an der Basis stehenden *B. hazurada* auftreten, könnte daraus die Schlußfolgerung gezogen werden, daß *subconvexum* in dieser Hinsicht die Stammform von *decorum* repräsentiere.

Eine mögliche sekundäre Trennung der ehemals weiter verbreiteten Stammform des *decorum* durch geologische oder großklimatische Ereignisse, die das spätere Eindringen neuer Rassen in diese Gebiete und damit die Isolation von *ticinense* und *subconvexum* ermöglichten, könnte die heutige Ähnlichkeit beider Formen erklären. Obwohl diese Ausdeutung mehr Zusatzhypothesen erfordert als die bislang geläufige Erklärung der Ähnlichkeit beider Formen durch parallele Rassenbildung (MEYER 1936), kann für die erstere Hypothese noch die auffallende Parallelität der Zusammengehörigkeit der sizilianischen und nordafrikanischen Tiere bei *B. decorum* ZENK. und *B. siculum* DEJ. angeführt werden, die beide engste Verbindung zu spanischen Tieren aufweisen und hinsichtlich des Penisfeinbaus jeweils die extremen Enden der Differenzierungsreihe repräsentieren.

ssp. decorum ZENK.

Beschreibung

Färbung: Ganze Oberseite dunkelblau-metallisch, manchmal mit braunrotem Unterton (ab. *munganasti* REITT.), vor allem bei nicht ganz ausgereiften Tieren. Fühler mit bereits ab 2. Glied verdunkelter Basis, Beine ganz gelbrot oder rostrot, Taster verdunkelt.

Kopf: Relativ flach und lang, mit großen, aber nicht stark gewölbten Augen, Punkte am Hinterende der Stirnfurchen deutlich (s. Tafel 8).

Pronotum: Relativ flach und groß (Länge/Basisbreite: 1,05), Basalrand etwas zum Scutellum vorgewölbt; Hinterwinkel ohne Fältchen; Basalgruben verflacht; Basis mit weitläufiger Punktur, oft auch gerunzelt, Mikroskulptur aus gröberen quergestreckten Maschen, diese auf der Scheibe etwas unterdrückt.

Elytren: Flach, fast parallele Seitenränder, Streifen stärker eingegraben mit vorn etwas deutlicher Punktur; Basalrand gerade mit deutlichen, aber flachen Schultern. 7. Punktstreifen fast völlig verschwunden, alle Streifen nach hinten feiner werdend. Mikroskulptur aus sehr feinen engen Quermaschen, die nach hinten etwas gröber werden, Spitzen gemeinsam abgerundet.

Größe: 5,4—6,8 mm. Durchschnittliche Größe von Tieren aus der Umgebung von Dresden (Loc.-Typ.): 5,9 mm

Größte Tiere aus:	polnischen Beskiden:	6,25 mm
	Dalmatien:	6,40 mm
	Bulgarien:	6,75 mm

Verbreitung: Sizilien, Nordafrika, Iberische Halbinsel, West-, Mittel- und Südosteuropa.

Untersuchtes Material

Portugal: Montelgas, Rio Zezere (1983 ZABALLOS 2).

Spanien: Caceres, Cadalso (1983 ZABALLOS 2), El Gasco (1983 ZABALLOS 1); Salamanca, El Maillo (1982 ZABALLOS 2), El Zarzaso (1982 ZABALLOS 2), Argallas (1983 ZABALLOS 2), El Payo (1983 ZABALLOS 1); Avila, Beredas (1982 ZABALLOS 2); Asturien, Puerto Pajares (1905 KRICHELDORFF 1); Coboalles (PAGANETTI 1); Prov. Santander, Potes (MESCHNIGG 1); Lugo (ROST 1); Sierra di Oneja, Prov. Orense (KRICHELDORFF 1); Catalonia, Mas de Xaxars 3; Arrogon, Alboraccia (WAGNER 3); Andalusia 1; Valencia 1; Gredos (ESCRIBANO 1).

Andorra: Les Escaldes (BREIT 1)

Frankreich: Bois-Noir (1903, 1); Entre-2-Guiers (PLANET 2); Davefeau (1902, 1); Doubs 2; Belfort, Mavarelle (GIRUARDET 2); La Seniené, Coire (1903, 3); Aubé, Bretonniere 3; Lagny (HUSTACHE 1); Márne, Guerin (BODEMEYER 1); Paris (MOREL 1); St. Germain Lembron (AUZAT 4); Eau Lonnes 2; Gallia media (WEHNCKE 1); Valleraugue, Gard (CHOBAUT 2); Carcassone (GAVOY 1); Gers Barbotan 2; Pont St. Esprit 3; St. Martin, Ardeche 2; Agay, Var (1914 LIEBMANN 6; VSTEČKA 1); Annot, B. Alpes (1927 RECLAIR 1); Vienne (2; FALCOZ 6); Pyrenees (PLASON 2); St. Sauveur 1; Bagneres de Luchon 3; Luchon (1904, 1); O-Pyrenees, Amelie les Bains 2; Arles sur Tech. (SINGER 1); Vernet (1904, 1); Savernie (NICOLAS 1); P. de Mollo 3; Prats de Mollo (1910 LANGENHAN 5); Ht. Pyrenees 3; Lyon (STIERLIN 1); Grenoble (1904 PARSENAGE 1); Hte. Savoy, Annecy (1921 HUSTACHE 3).

Belgien: Tervuren (1909 DUPUIS 1); Siege (1872, 1); Trois Ponts (CAM. v. VOIXEM 1); Villsahn (CAM. v. VOIXEM 1); Les Valleós (1877 LE BRUN 1); R. de Ruette (1931, 1).

Niederlande: Maastricht 1.

Irland: Dublin 1; Oldbawn (1931 MAHONY 3); Killenway (BULLOCK 6).

Gr.-Britannien: Schottland, Barr (1900 FERGUSSON 2); Solway, Dumfriesshire (1936 MURNAY 3); Newton, Lanark (1922 FERGUSSON 1); Anglia, Carlisle 1; River Caldew, Cumberland (DAY 3); R. Liddell (DAY 1); Yorkshire (1924 TOTTENHAM 1); Wales, Llanelly (TOTTENHAM 1); England, Stanford (1935 TOTTENHAM 1); Pontrillas (1935 TOTTENHAM 2); Bewdley (1935 TOTTENHAM 2); Symmonds Yat (1935 TOTTENHAM 1); Curmyoy, Hondoln (1935 TOTTENHAM 1); Wales, Bracknockshire (1936 TOTTENHAM 2), Hampshire, Brockenhurst (NEWBERRY 1); New Forest (JARVIS 3); Staines, Middlessex (ANDREWS 3); Mawgan, Cornwall 1; Christow, Cornw. (1907 JARVIS 1); South Devon, Meavy (1916 KEYS 1).

BRD: Nordrhein-Westfalen/Rheinland-Pfalz: Hückeswagen (EIGEN 5); Cronenberg, Breitenbruch (1919 KIRCH 1); Kripp (1929 EIGEN 1); Aachen (1927 WÜSTHOFF 2); Sinzig, Ahr (DORMEYER 1; 1928 WÜSTHOFF 1); Creuznach (v. VOIXEM 1); b. Bingen (1914 BUCHKA 1); Düsseldorf 1; Essen (RIECHEN 1); Westfalen (KNAUTH 1); Weserufer (PEETZ 1); Porta, Weser 1; Rheinland 2;

Hessen: Stockhausen (BÄNNIGER 6); Gießen (1930 BÄNNIGER 1); Hanau, Main (8; LAMY 2); Lahn (1911 RAPP 1); Obernhof (1913 RECLAIRE 1); Rhön, Frankeim (1920 BUCHKA 1); Carlshafen, Nass. (FOLWACZWY 1); Darmstadt 2; Kassel (WEBER 2);

Lippe: Blomberg (KOESTLER 3); Detmold (DORMEYER 2); Senne (1916, 19); Reinhardtswald 1;

Braunschweig: Holzminden, Weser (GERHARD 1); Totental, Wesergeb. (1896 SCHRAMM 1); Braunschweig (HEINEMANN 1);

Harz: Rauter Berg 2; Clausthal (DEGENHARDT 2); Brocken 1; Scharzfeld (DORMEYER 1); Siebertal (DORMEYER 1); Harz (13; WEHNKE 2);

Baden-Württemberg: Odenwald (LANG 3); Fahrnau (1895—1908 HARTMANN 9); Rheintal, Kanderbett (1912 HARTMANN 12); Aschdorf (1908 HARTMANN 4); Albtal, Schwarzwald 1; Rheintal, Kehl (1895, 1); Stuttgart (1924 V. D. TRAPPEN 1); Neckarhausen (1919 BUCHKA 1); Württemberg. Gmünd (1933 DOLDERER 2); Mutlangen (DOLDERER 1); Schwäb. Gmünd (1908 SPANEY 32); Murr (1907, 2); O. Stolzing. (1937 DOLDERER 1); Ried (DOLDERER 1); Rheingonnheim (1912 KÄLLER 1); Ulm (FORNER 1, 10);

Bayern: Regensburg (1914 MEYER 2; WÖHRD 2); Passau (KRAATZ 3); München (1912, 4; RIECHEN 2); Lichtenfels (1938 PAUSSE 4); Dachau (1917 MEYER 1); Aschaffenburg 2; Augsburg (1953 PAPPERITZ 2); Ingolstadt (ROSNER 2); Günzburg a. D. 1; Grünwald b. München (1948 FREUDE 2); Bayrischzell 1; Olding (1916, 1); Fischen, Allgäu (1921 BUCHKA 3); Mittenwald, Bayrisch. Alp. (1934, 1); Herzogsstand (1912, 1); Lindau (1905, 2); Friesing, O. B. (1914, 1); Pfarrkirchen (STÖCKLEIN 1); Zeyern, Frankenwald (1916 DORN 3); Bayern 5; Bayr. Alpen 1;

DDR: Harz: Thale, Bodetal (1953 DIECKMANN 1; 1942 DIETZE 3; FEHSE 1; 1953 HIEKE 5); Thale (FEHSE 2; BORRMANN 1); Bodetal b. Treseburg (HIEKE 2); Quedlinburg (HILLECKE 2); Ballenstedt (1947 BORRMANN 5); Blankenburg (Coll. DORMEYER 1); Brocken, Steinfeld (HEINEMANN 3); Nordhausen (PETRY 2);

Sachsen-Anhalt: Magdeburg (1914, 1); Borne, Elbe (BORCHERT 2); Torgau, Elbe (SAPOLSKI 1); Eilenburg, Mulde (1919 MEYER 1); Mansfelder Seen (REICHERT 1); Weißenfels (1982 SCHMIDT 1); Bad Kösen (BUCHKA 1);

Thüringen: Numburg, Kyffhäuser (1981 JÄGER 1; WRASE 1); Kelbra, Kyffhäuser (1981 SCHÜLKE 1; JÄGER 1; HEINIG 1); Kelbra (1973 DIECKMANN 1); Ebeleben (1967 MORITZ 1); Wandersleben (1906 RAPP 8; HÄNEL 11); Arnstadt (LIEBMANN 6; 1975 HIEKE 1; LUDY 1); Apfelstädt (1919 LANGENHAN 1; HARTMANN 1); Ehrendorf (1912 RAPP 1); Sättelstedt b. Gotha (LANGENHAN 1); Gotha (JÄNNER 2); Laucha, Unstrut (SCHENKLING 1); Erfurt (1923 LEHMANN 2; 1906 RAPP 1); Erfurt, Dreigleichen (LEHMANN 3); Jena (1974 ZERCHE 2; KNAUTH 1; OESTREICH 2); Schwarzatal b. Katzhütte (1967 HIEKE 1); Thüringen (LANGENHAN 1);

Sachsen: Leipzig (LINKE 1); Leipzig, Delitz (1926 LINKE 1); Dorneichenbach b. Wurzen (1953 MICHALK 1); Frauendorf b. Frohberg (REICHERT 1); Döbeln (1941 DETZNER 6; 1943 DETZNER 3; 1942 PAUSE 2); Freital, Rabenauer Grund (1949 NÜSSLER 4); Rabenau b. Dresden (1905 HÄNEL 4); Tharandter Wald (1974 NÜSSLER 2); Umgeb. Dresden (1953 BÖHME 1; HÄNEL 1); Dresden, Plauenscher Grund (1960 HEINE 1; KIRSCH 5); Dresden, Leschwitz (1902 HÄNEL 1); Sächs. Schweiz, Polenztal (FISCHER 1; 1969, 1); Gottleuba (1969 HIEKE 1; 1962 HERTEL 1); Talsperre Malter (1969 HIEKE 24); Talsperre Klingenberg (1938—1952 NÜSSLER mehrfach); Erzgebirge 1; Vogtland, Kemnitztal (ERMISCH 5);

Schweiz: Neuenburger See (HERMANN 3); Neuchâtel 1; Val de Travers, Jura (BÄNNIGER 1); Lac de Lux, La Sentier (BÄNNIGER 2); Aarau (BÄNNIGER 2); Brugg, Aare (BÄNNIGER 1); Olten, Aare (1918 BÄNNIGER 2); Engelberg (1912 STOCK 1); Interlaken (BÄNNIGER 1); Nidau (1913 MATHEY 1); Bienne (1911 MATHEY 1); Zürich (KERN 1; BÄNNIGER 2); Wesen, Wallensee (1918 BÄNNUGER 2); Bern (1921 BÄNNIGER 3); Laufenburg/Rh. (BÄNNIGER 2); Schaffhausen 2; Nyon, Genfer See (BÄNNIGER 1); Cossona (BÄNNIGER 1); Brig (1905 DANIEL 1); Siders, Rhone-Ufer (1913 BÄNNIGER 1); Lauenau b. Gstaad (BÄNNIGER 1); Chateau d'Or, Waadt (BÄNNIGER 1); Neunburg bis Auvernier (1908 HERMANN 12); Basel (STIERLIN 1);

Österreich: Vorarlberg: See-Laiblach (1907 BREGENMÜLLER 1; 1906, 3); Ziegelhaus (1901, 1); Wassermühle (1903, 1); Alt-Amerika (1906, 2); Keuselbach 1; Lochau (1981 ALTHOFF 17);

Salzburg: Schafberg (WEGNER 1; KIRSCH 2; GANGLBAUER 1); Salzburg (1940 ERMISCH 1);

Oberösterreich: Ebelberg (1933 WIRTHUMER 1); Linz/D. (BÄNNIGER 1); Umgebung Steyr (PETZ 2); Steyregg (1934 WIRTHUMER 1); Frankenmarkt (NETOLITZKY 2); Grünberg (1925 MEYER 1; PRIESNER 2); Affersee 1; Mondsee (1902 GANGLBAUER 1); Traun (1934 WIRTHUMER 1); Traunau b. Traun 3; Austr. sup. 1;

Niederösterreich: Wien (WINGELMÜLLER 8; KELLMER 1; 3; REITTER 1); Wienerwald (MADER 1; 1930, 1; 1931 MEYER 1); Hütteldorf, Wienerwald (NICKER 1); Rodaun (LANG 1; LACKNER 1); Kammberg (MEYER 1); Klosterneuburg (1930 MEYER 2; HUMMLER 3); Höflein, Donau 2; Gars a. Kamp' (LANG 1); Waidhofen (NETOLITZKY 2); Ybbsitz (1909, 2); Militärbad (1921, 2); Donau-Auen, Hainburg (1930 MEYER 1); A.-Baden (1907 NATTERER 1); Raabs-Thaya (1932 MEYER 3); Haidemühle, Thaya (1932 MEYER 1); Scheibbs (NETOLITZKY 2); Ruprechtshofen (1922, 1); Rosaliengebirge 2; Hirschwang, Schwarza 3; Atzgersdorf, Liesing (1933 MEYER 1); Viklagrotte (SCHAUBERGER 1); Girichskirchen (SPURNY 1); Schneeberg (SPURNY 1); Kalksburg, Liesing (MEYER 2); Heiligenkreuz (1933 MEYER 2); Aspang (1930 MEYER 1); Wechsel (NATTERER 1); Feistritz a. Wechsel (1933 MEYER 2); Traismauer (GRUNDMANN 1); Herzogenburg (GRUNDMANN 1); Erlach, Leitha (1938 MEYER 2); Donau-Auen b. Greifenstein (1934 MEYER 2); Melk a. D. (BRUDNICK 3); Austria infer. (2; 4; Coll. KRAATZ 1);

Steiermark: St. Michael a. M. (MESCHNIGG 1); Frohnleiten (WAGNER 1); Mürztal 1; Selztal (MOOSBRUGGER 1); Maria Zell (NETOLITZKY 2); Paalgraben (NETOLITZKY 1); Knittelfeld, Murrtal (LAUTERER 2); Waldbad

(Netuolitzky 2); Lichtenwald (Wradatsch 1); Obdach (1935 Netolitzky 1); Peggau, Wasserfall 1; Krieglach 1; Sulm b. Wies 1; Untersteiermark, Sanntal (1909 Kekich 2); Judenburg 1; Wechselberg (Bernhauer 2); Graz (1904 Netolitzky 1; Pennecke 4; Strupi 1); Zeltweg (Netolitzky 1);

Kärnthen: Carinthia (Reitter 1); St. Andrae, Lavanttal (Netolitzky 1); Wolfsberg, Lav. (Christen 1); Koralpe, Lav. (Weiss 1); St. Veit a. Gl. (Meschnigg 1); Villach, Seebach (Meschnigg 1); Ossiacher See (Meschnigg 1); Pischeldorf (Moosbrugger 3); Watschig (Hicker 2); Eisenkappel, Vellachufer (Bernhauer 1; 1931 Netolitzky 1; 1922 Wagner 1; Ganglbauer 1); Gobanz 4; Gailtal (Klimsch 1); Ferlach (1983 Nüssler 1); Gailufer (1907, 1); Reisach (Klimsch 2); Karawanken (Coll. Knauth 1);

Diese Tiere sind meist stärker gestreift und relativ groß, auch ist die Fühlerbasis stärker aufgehellt.

Tirol: Tristacher See (Meschnigg 1); Reutte (Knabl 2); Jungholz (Ammann 1); Innsbruck (Pötzens 1); Innsbruck, Geroldsbach (1907 Krautschneider 2);

Italien: Sicilia 3; Sardegna, Aritzo 2 (diese Tiere wurden auch von Netolitzky als *decorum* determiniert); ein relativ großes, schlankes Tier mit verdunkeltem 2. Fühlerglied: Fiume, Passo Macerata, Chienti (im Naturkunde-Museum Berlin); Magistretti (1965) rechnet die norditalienischen Tiere (Veneto orient., Venezia Giulia) alle zur Nominat-Subspecies, bei dem mir vorliegendem Material waren von den Julischen Alpen bis zum Garda-See Übergangsformen zu finden.

Übergänge zur ssp. *ticinense* Meyer (aus Frankreich, Schweiz, Italien, Österreich und Yugoslawien):

— Alpes maritimes: Mentone (v. Minckwitz 4); Beuil-Roubion (Magdelaine 1); La Bonde, Ves. (Fagniez 1); St. Martin d'Vesubie (Hustache 3); Dalnis (1980 Hozman 2); Val Boreau (1907, 1); habituell typische *ticinense*, aber einzelne Exemplare mit dunklem 2. Fühlerglied und insgesamt schwächerer Streifung, bzw. 7. Streifen obsolet.

— Locarno (1911 Uyttenboogaart 2; Bänniger 2); diese Tiere groß und flach mit schwacher 7. Punktreihe, aber hellem 2. Fühlerglied und hellem Taster.

— Defreggen, St. Jakob (1930 Meyer 2); Bozen [Bolzano] 1; Merano (1961 Pause 3); Alto Adige, Prasule (Meyer 6); Folgaria 1; Matarello (Netolitzky 1); Pergine 1; Arco Trentino, Sarca 2; Rovaeto, Trento (1932 Pechlaner 1); Torbole, Garda-See 1; Valle di Concei b. Riva (1931 Dietze 1); Lago di Ledro (Dietze 1); Brixen [Bressanone] 1; Dolomiten b. Mezzano (1931 Dietze 1); Predazzo (1910 Gabert 1); Friaul [Friuli] 4;

unter diesen Tieren befinden sich alle Übergänge, auch relativ große und flache Tiere mit hellen Tastern und hellem 2. Fühlerglied, wie sie auch typisch für die Julischen Alpen sind. Die Tiere von Friuli sind fast reine *ticinense*, ebenso 1 Exemplar aus Montreux (Schweiz), das sich im Institut für Pflanzenforschung Eberswalde (ehemals D. E. I.) befindet.

— Tarvis [Tarvisio] 2; Veldes [Bled] (1931 Liebscher 1; Köller 13; Moosbrugger 1); Wochein [Bohinjsk. Bistr.] (Schuster 3; 1930 Hänel 1); Flitsch u. Karfeit [Soča-Tal oberhalb Kobarid bis Bovec] 1; Weißenfelser See [Planica-Umgebung] (Netolitzky 1); Haidenschaft [Ajdovščina] (Bianci 1); Tolmein [Tolmin] (Netolitzky 1); Solcava (1930 Kodrič 2); Brežice (1933 Kodrič 2); Kalobje (1922, 1); Sagrado (1927, 1); Isonzo 1; Bigliano nel Coglio (Lang 1); Branizza [Branica] (1927 Karst 2); Trieste, Carso (Schatzmayr 1); Molino di Rosondra (1926, 2); Pirano [Piran] (1927, 2); Timavo [Reka] (1927, 2); Pinguente [Buzet] (1927, 1); Pisino [Pazin] (Steinbühler 1);

Weitere Funde von Istrien, deren Deutung unsicher ist: Zaule (1925, 2); Noghera (1927, 7); Erpelle (1926, 2).

— Fiume [Rijeka], Rečinatal 3; Klana (1921, 3); Susak, Rečinatal (Meyer 2);

Große Tiere (5,7—6,6 mm) in der Mehrzahl typische *decorum* mit nur leicht verdunkeltem 2. Fühlerglied; aber auch sehr schlanke, gewölbte und stärker punktierte Tiere, die habituell dem *ticinense* entsprechen, aber meist das 2. Fühlerglied und das vorletzte Tasterglied verdunkelt haben. Auch einige hier nicht mit genannte Dalmatinische Tiere (Velebit;Krk) ähneln der ssp. *ticinense* Meyer

Yugoslawien: Slovenija: Krainburg [Kranj] (1904, 1); Kankertal [Kokra-Dol.] (Netolitzky 1); Radna (Wradatsch 1); St. Paul [?Umgebung Zalec] (Wradatsch 1); Gurkfeld [Videm-Krško] (Netolitzky 2); Laibach [Ljubljana](Gs Pan 1); Mrzlica-Berge b. Tribovlje (Kodrič 1); Pettau[Ptuj] (Scheibel 1); Maribor (1930 Gspan 2); Cilli [Celje] (Strupi 1; 1930 Kodrič 1); Savinjske Alpe (1929 Cepic 1); Sv. Jurij (1930 Kodrič 1); Dobje (1930 Kodrič 1); Podčetrtek, Sotla (1931 Jaeger 2); Logar-Tal [? Slap. palenc.] 1;

Hrvatska: Skrad (Tredl. 1); Veglia Besca [Stara Baška] (Netolitzky 1) Lescov [? Leska Dol.] 1; Velebit (Müller 2); Agram [Zagreb] (1909 Weingärtner 2); Almissa [Omiš] (Schatzmayr 1); Insel Rab (1932 Köller 3); Dalmatia 5; Dinara plan. (Obenberger 1); Canale [? Dalm.] (Panagetti 1);

Srbija: Fruska Gora (Tippmann 1); Kuršumlie [Kuršumlija] (Schöbel 1); Serbien (Knauth 1);

Bosna/Hercegovina: Jablanica (1911 LIEBMANN 1; LEONHARD 4; DUCHON 1); Prozor (1902 LEONHARD 3); Banja stjena (LEONHARD 12); Bosna-Tal (1900 LEONHARD 1); Priboj (1938 KÖLLER 1); Pole b. Sarajevo 1; Sarajevo (BERNHAUER 1; MATZENAUER 1); Mostar (1981 MÜLLER 14); Ilidža (ZOUFAL 1); Nemila (SCHEIBEL 1); Majevica-Geb. (ZOUFAL 1); Trebević (MATZENAUER 1); Bosnia 1; Cajnica [Čajniče] (STRUPI 1; 1912, 1); Gorica plan. sw Jajce (WEIRATHER 1); Teslić, Vlas (JAEGER 1); Dervent [Derventa] (JAEGER 1); Igbar-Tal (ZOUFAL 1); Trebinje (1903 LEONHARD 1); Donje Hrasno (GRABOWSKI 1); Konjica-Umgebung [Konjic] (Coll. KNIZ 6); Herzegovina 1;

Crna gora: Gusinje (1931 BISCHOFF 1); Zljeb planina (1931 BISCHOFF 1); Vruja- Ursprung (1931 BISCHOFF 1); Catarro [Kotor] (1922, 1); Monastir Piva (1911 SPANEY/SCHUHMACHER 3); Ivangrad (SAMA 2); Castelnuovo [Herzegnovi] (1895 HUMMLER 12; 2);

Makedonija: 25 km nördlich Onrid (1980 HIEKE 5); Skopje, Treskaufer (1980 HIEKE 9); Macedon. (1869, 1);

CSSR: Bohemia 1 (GÄRTNER 3); Prag [Praha] (1822, 1; DUCHON 2; ROUBAL 1); Otradovice (1910, 2); Aussig [Usti n. L.] (LABLER 1; GABERT 2); Příbram (1919 ROUBAL 1); Jiřina (1910, 1); Roztoky (1906 KLENKA 1); Zbraslav (1910 KLENKA 1); Pisek (TYL 1); Marienbad [Marjanske Lazné] (1911 KLENKA 1); Zavist (1904 RAMBOUSEK 1); Krummau [Krumlov] (DEVCREZKY 1); Schwarzenberg [Černa v Pošumavi] (GABERT 1); Zbečno (1910 KLENKA 1); Brandeis [Brandys n. L.] (KALITZKY 1); Geiersberge [Kyšperk] (NETOLITZKY 3); Riesengebirge [Krkonoše] (LETZNER 10); Hartmanice (1913 KLINKA 1); Rokitnitz [Rokytnice] (NETOLITZKY 2); Altvatergebirge [Praděd] 2; Daudleb [Doudleby] 1; Silesia (HEYNE 2); Teschen [Česky Tešin] (GÜNTER 2; v. WANKA 3); Moravia (REITTER 2; SCHEERPELZ 2); Passkau [Paskov] (GRAF 3); M.-Ostrau [Ostrava] (ZOUFAL 2); Prerau [Přerov] (NETOLITZKY 1); Prosnitz [Prostějov] (ZOUFAL 2); Babia Gora (NETOLITZKY 1); Beskiden [Beskidy] (KYSELY 3; REITTER 3); Jihlava-Ufer b. Mohelno (1977 MÜLLER 8); Javorniki Bytca (1981 WRASE 2);

Slovakia, Šturovo (1976 HIEKE 35); Kamênica (1976 HIEKE 6); Nižke Tatry, Stratena (1978 RIETZSCH 1); Tatra (KOLBE 1); Tatr.-Javorina (ROUBAL 1); Poprad-Felka (NETOLITZKY 1); Ždiar (1974 FIX 1; HIEKE 1); Lipt. Berge [Liptovsk.] (PEKARSKI 1); Trenczen [Trenčin] 5; Kassa [Kaškovce] (NETOLITZKY 1);

weitere Fundorte unsicherer Deutung:

Nigstein, Silesia (SCHEERPELZ 3); Plstyan, Wana-Auen (MEYER 3); Szklenfürdo, Slovakia (DUDICH 1); Stavna Mazura 1;

Polen: Hirschberg [Jelenia Gora] (v. VARENDORF 2); Liegnitz [Legnica] (KOLBE 1); Neisse [Nysa] (1913 GABRIEL 2); Ustron (LETZNER 4); Brenna, Beskid. (FÄHRMANN 3); Bielitz [Bielsko-Biala] 2; Wadowice (1911 NATTERER 1); Beskid wyzpowy, Kraczonowka-Ufer (1977 HIEKE 2); W.-Tatra, Dolina Bialego (1972 MÜLLER 2); Male Pieniny, Grajcarek-Ufer (1972 MÜLLER 5); Trzy Korony (1977 HIEKE 2); Stomowojè, Pieniny (1973 DIECKMANN 1); Czorsztyn (1924 TEUENBAUM 1); Szydlow b. Kielce (NETOLITZKY 1); Bogorya b. Kielce (NETOLITZKY 1); Přzemysl (BREIT 1);

Ukrainische SSR: Munkacs [Munkatschevo] (NETOLITZKY 1); Hrbenko b. Skole (NETOLITZKY 1); Bolechow (NETOLITZKY 1); Stanislaw [Iwano-Frankowsk] (1913 NETOLITZKY 1); Perehinsko [Peregonskoje] (NETOLITZKY 1); Delatin [Deljatin] (NETOLITZKY 1); Kolomea [Kolomyja] (1917 NETOLITZKY 1); Zalesczyky [Salestschiki] (NETOLITZKY 2); Czarnahora (OBENBERGER 1); Wiznitz [Wishniza] (1911 HERZOG 1);

Fundorte unsicherer Deutung: Witwica Dolina (NETOLITZKY 1); Iwkowa, Galiz. Szczerban 1.

Ungarn: Miskolcz (DEPOLI 2); Balanbanja 1; Mormaros (MINOK 1); Budapest (1908 DIENER 1); Felsö, Banczar (STILLER 1); Monastir Apati, Tapolcza [Tapolca] (1915 NETOLITZKY 1); Karpathen (MERKL 1);

Rumänien: Vatra Dornej (1969 MÜLLER 7); Frataütz [Fratăutii] (NETOLITZKY 1); Kimpolung [Cimpulung-Mold.] (NETOLITZKY 2); Transsylvania (1887 BRENSKE 2); Busteni, Bučegi (1961 v. BROEN 3); Sinaia, Prahova-Tal (1982 SCHÜLKE 3); Predeal (1894, 1); Also-Rakos [Racoşu de Jos] (DEUBEL 2); Mamaia (1982 SCHÜLKE 1); Herkulesbad [Baile Herculane] (WINGELMÜLLER 1; WINKLER 1; 1931/33 KOCH 6); O-Tömös [Timişul de Jos] (DEUBEL 2); Orşova (OBENBERGER 1); Kronstadt (Braşov] (DEUBEL 1); Vajda, Hunyada [Hunedoara] (DEUBEL 1); Cloşani (1928 GARP u. STOLZ 1); Motrul-See, Carp. m. (WINKLER 1);

Fundorte unsicherer Deutung: Patra Bukow. (1911 NETOLITZKY 1); Suczawitza, Buk. (NETOLITZKY 1); A. Adrzel [? Argel] (HANKE 3); Hatzeger (DEUBEL 1); Altfluß (DEUBEL 2); Mt. Bihor, Petroasa, val. Bulsa (1922 WINKLER/JEANNEL 1);

Albanien: Skutari [Shkodra] (RAVISINI/LONA 1); Mal i Dajtit (BISCHOFF 1); Shkelzen (1935 BISCHOFF 1); Bushek b. Elbasan [Elbasani] (BISCHOFF 1); Tirana (RAVISINI/LONA 1); Zeza-Brüche b. Kruja (MÜLLER 1); Lumi i Bençes, Teplena 1; Tomor [Tomori] Kulmak 1; Miloti (MATZENAUER 1); Arajirokastron (WEIRATHER 1); Prespa-See (WEIRATHER 1); Gafa, Stams (1934 v. STRUPI 1); Mesi, Kiri-Ufer (1931 BISCHOFF 1);

Griechenland: Florina (MAGDELAINE 1); Vardar-Ebene, Salonich [Thessalonike] (SCHATZMAYR 1); Vardar-Ebene (SCHATZMAYR: 4 „Cotypen" des *B. rebellum* SCHATZMAYR); Hudorva (1916, 1);

Bulgarien: Sofia, Knjaževo (1908 RAMBOUSEK 3; JOAKIMOV 1); Stara planina, Vasil Levski b. Karlowo (1984 JAEGER 7); Kalofer (1902 HILF 7; 1984 JAEGER 11); Kazanlâk] (NETOLITZKY 1); Schipka (Šipka] (NETOLITZKY 2; MANDL 2); Tirnovo [Veliko Târnovo] (NETOLITZKY 1); Plisura (MERKL 4); Jaz, Zrbčevo (1980 FENCL 1); Kosarica (1984 JAEGER 3); Vlas b. Nessebar (1981 WRASE/SCHÜLER 12); Nessebar (1967 ERMISCH 3); Orizare (1983 WRASE 3); Pirin (1967 KOUŘIL 1); Banderica-Ufer (1979 UHLIG 1); Sandanski-Tal (1966 MESSNER 2); Bistrica (1977 WRASE 1); Rhodopen, Čepelare (1966 ERMISCH 2); Pamporovo (ERMISCH/DORN 20); Perperek b. Kardžali (1980 FENCL 9); Ropotamo-Ufer (1977 HIEKE/UHLIG 24);.

Unter den südbulgarischen und griechisch-mazedonischen Tieren finden sich Übergänge zur ssp. *bodemeyeri* DAN. (siehe dort).

ssp. caraffai SAINT-CLAIRE DEVILLE, **1906**
Cat. Col. Corse, Rev. Ent. 28, p. 15.
Locus typicus: Korsika.
Typus: Mus. Nation. Hist. Nat. Paris.
Unterschiede zur Nominatrasse: Kleiner, heller gefärbt; Beine, Taster und $3^1/_2$ Fühlerglieder gelb; Elytren rotbraun mit grünlichem Metallglanz; Pronotum relativ schmal, an den Seiten wenig eingezogen, Hinterecken kurz, ohne Fältchen, Basis etwas konvex vorgewölbt, Punktierung der Halsschildbasis wenig deutlich, Hinterecken nach unten und zur Seite abgebogen, so daß sie stärker stumpfwinklig erscheinen; Flügeldecken nach hinten deutlich erweitert, Basis aber gerade, Streifen der Elytren an der Basis viel gröber punktiert als die Halsschildbasis; 7. Streifen deutlich, alle Punktstreifen nach hinten schwächer werdend; Spitzenstreif in den 5. mündend (s. Tafel 3).
Größe: 5,3—6,1 mm.
Verbreitung: Korsika.

Untersuchtes Material
1 Syntypus (? Paratypus) im Naturkunde-Museum Berlin; etikettiert: 1. Corse, Vizzavona, 2. sp. typ, 3. *Bem. decorum* var. *caraffai* DEV., 4. *Bemb. caraffi* n. sp.
Corsica/Corse (7; DIENER 1; REITTER 1); Vizzavona (KRAUSE 1; BUDTZ 1; SCHULZE 1); Bocognano (1927, 24); Taftone 1; Foret de Tartagine (1968 DROUX 4); Boins le Guitera (1927, 2);

MAGISTRETTI (1965) rechnet auch die sardinischen Tiere mit zu dieser Rasse. Die mir vorliegenden sardinischen Tiere besitzen aber dunkle Elytren wie *ticinense* und sind ebenso stark gestreift und gewölbt. In der Färbung der Fühlerbasis und der Taster sind alle Übergänge zu finden.
2 Exemplare aus Aritzo haben ein stark verdunkeltes 2. Fühlerglied und sind flacher, schlanker, schwächer gestreift und besitzen stärkeren Metallglanz (wie *decorum* s. str.!), ähnliche Exemplare sind auch von Sizilien bekannt. Im Museum für Tierkunde Dresden befindet sich sogar 1 altes Exemplar der ssp. *caraffai* mit dem Etikett: Sicilia.

ssp. ticinense MEYER, **1936**
Ent. Bl. 32, p. 21—22.
Locus typicus: Ticino, Schweiz
Typus: Naturhistorisches Museum Wien.
Unterschiede zur Nominatrasse
Kleiner, Elytren etwas kürzer und gewölbter, mit gröberen Punktstreifen, der 7. Streifen (s. Tafel 7) meist gut entwickelt; Fühlerbasis in der Regel mit $2^1/_2$ hellen Basalgliedern; vorletztes Kiefertasterglied zur Spitze nur leicht getrübt; Beine ganz hell.
Größe: 5,1—6,0 mm.
Verbreitung: Südfrankreich, Alp. marit.; Schweiz, Tessin; Italien von Piemont bis Friuli, im Süden bis Calabrien, Sardinien.

Untersuchtes Material

Schweiz: Tessin [Ticino], Luganer See [Lago Lugano] 3; Canobbio (1920 BÄNNIGER 3); Caneggio 2; Chiasso, Breggia 2; Ch. Morbio Salto 1; Ch. Faloppia 1; Ch. Pizzaniglio 1; Chiasso (1; LIEBMANN 2); Brissago, Lago Magg. (1936 BÄNNIGER 1); Blenio-Tal, Aquar. (1918 BÄNNIGER 1); Bellinzona 3; Capo Lago (BERNHAUER 2); Vira (BÄNNIGER 2); Bignasco, Maggia-Tal (BÄNNIGER 1); Bironico, Font. 1; Quartino 1; Muggio (1922/26 BÄNNIGER 8); Mte. Generoso, Fontana Prada 3;

Italien: Italia 4; Colle Euganei (WINKLER 1); Schio (1931 DIETZE 1); Alp. dolom. (1932 DIETZE 1); Cismon, Garda-See [Lago di Garda] (1914 NOESSKE 8); Mte. Baldo, Ario-Alt. (1931 DIETZE 1); Riva sul Garda (1914 ZIRRA 2); Albula (1902 DORMEYER 10); Gardone, Garda-See (1902 DORMEYER 4); Garda-Mdg. 1; Torbole 1; Val di Daone, Adamello 3; Judicaria, Creto Umgebung 1; Piere di Ledro (1913, 1) Tiarno (1931 DIETZE 1); Caliano, Trentino (NETOLOTZKY 1); Bolognana 2; S. Christoforo, Valsugana (1911 HELLER 4); Trento, Val Saglia (1935 PECHLANER 1); Baitoni (1935 PECHLANER 1); Südtirol (REITTER 1); Alto Adige, Tires (1926 MEYER 3); Orob. Alp., Edolo (HICKER 1); Ogliolino, Edolo (1924 MEYER 4); Bergamasc. Alp., Valle Imagna (1924 MEYER 2); Mte. Arera (WINKLER 1); Oltre il Colle (WINKLER 1); Lago di Como, Mte. Bisbino (LEONHARD 20); Colico, Tomlin 1; Mte. Grigna 4; Lago Maggiore, Trobaso 2; Stresa, Lago Magg. 1; Caprina, Lugano-See (NETOLITZKY 1); Ponte Tresa, Ticino (BÄNNIGER 1); Asso Lambro, Alto Brianza (1923 MEYER 3); Lago di Lecco, Valle Meria (MEYER 2); Brivio, Adda (MEYER 1); Iduno-Olona (BINAGHI 1); Malnate, Varese (1924 MEYER 3); Goana, Lomb. (1910 ALZONA 1); Macugnaga (BÄNNIGER 1); Rima, Mte. Rosa (WINGELMÜLLER 1); Valle di Aosta-, Courmayeur (BINAGHI 1); Val Pesio (1883 KORB 1; 1890, 1; 1909 GANGLBAUER 1); Turin [Torino] (GHILIANI 1); Piemont, Ponta Nova (1910 FIORI 6); Alp. marit., Certosa di Pesio (1911 KÜNNEMANN 3); Sopra La Croce (1893 FLACH. 3); Borsonasca (1893 FLACH. 2); Limone (JURECEK 1); Valdieri 1; Tenda (1905, 1); Crissolo, Cuneo (1927 MEYER 4); Liguria (1895 FIORI 1); Bianca, Ligur. 1; Cacare, Ligur. (HEYNE 1); Emilia (1890 FIORI 2); Dardegna (FIORI 3); Alpi Apuane, Petrosciana (1914 MANCINI 2); Garfagnana, Castelnuovo (1907, 1); Toscana (1908 FIORI 1); Viareggio 1; Vallombrosa (1902, 1); Firenze (TIBERII 1); Mehajca (1908 FIORI 1); Pietrasunta (MARCHI 1); Roma (LUIGIONI 2); Trevi Laz (1898 LUIGIONI 3); Montepagano (PAGANETTI 1); Teramo, Egidio alla Vibrata (1912 ANDREINI 2); Abruzzo (1898 FIORI 2); Castel di Sangro (PAGANETTI 1); Neapel [Napoli] (ROTTENBERG 2); Agerola (1892 FLACH. 1); Basilicata, Potenza (KÖLLER 1); Stiglianis (1904 FIORI 1);

Elba: Ml. Capaune, Poggio (1921 SCHEERPELZ 2);

Sardegna: (1920, 1; BELLIER 1); Sardinia, Tempio (1907 FRKL. MÜLLER 15); Aritzo (PAGANETTI 1);

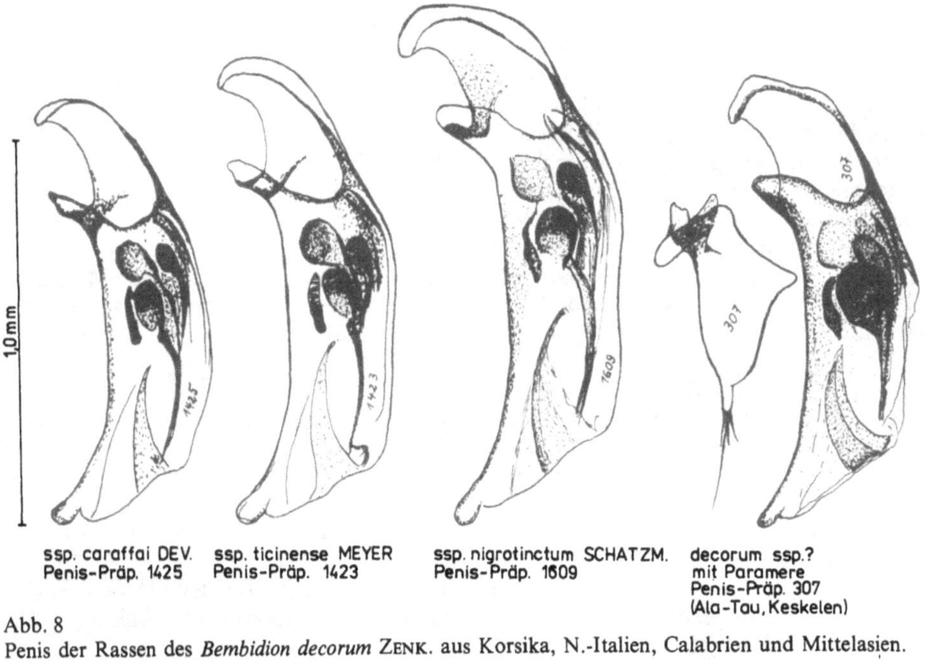

Abb. 8
Penis der Rassen des *Bembidion decorum* ZENK. aus Korsika, N.-Italien, Calabrien und Mittelasien.

Die Tiere von Neapel und Castel di Sangro sind relativ groß und flach (? Übergang zu den sizilianischen Tieren und zur ssp. *nigrotinctum* SCHATZM.)

Weitere Verbreitungsangaben bei MEYER (1936) und MAGISTRETTI (1965).

ssp. nigrotinctum SCHATZMAYER, **1941**
Atti Soc. Ital. Sci. Nat. 55, p. 55.
Locus typicus: Marina di Paola.
Typus: Museo di Milano.
Unterschiede zur Nominatrasse

Elytren etwas gewölbter als bei ssp. *decorum* ZENK., aber weniger stark gestreift als *ticinense* MEYER, 7. Streifen fast erloschen, alle Streifen nach hinten stärker abgeschwächt; Schenkelbasis aller Beine ausgedehnt geschwärzt; $2^1/_2$ Basalglieder der Fühler hell, vorletztes Tasterglied hell, aber zur Spitze leicht getrübt. (Halsschildlänge/Basisbreite: 1,08); Penis s. Abb. 8.

Größe: 5,4—6,0 mm, ∅ 5,7 mm.

Verbreitung: Calabrien. Nach MAGISTRETTI (1965): Sila: Fago di Soldato, L. Ampollino, M. Gariglione; Serra San Bruno; St. Eufemia d'Aspromonte; St. Cristina d'Aspromonte; Gambarie; Podargoni

Untersuchtes Material
St. Eufemia d'Aspromonte (1905 PAGANETTI 1; 1930, 2).

ssp. bodemeyeri K. u. J. DANIEL, **1902**
Münchner Kol. Ztschr. 1, p. 101—103.
Locus typicus: Biledjek, Asia minor.
Lectotypus: ♂ Zool. Staatssammlung München.
Synonym: *eskilos* SCHATZMAYR, 1909, Wien. Ent. Z. 28, p. 104

Die systematische Stellung und der Name dieser Form sind sehr umstritten, obwohl bereits in der Beschreibung eine klare Differenzierung von der ssp. *subconvexum* DAN. erfolgte. MÜLLER (1929) erkannte aufgrund des Studiums der Typen, daß *eskilos* SCHATZM. identisch mit *bodemeyeri* DAN. ist. In der Typenserie des *eskilos* SCHATZM. befinden sich allerdings auch Exemplare von *siculum smyrnense* APF., so 3 „Cotypen" im MTD (Penispräparat: 1125 und 1146) und 4 „Cotypen" im D.E.I. aus dem Athos-Geb. in Macedonien, was eine Reihe von Autoren veranlaßte, den Namen *eskilos* auf die kleinasiatischen und ägäischen Formen von *siculum* zu beziehen.

Aus der Beschreibung DANIELS ist nichts über den Verbleib der Typen des *B. bodemeyeri* zu entnehmen. Exemplare der Typenserie mit dem Etikett „Typus" befinden sich in der Zoologischen Staatssammlung (Coll. DANIEL) München, dem Institut für Pflanzenschutzforschung Eberswalde (D.E.I.) und dem Staatlichen Museum für Tierkunde Dresden (MTD). Diese Tiere betrachte ich als Syntypen und lege das Tier der Coll. DANIEL (München) mit der Etikettierung: 1. Asia minor, Biledjek, v. BODEMEYER; 2. *Bodemeyeri* DANIEL; 3. Sammlung DR. K. DANIEL; 4. Typus (rotes Etikett) als Lectotypus fest. Alle anderen Exemplare sind Para-Lectotypen:

in Coll. DANIEL München:

2 Ex. Biledjek (handschriftlich); 1 Ex. Biledjk v. BODEMEYER; 1 Ex. Asia minor, Eski-Chéhir, v. BODEMEYER; 3 Ex. Eski-Schehir, 1899 BODEMEYER/Sammlung DR. K. DANIEL.

in D.E.I. (ex Coll. LEONHARD):

1 ♀ Asia minor, Biledjek, v. BODEMEYER; 2 ♀ Asia minor, Eski-Chéhir, v. BODEMEYER.

in MTD (ex Coll. DORMEYER):

1 Ex: 1. Asia minor, Biledjek (handschriftlich!). 2. Type, K. DANIEL. 3. *Bodemeyeri* DAN., C. DANIEL. 4. *Bodemeyeri* DAN. 5. Sammlung DR. DORMEYER, Ankauf 1952. 4 Ex: Asia minor, Biledjek, v. BODEMEYER

DANIEL (1902) und MÜLLER (1920) zogen auch die italienischen Tiere zur ssp. *subconvexum* DAN., was MEYER (1936) aus zoogeographischen Gründen änderte und für die italienischen Tiere den neuen Namen *ticinense* einsetzte, während er die ssp. *subconvexum* DAN. als Bergrasse (syn.: *analogicum* MEYER) zu *B. bodemeyeri* DAN. stellte. NETOLITZKY (1943) führt nun *subconvexum* und *bodemeyeri* als selbständige Arten der *decorum*-Gruppe und *ticinense* MEYER als eine Subspecies von *decorum* ZENK.

Aufgrund der Tatsache, daß es zwischen *bodemeyeri* DAN. und *decorum* s. str. auf dem Balkan Übergänge gibt, beide Formen aber sonst vikariieren, dürfte ihr Status als Subspecies von *decorum* ZENK. gut belegt sein, wofür auch der Penisfeinbau spricht. Allerdings weicht *bodemeyeri* DAN. im Penisfeinbau etwas von *decorum* ab, die Innenarmaturen sind etwas gestreckter und mehr an den Rand des seitlich gelegenen Ausschnitts des Basalorificiums hin gerückt als bei *decorum* s. str.

Bei einzelnen Exemplaren fällt ohne Fundortangabe die sichere Zuordnung zu den oben genannten Rassen schwer.

Unterschiede zur Nominatrasse

Elytren etwas mehr gewölbt und die Seiten etwas mehr gerundet als bei *decorum* s. str., die Punktstreifen aber nicht so stark wie bei *ticinense* MEYER oder *subconvexum* DAN. 7. Streifen schwach oder fehlend; Fühler mit mindestens 2 hellen Basalgliedern, meist noch die Wurzeln des 3. und 4. Gliedes aufgehellt, Taster ebenfalls hell; Schenkelbasis ungetrübt; Penis relativ groß, seine Innenarmaturen gestreckter und mehr an den seitlichen Penisausschnitt heranreichend.

Größe: 5,5—6,5 mm.

Verbreitung: Südbulgarien, Südmazedonien, Griechenland, westliche Türkei. MANDL (1967) meldet ein *B. bodemeyeri* DAN. aus Afghanistan (det. JEDLICKA), wahrscheinlich handelt es sich um *subconvexum* DAN., oder eine andere Rasse.

Untersuchtes Material (außer der oben genannten Typenserie)

Griechenland: Graecia 1; Athos, Mazedonien (5 „Cotypen" des *eskilos* SCHATZM.); Athos 2; Salonich [Thessalonike] 2; Kastoria (1983 FREUDE 1); Xanthi (1983 FREUDE 2); Kalampaka (1983 FREUDE 2); Parnass (1903 PAGANETTI 4); Attica (REITTER 1); Euboea, Karystos (v. OERTZEN 1); Naxos (1909 SCHATZMAYR 3); Sarabina, Peneios (1983 FREUDE 1); Südl. Sporaden, Nikaria (v. OERTZEN 2); Peloponnes, Nauplia 1; Taygetos 1; Megaspilion (1922 LIEBMANN 1); Kreta, Lasithi, Aghia Fotia (1981 JEANNE 1);

Türkei: Manisa-Dagi (1983 FREUDE 1); Alem-Dagh (1902 GOTTWALD 2); Turcia 1; Permuta (1897 ESCH. 1);

Übergänge zur ssp. *decorum* s. str. finden sich in Südbulgarien und Mazedonien: Goljamata močura (1982 RUDICH 1); Ropotamo-Tal (1977 HIEKE/UHLIG 13); Rhodopen, Cepelare (1966 ERMISCH 1); Pamprovo (1966 DORN 2); Macedonien (1869, 1).

Die genaue Abgrenzung von der nach MEYER (1936) mehr im Gebirge verbreiteten ssp. *subconvexum* DAN. ist in Kleinasien noch problematisch, so unterscheiden sich die Tiere von Sabandja als typische *subconvexum* doch sehr von den fast benachbarten Tieren aus Biledjek und vom Alem-Dagh, während unter den Tieren aus dem Ropotamo-Tal auch relativ kleine, stärker gewölbte Exemplare vertreten sind, die fast an *subconvexum* erinnern.

ssp. subconvexum K. u. J. DANIEL, **1902**

Münchner Kol. Ztschr. 1, p. 102.

Locus typicus: Sabandja-See, Kleinasien.

Lectotypus: Ex. Nr. 167 Zoologisches Museum der HUMBOLDT-Universität Berlin.

Synonyme: — *analogicum* MEYER, 1919, Ent. Bl. 15, p. 88. — *schuberti* JEDLIČKA, 1962/63 Koleopt. Rdsch. 40/41, p. 16—17.

In der Coll. DANIEL (Zoologische Staatssammlung München) stecken unter *subconvexum* auch Tiere aus Italien und Griechenland; 3 Ex. von Sabandja (leg. v. BODEMEYER) gehören offenbar zur Typenserie. 1 ♀ vom gleichen Fundort befindet sich in der Hauptsammlung des Instituts für Pflanzenschutzforschung in Eberswalde (ehem. D.E.I.) und ist mit folgenden

Etiketten beschildert: 1. Asia minor, Sabandja v. BODEMEYER; 2. *decorum var. subconvexum* DAN.; 3. Typus (rotes Etikett); 4. O. LEONHARD; 5. *B. subconvexum* DAN.

Im Typenkatalog (DÖBLER, 1975) des D.E.I. ist dieses Tier nicht enthalten. Im Museum für Naturkunde (Zoologisches Museum) der HUMBOLDT-Univ. Berlin befinden sich zwei weitere Exemplare der Typenserie vom gleichen Fundort (Asia minor, Sabandja, v. BODEMEYER). Das eine Exemplar (Nr. 167) trägt ein grünes Etikett mit der handschriftlichen Bemerkung: *B. decorum* var. nov., *subconvexum*, Type, K. DANIEL; das 2. Exemplar ein kleines weißes Etikett mit der Aufschrift: DANIEL-Type, *decorum subconvexum*. Ganz offensichtlich muß das Tier mit der Nr. 167 als der Holotypus aufgefaßt werden, da dies aber weder aus der Etikettierung noch aus der Arbeit DANIELS (1902) klar hervorgeht, wird dieses Tier als Lectotypus festgelegt.

Neben den oben angeführten Synonymen sind noch drei weitere Namen auf *B. decorum* ssp. *subconvexum* DAN. zu beziehen. LUTSHNIK beschrieb 1937/38 eine Rasse des *decorum* aus Soči in Abchasien, die sich vor allem durch die mehr grünlich metallische Oberseite und die etwas dunkleren Taster von *subconvexum* unterscheidet, sonst aber mit diesem völlig identisch ist (s. Penis-Abb. 7). Diese abchasischen Tiere wurden als Lokalform n. *festinum* LUTSHN. zu *subconvexum* DAN. gestellt. Das aus dem gleichen Gebiet beschriebene B. *kurnakovi* SCHULER (1962) dürfte nach der vom Autor gegebenen Beschreibung nebst Bemerkungen zum Penisfeinbau identisch mit *festinum* LUTSHN. sein; nach den Größenangaben SCHULERS (1962) entspricht es dem *zolotarewi* REITT. Zweifelsohne gehört auch *lopatini* SCHULER (1962) zu *subconvexum* DAN., wie unter anderem die Penis-Abb. SCHULERS (1961) klar beweist. SCHULER (1962) stellt dieses Tier in die Nähe von *aetolicum* APF. und begründete dies (offenbar in Unkenntnis des Penisfeinbaus des echten *aetolicum* APF.) mit dem von *decorum* abweichenden Penisfeinbau seines *lopatini*. Leider waren meine bisherigen Bemühungen die Originaltiere SCHULERS aufzufinden vergeblich, doch läßt sich aus der Penis-Abb. SCHULERS (1961) nur ableiten, daß *lopatini* zu *decorum* gehört und dort nach der vergleichenden Beschreibung seines Autoren zur Rasse *subconvexum* DAN. Möglicherweise ist es eine weitere Lokalform des *subconvexum* DAN., obwohl die angegebenen Fundorte, die von Abchasien bis Südgeorgien reichen, eigentlich nicht dafür sprechen.

Unterschiede zur Nominatrasse

Elytren stärker gewölbt und gerundet, stark punktiert gestreift, die Zwischenräume gewölbt, auch der 7. Streifen deutlich; Beine hell, die Basis der Schenkel meist getrübt, Fühler meist (83%) mit $2^1/_2$ hellen Basalgliedern; Färbung der Taster unterliegt großen Schwankungen, in Kleinasien zum großen Teil ganz helles vorletztes Tasterglied, bei den Tieren Abchasiens sehr oft ganz dunkle Taster oder stark getrübtes vorletztes Glied. Etwas kleiner als *bodemeyeri* und *decorum* s. str., Penis schlanker und kleiner.

Größe: 5,0—5,7 mm.

Verbreitung: Kleinasien, Kaukasus.

Untersuchtes Material

Typenserie: Sabandja, Asia minor (v. BODEMEYER 6); Bulghar Dagh (SAHLBERG 2); Palandčken b. Erzurum (1965 KORGE/HEINZ 2); Kulakkaya b. Giresun (1964 KORGE 1); Daparurar 1; Bithyn.-Olymp., n. Brussa 2; Turcia (MERKL 1);

Zu dieser Unterart gehört als Lokalform auch die „natio“ *festinum* LUTSHNIK, 1937/38, Bull. Gos. Mus. Grus. IX A, p. 25—26. Locus typicus: Soči, Abchasien. (Typisches Stück im Zool. Inst. Akad. Nauk, Leningrad)
mit Synonym: *kurnakovi* (SCHULER, 1962), L'Entomologiste XVIII, p. 6.

Unterschiede zu charakteristischen Vertretern der ssp. *subconvexum* DAN.

Färbung der Elytren mehr grünlich-metallisch, Taster dunkler, Elytren stärker gerundet, teilweise an *zolotarewi* REITT. erinnernd, mit dem diese Form häufig verwechselt wurde.

Die Tiere sind sehr variabel in ihrer Gestalt.

Größe: 5,1—5,7 mm, ∅ 5,4 mm.

Verbreitung: Südlich des Kaukasus. Von Abchasien bis Armenien.

Untersuchtes Material

Abchasien: Novy Afon (1968 HIEKE 82); Riza-See (1983 MÜLLER 1); Gagra (1968 VORISEK 8); Soči-Izmajlovka (1982 ODVARKA 4): Soči-Azek (1982 ODVARKA 3); Soči, Mt. Achun (1982 ODVARKA 1); Bekishaj-Fl. (1971 VORIŠEK 3); Kaukasus (SCHNEIDER 3); Sakao (1911 KULZER 1); Pizunda, Lidzava (1984 OEHLKE 18);

Nach YABLOKOFF-KHNZORIAN (1976) fand MALJUSCHENKO die gleiche Form bei der Station Zemi und YABLOKOFF-KHNZORIAN am Riza-See und in Armenien.

Eine weitere Lokalform ist ? „natio" *lopatini* SCHULER, 1962 L'Entomologiste XVIII, p. 6. Locus typicus: Otkhara, Abchasien. Das typische Stück ist weder in Coll. KURNAKOV Leningrad, noch in Coll. SCHULER Strasbourg vorhanden.

Unterschiede zu charakteristischen Tieren der Rasse *subconvexum* DAN. Bereits 2. Glied der Fühler verdunkelt, Taster und Beine ganz hell; Augen flacher, mit deutlichen Schläfen; Pronotum etwas breiter als lang, Hinterecken mit kurzem Postangularfältchen; Elytren gerundet-oval, die ersten vier Streifen noch an der Spitze sichtbar, Färbung der Oberseite einheitlich dunkelblau.

Größe: 5,5 mm (n. SCHULER 1962).

Verbreitung: Abchasien; Bakuriani (Georgien); Sairme (Georgien).

Eine neue Lokalform ist „natio" *balkariense* nov. mit Locus typicus: Verchnij Balkaria, Kabardino-Balkarische ASSR, 1983 leg. MÜLLER-MOTZFELD. ♂ (Penis-Präparat 1520) in Coll. Zool. Mus. E.-M.-ARNDT-Universität Greifswald

Unterschiede zu echten *subconvexum* DAN.

Etwas schlanker, mit kürzerem Pronotum, dessen Basis relativ breit ist und in den Hinterwinkeln ein deutlicheres Fältchen trägt, Seitenrandkehle des Pronotum relativ breit; $2^1/_2$ Fühlerglieder hell, Taster verdunkelt, Schenkelbasis verdunkelt, 7. Punktstreifen deutlich hinten mit dem 6. vereinigt; Elytren-Mikroskulptur aus feinen Querlinien (Übergang von n. *festinum* zur ssp. *decorum* s. str.).

Größe: 5,3 mm.

Verbreitung: ? N-Kaukasus, bisher nur aus der Kabardino-Balkarischen ASSR bekannt.

zolotarewi REITTER, **1910**

Wiener Ent. Z. 29, p. 313.

Locus typicus: Atschischko, Circassien.

Holotypus: ♀ in: Nat. Mus. Hist. Nat. Budapest.

Synonym: *matalabai* JEDLIČKA, 1965, Reichenbachia 6, p. 74

Unter dem Namen *zolotarewi* REITT. befinden sich in Sammlungen oft kaukasische Stücke des *decorum* ssp. *subconvexum* DAN., das echte *zolotarewi* REITT. ist viel kleiner, hat völlig verrundete Schultern und stärker gestreifte Elytren. Die Unterschiede im Penisfeinbau sind gering (s. Abb. 7). Nach dem im Museum für Tierkunde Dresden befindlichen Typus ist *matalabai* JEDL. Synonym zu *zolotarewi* REITT. Der Penisfeinbau ist identisch, es bestehen geringe Färbungsunterschiede zwischen den Typus-Exemplaren (*matalabai* ist mehr bläulich-metallisch und das vorletzte Kiefertasterglied ist nur an der Spitze getrübt).

Beschreibung

Färbung: Oberseite dunkel grünlichblau-metallisch, Beine ganz hell bräunlichgelb; $2^1/_2$ Basalglieder der Fühler und die Basis weiterer Fühlerglieder hell, vorletztes Tasterglied verdunkelt.

Kopf: Relativ schmal, mit flachen Augen, dadurch sehr schlank wirkend, Punktur am Hinterende der Stirnfurchen durch Runzelung etwas undeutlich.

Pronotum: Sehr schlank, wenig breiter als der Kopf mit Augen, nach hinten sehr stark verengt und weniger stark ausgeschweift, mit kurzem Fältchen, das zum Hinterwinkel hin reduziert ist. (Länge des Halsschildes/Basisbreite: 1,10); Basalgruben und Basis mit relativ großen, aber flachen Punktgruben, in der Basismitte fast glatt; Mikroskulptur aus sehr dichten breitgestreckten Maschen.

Elytren: Seiten sehr stark gerundet, mit völlig verrundeten Schultern, stark gestreift und grob punktiert, auch der 7. Punktstreifen bis hinten deutlich und ebenso stark wie der 6., Spitzenstreif mündet in den 5., 6. und 7. enden hinten frei, ohne sich zu vereinigen, auch auf der Flügeldeckenspitze stark gestreift, Zwischenräume gewölbt; Mikroskulptur noch enger als auf dem Pronotum, aber deutlich gröber als die sonst sehr feinriefige Mikroskulptur der *decorum*-Gruppe.

Größe: 4,3—4,8 mm, ∅ 4,5 mm.

Verbreitung: Kaukasus: Circassien, Abchasien.

Untersuchtes Material

Holotypus-♀: Atschischko, Circassien (ZOLOTAREW 1);

Paratypus: Utsch-Dere, Circassien 1; Caucasus bor., Kuban-Gebiet, Mata Laba (1894 ROST 1) (Holotypus des *matalabai* JEDL.); Kuban 1; Caucasus occidental, Regio silvestris (STARK 1); N-Kaukasus, Anapa (MEDWEDJEW 2); UdSSR, Sŏci, Mt. Achun (1982 ODVARKA 22); UdSSR, Soči, Azek (1982 ODVARKA 7).

dolorosum MOTSCHULSKY, **1850**

Käfer Russl. p. 9

Locus typicus: Kurilen, Urup

Typus: 1 Ex. Zool. Inst. Univ. Moskau (Coll. MOTSCHULSKY) (n. NETOLITZKY 1935)

Synonym: *interstrictum* NETOLITZKY 1910 nom. nov.; Wiener Ent. Z. **29**, p. 214 (= *angusticolle* MOTSCHULSKY 1860 nec DEJEAN 1931; nec MOTSCHULSKY 1844; nec MOTSCHULSKY 1850)

Beschreibung:

Färbung: Oberseite schwarz mit leichtem blauen Metallglanz, auf den Elytren vor der Spitze mit unscharf begrenzter heller Makel, diese relativ schmal, parallel zum Seitenrand ziehend und in der Mitte an der Naht breit getrennt (jederseits 3 Intervalle); 1. Fühlerglied und die Basen des 2. und 3. Gliedes hell; Beine rotbraun, Schienen kaum heller als die Schenkel, vorletztes Tasterglied ebenfalls verdunkelt, aber nicht ganz schwarz, sondern mehr oder weniger gleichmäßig rötlichbraun.

Kopf: Mit deutlichen Scheitelpunkten und wenigen Nadelstichen auch vor dem Stirngrübchen, Kopf normal vom „*decorum*-Typ“ mit relativ großen Augen; Mikroskulptur auf der Stirn unterdrückt, quermaschig, am Hinterende des Kopfes isodiametrisch.

Pronotum: Seitenrandkehle schmal, Halsschild relativ lang und schlank, flach, mit nur angedeutetem Hinterwinkelfältchen, Basis punktiert, aber nicht furchig von der Scheibe abgesetzt, Mittellinie die Basis nicht durchschneidend, sondern dort erloschen, Basalrand leicht konvex, Hinterwinkel etwas mehr als rechtwinklig, aber scharfeckig, Seiten ausgeschwungen; Mikroskulptur auf der Scheibe schwächer aber deutlich, überall aus sehr quergestreckten Linienmaschen.

Elytren: Basis gerade, Schultern entwickelt, Seitenrand fast gerade, wenig erweitert, zum Apex zugeschärft, Streifen sehr deutlich punktiert und eingedrückt, Intervalle leicht gewölbt; 7. Streifen vorn sehr deutlich, nach hinten erlöschend, alle Streifen an der Spitze noch deutlich, aber schwächer als vorn, nur der 1., 2. und Spitzenstreif (5.) stärker.

Größe: 5—5,6 mm. Penis (Präp.-Nr. 1779) s. Abb. 1 (det. JEDLIČKA: *echigonum* HABU).

Verbreitung: UdSSR: Sachalin, Kurilen; Japan: Hokkaido.

Untersuchtes Material:

Japan: Otaru leg. PROST 1 ♂ (Penis-Präp. 1779), det. JEDLIČKA: *echigonum* HABU; Syoro b. Kushiro (1982 MOKITA 5). Die Untersuchung des Beleg-Exemplars (Iturup, Coll. ROST) von *interstrictum* NET. in der Coll. NETOLITZKY (Wien), sowie wertvolle Hinweise zur Trennung von *dolorosum* MOTSCH. und *echigonum* HABU verdanke ich E. KIRSCHENHOFER (Wien).

echigonum HABU, **1957**
Akitu VI. p. 31
Locus typicus: Japan, Niigata Pref., Mt. Amakazari; 25. VI. 1955 leg. BABA
Holotypus: ♂ in Coll. HABU (zit. n. JEDLIČKA 1965).

Beschreibung:

Färbung: Oberseite gleichmäßig schwarzbraun mit deutlichem blaugrünen Metallglanz; Beine, Taster und Fühler dunkelbraun, Basalglied der Fühler und die Basen des 2.—4. Fühlergliedes heller rötlich.

Kopf: Relativ schlank; Augen normal, nicht scharf abgesetzt, mit deutlicher Punktierung am Hinterende der Stirnfurchen und auf dem Scheitel; Mikroskulptur auf dem Scheitel etwas unterdrückt, quere Maschen, am Hinterende des Kopfes isodiametrische Maschen.

Pronotum: Relativ schlank, mit schmaler Seitenrandkehle und relativ langen Hinterecken; das Fältchen wenig deutlich, den Hinterwinkel nicht erreichend; Basalrand leicht zum Scutellum hin bogig. Basalgruben etwas deutlicher als bei *dolorosum*, die Punktierung der Basis verrunzelt. Pronotum insgesamt schlanker und flacher als bei *dolorosum* mit schärferen und größeren Hinterecken. Mikroskulptur aus sehr quergestreiften Maschen, auf der Scheibe etwas unterdrückt, ähnlich wie auf den Flügeldecken aus queren Linien-Maschen gebildet.

Elytren: Langgestreckt, etwas stärker gewölbt als bei *dolorosum*, mit gewölbten Zwischenräumen und vorn stark punktierten Streifen, die Punktierung etwas feiner als bei *dolorosum* und nach hinten und zur Seite hin eher erlöschend. 7. Streifen bereits vor der Mitte erloschen, 6. etwa in der Mitte (Gegensatz zu *dolorosum*!) ohne Präapikal-Makel. Streifung an der Spitze (außer 1. und Spitzenstreif) stärker unterdrückt; Mikroskulptur aus queren Linienmaschen. Penisfeinbau ähnelt sehr dem *dolorosum* MOTSCH.

Größe: 5,5—6 mm (n. HABU u. BABA 1957).

Verbreitung: Japan, Zentral-Honshu.

Untersuchtes Material:

hasurada ANDREWES, **1924**
Miss. BABAULT Ind. Carab., p. 77.
Locus typicus: Kashmir, Mulbeck.
Typus: British Museum London.
Synonym: *merum* JEDLIČKA, 1933, Acta Soc. Ent. Praha 30, p. 98 (n. FASSATI 1959).

SCHULER (1961) bezieht den Namen *hasurada* ANDR. auf Tiere, die er von LOPATIN aus Tadshikistan erhielt und die ganz offenbar zur *saxatile*-Gruppe gehören (wahrscheinlich handelt es sich um das dort häufigere B. *apterum* NET.), so daß er zu dem irrtümlichen Schluß kommt, daß *hasurada* zur *saxatile*-Gruppe zu rechnen sei. Dies kann durch die Genital-Abb. der unten genannten Typen richtig gestellt werden (s. Abb. 3).

B. pokharense HABU aus Nepal wird von HABU (1973) mit *hasurada* verglichen, es ist kleiner und schwächer gestreift.

Eine Untersuchung des männlichen Genitals wurde bisher nicht publiziert, so daß die Einordnung dieser Form in die *decorum*-Gruppe nicht sicher ist.

Beschreibung

Färbung: Kopf, Pronotum und Elytren einfarbig metallisch-dunkelblau oder -blaugrün; Basis der Antennen bis zum 4. Glied, Beine und Taster hell gelbbraun, oft das vorletzte Tasterglied und Teile der Fühlerbasis getrübt.

Kopf: Relativ kurz, mit kurzem Hals und großen Augen.
Pronotum: Relativ breit, mit rechtwinkligen Hinterecken und geradem Fältchen in diesem; Basis relativ breit (Länge/Basisbreite: 1,02) und mit groben Punkten besetzt; Mikroskulptur aus stark queren, relativ groben Maschen, diese auch auf der Scheibe erkennbar; Seitenrandkehle gleichmäßig breit, nur vorn etwas schmaler werdend.
Elytren: Seiten stark gerundet und nach hinten etwas zugeschärft mit grob punktierten Punktstreifen und stark gewölbten Zwischenräumen; alle Streifen bis zur Elytrenspitze deutlich, 7. Streifen voll entwickelt, Schultern vorhanden; Mikroskulptur aus feinsten Querlinien.
Größe: 5,0—5,5 mm.
Verbreitung: Kashmir; Punjab; Bashar; United Provinzes; Szechuan;

Untersuchtes Material
1 Paratype: Kumaon, W-Almora leg. Champion, in D.E.I.; 2 Ex. Kalathse, 1500 m, in MHB.

ssp. pagmanicum FASSATI, **1959**
Acta Ent. Mus. Nat. Pragae 33, p. 487—488.
Locus typicus: Pagman-Gebirge, O-Afghanistan.
Holotypus: ♂ ? Coll. FASSATI, Praha.

Unterschiede zur Stammform
Halsschild dichter und feiner runzelig punktiert, etwas schwächer punktiert-gestreift, besonders der 7. und an der Spitze der Elytren.
Größe: 5,0—6,0 mm (n. FASSATI 1959).
Verbreitung: O-Afghanistan.

Untersuchtes Material
1 Paratype: Pagman-Gebirge, O-Afghanistan, 30. V. 1952 leg. KLAPPERICH, in D. E. I.

semilotum NETOLITZKY, **1911**
Dtsch. Ent. Z., p. 59.
Locus typicus: Persien, Luristan.
Holotypus: ♂ Museum für Tierkunde Dresden.
NETOLITZKY (1942/43) faßte diese Tiere als ssp. von *siculum* DEJ. auf, nach dem Genital handelt es sich um eine selbständige Art (s. Abb. 3). Eine sichere Trennung von *ispartanum* und den dunklen Rassen des *siculum* gelingt nur durch Gentialpräparation der ♂.

Beschreibung
Färbung: Oberseite einfarbig dunkelschwarzblau mit schwachem Metallglanz, oft mit rötlichem Unterton; Schienen, Knie und $2^1/_2$ Basalglieder der Fühler rötlich bis rotgelb aufgehellt, vorletztes Kiefertasterglied zur Spitze etwas getrübt.
Kopf: Relativ groß mit stärker vorstehenden Augen, am Hinterende der Stirnfurchen mit sehr umfangreicher Punktgruppe.
Pronotum: Relativ schlank, mit sehr schmaler Seitenrandkehle, deutlicher Mittelfurche, rechtwinklige Hinterecken mit deutlichem Fältchen; Basis gleichmäßig fein punktiert; Basalrand zum Schildchen etwas konvex vorgewölbt; auch hinter dem Vorderrand mit Punkten; Mikroskulptur aus deutlichen feinen Quermaschen. (Halsschildlänge/Basisbreite: 1,17).
Elytren: Nach hinten leicht gerundet erweitert, Punktstreifen an der Basis relativ stark punktiert und tief eingegraben, nach hinten sehr schnell erlöschend, im letzten Drittel kaum noch erkennbar, nur der Naht- und der Spitzenstreif deutlich; 7. Punktstreifen

nur unmittelbar hinter der Schulter schwach angedeutet, bereits in der Mitte völlig erloschen; Mikroskulptur aus feinsten Querlinien.

Größe: 5,0—6,0 mm.

Verbreitung: Iran

Untersuchtes Material

Holotypus und Paratypus: Persien, Luristan (v. BODEMEYER); Persien, Sultanabad (v. BODEMEYER 6); Persien, Luristan (v. BODEMEYER 34); Persien, Sultanabad (TH. STRAUSS 9); Elburs-Gebirge, Nord-Persien (v. BODEMEYER 5); Astrabad, montes 1; Teheran, Paß n. Gachsar (1967 HEINZ 3); Azarbaijan, b. Mianeh (1967 HEINZ 1);

ispartanum NETOLITZKY, **1930**

Koleopterol. Rdsch. 16, p. 185.

Locus typicus: Kleinasien, Dipoiras-Geb.

Syntypus: ♀ Naturhistorisches Museum Wien (n. NETOLITZKY: 3 Ex von Isparta leg. WEIRATHER).

Diese von NETOLITZKY (1942/43) als Subspecies von *siculum* geführte Form wird von YABLOKOFF-KHNZORIAN (1976) auch für Armenien gemeldet, gleichzeitig beschreibt dieser Autor eine weitere Subspecies aus Armenien: *siculum nairicum* KHNZ. Nach den bisher untersuchten männlichen Tieren weichen *ispartanum* und *nairicum* im Penisfeinbau deutlich von *siculum* ab und ähneln auffallend dem *semilotum* NET. Die in der Tabelle NETOLITZKYS (1942/43) angegebenen Färbungsunterschiede lassen sich leider nicht zur Trennung dieser Formen verwenden.

Das aus dem Iran beschriebene *B. zagrosensis* MORVAN ist nach der Beschreibung und der Genital-Abbildung des Autors eine Rasse des *B. siculum* und kommt auch in Anatolien vor, wo sie teilweise zusammen mit *ispartanum* gefunden wurde (z. B. Tunçeli leg. KORGE/HEINZ). Eine sichere Trennung ist nur nach dem Genital möglich. Da zwischen *ispartanum* und *semilotum* ebenfalls geringe Unterschiede im Genitalfeinbau bestehen (die aber auch als Rassenunterschiede deutbar wären), werden beide zunächst als getrennte Arten behandelt. In der Wertung der Unterschiede zwischen *nairicum* und *ispartanum* folge ich YABLOKOFF-KHNZORIAN (1976), der diese für die Tiere Armeniens als subspezifisch wertet, obwohl auch hier gewisse Unterschiede im Penisfeinbau anzuführen wären. Ein umfangreicheres geographisches Material würde hier Klarheit schaffen. Möglicherweise sind alle drei Formen Rassen einer Art: *semilotum* NET.

Beschreibung

Färbung: Ganze Oberseite dunkelgrünlichblau-metallisch, Fühler dunkel, nur das erste Fühlerglied aufgehellt, Taster stark verdunkelt, Schenkel und Basis der Schienen verdunkelt.

Kopf: Kürzer und breiter, mit etwas größerem Abstand zwischen den Augen, Augen relativ klein; Punktierung des Scheitels gröber, auch vor den Scheitelgruppen mit einzelnen Punkten auf der Stirn.

Pronotum: Stärker abgedrechselt wirkend, relativ kurz und breit (Halsschildlänge/Basisbreite: 0,92!), mit deutlicher Wölbung und fast etwas spitzigen Hinterwinkeln, Hinterwinkelfältchen deutlich und gerade verlaufend; Basis relativ breit, fein und dicht punktiert; Mittellinie auch an der Basis deutlich; Mikroskulptur auf der Scheibe stark unterdrückt, quere Maschen nur an den Seiten deutlich.

Elytren: Schwach gerundet erweitert, mit deutlichen Schultern, Punktstreifen fein, aber deutlich punktiert, der 7. bis hinten deutlich, Zwischenräume flach, Spitze der Elytren leicht abgerundet.

Größe: 5,0—5,5 mm.

Verbreitung: Armenien, Kleinasien (westlichster Fundort: Isparta).

Untersuchtes Material

♀-Typus: Isparta, Kleinasien, Dipoiras-Gebirge, leg. WEIRATHER; Asia minor, Bulgar-Dagh (v. BODEMEYER 1 ♀; HOLTZ 1 ♂ in MTD); Flußufer nördl. Tunçeli, Anatol. centr. (1965 KORGE/HEINZ 4); Anatolia merid., Karanlik-Dere (1974 HEINZ 2); Alibeg b. Zachkadsor, Armenien (1976 KNAUS 1); Iran, Tunnel de Gajareh (1977 LEDERER 1);

Die von NETOLITZKY zu *ispartanum* gerechneten Tiere von Moks, sowie andere Tiere vom Fundort Tunçeli gehören zu *siculum* ssp. *zagrosensis* MORV. Ein ♂ (Penis-Präp. 1788) des *ispartanum* aus dem Museum für Tierkunde Dresden (MTD) trägt das Etikett: *v. cilicicum* DAN. Type 1902; Penis-Abb. 3.

ssp. nairicum YABLOKOFF-KHNZORIAN, **1976**
Fauna Armjansk. SSR I, p. 177.
Locus typicus: Armenien, Jechegnadsorskij Raion b. Schatin.
Holotypus: ♂ Coll. YABLOKOFF-KHNZORIAN, Jerewan.
Unterschiede zur Nominatrasse

Oberseite mehr grünlich-metallisch, mit Bronzeglanz, größer, Fühlerfärbung wie die Nominatrasse, aber die Färbung der Beine und Taster heller, Schenkel nur an der Basis verdunkelt. Penis s. Abb. 3.

Größe: 5,5—6,0 mm (n. YABLOKOFF-KHNZORIAN).

Verbreitung: Armenien.

Untersuchtes Material

♂ Paratypus: Armenien, Jechegnadsorskij Raion b. Schatin Ususle (Penis-Präp. 503)

aetolicum APFELBECK, **1901**
Glasnik Muz. Bosn. Herzegow. Sarajevo 13, p. 427.
Locus typicus: Leonis, Korax-Berge b. Grjatschki.
Syntypen: 1 ♀ Naturhistorisches Museum Wien; Zemaljski Muzej Sarajevo.

Beschreibung

Färbung: Oberseite einheitlich dunkel-metallisch blaugrün; Beine, Taster und $3^1/_2$ Basalglieder der Fühler heller gelbbraun.

Kopf: Relativ groß, mit etwas größeren Augen, diese weniger vorstehend als bei *siculum*, aber einen größeren Teil der Seiten des Kopfes einnehmend.

Pronotum: Stärker gewölbt mit kräftiger Mittelfurche, diese an der Basis teilweise furchenartig; relativ grobe einzelstehende Punkte an der Halsschild-Basis; mit relativ kurzen Hinterecken, die von dem kurzen an der Außenseite der Basaleindrücke liegenden Fältchen nicht erreicht werden; Mikroskulptur aus quergestreiften Maschen, diese auch auf der Scheibe deutlich.

Elytren: Mit deutlicher Schulter und stärker gebogenem Seitenrand; Punktstreifen kräftig punktiert (auch der 7.), aber nach hinten feiner werdend, Zwischenräume vorn etwas gewölbt; insgesamt sind die Elytren stärker bauchig und vom gleichen Typ wie *decorum subconvexum n. festinum* LUTSH.; Mikroskulptur fein querriefig.

Größe: 5,0—6,0 mm.

Verbreitung: Griechenland, Albanien.

Untersuchtes Material

Typus: Leonis, Korax Coll. NETOLITZKY); Thessalia, Leonis 1; Tomor, Buranj, Albania (BISCHOFF 3); Tomor, Kulmak, Albania, mer. 1; Thessalia (Coll. KRAATZ in D. E. I. 1).

ssp. taygetanum MAŘAN, **1935**
Sbornik Ent. Odd. Nov. Mus. Praze 13, p. 212.
Locus typicus: Taygetos, Pelopones V. 1935.
Typus: ♂ Narodn. Museum Prag-Kunratice.

Da NETOLITZKY (1942/43) in seiner Bestimmungstabelle *B. taygetanum* MAŘ. nicht erwähnte, wurde diese Form bisher allgemein übersehen. Die völlige Übereinstimmung in der Feinstruktur des männlichen Genitals (s. Abb. 4) mit *B. aetolicum* APF., sowie die geographische Vikarianz beider Formen sind hinlänglicher Beweis für den subspezifischen Rang des *taygetanum* MAŘ. Der Genitalfeinbau von *aetolicum/taygetanum* ähnelt mehr dem des *B. siculum* DEJ. als dem des *B. decorum* ZENK. Für die nähere Verwandtschaft mit *decorum* ZENK. läßt sich dagegen die Reduktion des Fältchens in den Hinterwinkeln des Halsschildes anführen, eine Ausprägungsform, die sich möglicherweise auch unabhängig voneinander entwickelte.

Unterschiede zur Nominatrasse:

Wölbung der Elytren etwas schwächer, Halsschild zur Basis weniger verschmälert (Halsschildlänge/Basisbreite: 1,04; bei *aetolicum* s. str.: 1,09); die Mittellinie ist hinten nicht furchig vertieft, Kopf etwas kürzer, Fältchen in den Hinterwinkeln etwas länger und deutlicher als bei *aetolicum* s. str. (s. Tafel 5).

Größe: 5,0—5,6 mm.

Verbreitung: Peloponnes, Taygetos-Gebirge.

Untersuchtes Material

Typenserie: Taygetos, Pelop. V. 1935, Coll. BARTON 18; Taygetos-Mte, 19. VI. 1977, leg. HLADILOVI 5.

siculum DEJEAN, **1831**

Spec. Gen. Col. V., p. 136.

Locus typicus: Palermo.

Typus: Museum Hist. Nat. Paris.

Diese polytypische Art gliedert sich nach dem Feinbau des männlichen Genitals in 2 Rassenkreise. Die am stärksten abgeleiteten Formen befinden sich im südwestlichen Mittelmeergebiet und besitzen im männlichen Geschlecht einen sehr großen Penis, dessen Innen-Armaturen über das basale Orificium herausragen. Diesen Penistyp weisen die Rassen *siculum* s. str., *breiti* NET. und *certans* NET. auf. Alle drei sind voneinander geographisch isoliert, so daß keine Übergangsformen zu beobachten sind. Interessant ist die verwandtschaftliche Stellung der Süd- und Ostspanischen Tiere. Alle von mir bisher untersuchten Stücke aus der Sierra Nevada gehörten zur ssp. *certans* NET., die außerdem den Norden Afrikas besiedelt. In Südspanien und Portugal trifft diese Rasse auf die Vertreter einer ssp. des anderen Rassenkreises: *winkleri* NET. und bildet hier (Málaga, Monchique, Loulé) Übergangsformen, die sich teilweise durch beträchtliche Größe auszeichnen und hinsichtlich der Färbung ihrer Extremitäten sehr variieren. Nach dem Genital gehörten alle von mir untersuchten Exemplare dieses Gebietes eindeutig zu *winkleri*, so daß diese Übergangsformen als Lokalform: *siculum* ssp. *winkleri* natio *coiffaiti* JEANNE, angesehen werden müssen.

Die ssp. *winkleri* ist auf der ganzen Iberischen Halbinsel, Südfrankreich und Norditalien verbreitet und grenzt in Mittelitalien an die ssp. *siculum* s. str., indem sie auch hier eine Lokalform: natio *rude* DEMONTE, ausbildet, die die stärkere Streifung der Elytren von *winkleri* besitzt und in der Färbung der Anhangsorgane heller als *winkleri*, aber dunkler als die ssp. *siculum* DEJ. ist.

Die dritte Rasse dieses Rassenkreises: *breiti* NET. kommt auf den Balearen vor und besitzt eine extrem helle Färbung der Elytren, wodurch sie von allen anderen *siculum*-Rassen abweicht. Oft wird diese Rasse auch für Ostspanien angegeben, mir lagen aber bisher noch keine echten *breiti* NET. aus Spanien vor, möglicherweise handelt es sich bei diesen „*breiti*"-Angaben um Verwechslungen mit unreifen *certans* NET.

Dieser Sachverhalt ist auch aus zoogeographischen Gründen interessant, da nach dem von FRANZ (1972) entwickelten Vorstellungen zur Faunengenese der Balearen, diese enge Beziehungen ihres Faunenbestandes zu den angrenzenden Gebieten Ostspaniens aufweisen.

Dem entgegen besteht in vorliegendem Fall zweifelsohne insgesamt größere Ähnlichkeit zwischen *siculum* s. str. von Sizilien und *breiti* NET. von den Balearen als mit dem Afrikaner *certans*, der auch Südost-Spanien besiedelt und auch als Bindeglied zwischen *siculum* s. str. und *breiti* NET. aufgefaßt werden kann. Obwohl zumindest hinsichtlich der Färbung der Elytren *certans* NET. mit teilweise bräunlich aufgehellten Elytren zu dem hellgefärbten *breiti* NET. überleitet, finden sich in der Färbung der Beine, Fühler und Taster, sowie in der Größe des Körpers und des Genitals Übereinstimmungen zwischen *breiti* NET. und *siculum* s. str. Hier wäre es sehr interessant, ein umfangreicheres Material von der gesamten Ostküste Spaniens untersuchen zu können.

Der zweite Rassenkreis, dessen männliche Genitalarmaturen nicht das Basalorificium überragen, umfaßt das schon erwähnte *winkleri* NET., dann die vom Balkan über Kleinasien bis zum Libanon und Zypern reichende ssp. *smyrnense* APF. und im Osten des Areals die dunkelste Form ssp. *zagrosensis* MORV. Die ssp. *smyrnense* geht mehr oder weniger kontinuierlich nach Süden in die ssp. *certans* über; die mit helleren Extremitäten ausgestatteten Stücke von Zypern und dem Libanon bilden lokale Formen, gehören aber nach dem Genital der Männchen zur ssp. *smyrnense*. Es wäre sicher möglich anhand eines größeren Materials eine feinere Charakteristik dieser Lokalform zu geben und dieser ebenfalls einen infrasubspezifischen Rang zuzuordnen.

Einzelstücke von Korfu weisen durch flache Elytren und hellere Färbung der Fühler, Taster und Beine zur Rasse *siculum* s. str. hin, nach dem Genital gehören sie aber ebenfalls zum Rassenkreis des *winkleri/smyrnense/zagrosensis*.

Die dritte Rasse dieser Gruppe, ssp. *zagrosensis* MORV., zeichnet sich durch stark verdunkelte Extremitäten aus; ihre genaue Verbreitung ist noch ungenügend bekannt.

Beschreibung der Nominat-Rasse: *siculum* s. str.

Färbung: Oberseite einheitlich blaugrün-metallisch, Taster und Beine ganz hell gelbbraun, seltener (20%) ist die Schenkelbasis leicht getrübt, mindestens $3^1/_2$ Basalglieder der Fühler hell.

Kopf: Kopf relativ groß, Augen gleichmäßig gewölbt, Stirnpunkte oft nur sehr spärlich am Hinterende der Stirnfurchen.

Pronotum: Mit deutlichem Fältchen in den Hinterwinkeln, Hinterwinkel oft etwas abgeschrägt, da der Basalrand nicht gerade, Basis mit deutlichen, aber feinen Punkten.

Elytren: Nach hinten leicht gerundet erweitert, mit gemeinsam abgerundetem Hinterende, Punktstreifen wenig tief und nach außen und hinten sehr viel feiner werdend, der 7. Streifen nur ganz schwach, bei ca. 10% der Tiere ganz fehlend; Mikroskulptur aus feinster Querriefung bestehend.

Größe: 5,0—6,0 mm.

Im Durchschnitt relativ große Tiere, mit ebenfalls relativ großem Genitalapparat im ♂-Geschlecht (s. Abb. 5).

Verbreitung: Süditalien, Sizilien.

Untersuchtes Material

Neapel (ROTTENBERG in MTD 1); Sizilien, Paradis (FUGE in MTD 1); Sizilien (Coll. MERKL in MTD 1); Sizilien Ragusa in MTD 1); Sizilien, Alcantara (130 in MHB 1); Sizilien, Palermo (FUGE in MHB 2); Sicilia (in MHB 7); Sicilia, Tavermina (1. V. 1933 LIEBMANN 2); Sicilia, Ficuzza (1906 LEONHARD 2); Sicilia, Palermo (ROTTENBERG 4); Sicilia, Randazzo (LIEBMANN 1); Sicilia, Oreto (BREIT 2); Calabrien, Antonia 1.

ssp. breiti NETOLITZKY, **1918**

Kol. Rdsch. VII, p. 21.

Locus typicus: Balearen.

Typus: Naturhistorisches Museum Wien.

Unterschiede zur Nominatrasse

Tiere mit relativ großem Kopf und schmalem Pronotum; Palpen und Beine ganz, die

Fühlerwurzel ausgedehnt hell; Scheitel des Kopfes rötlich, Flügeldecken stark aufgehellt olivbraun mit stärker verdunkeltem Seitenrand und Nahtstreif, auch die Skutellar-Region stärker gebräunt; Flügeldecken relativ flach, mit rasch erlöschenden Punktstreifen, der 7. meist vollkommen fehlend; noch etwas größer als die Stammform.

Größe: 5,5—6,3 mm.

Verbreitung: Balearen.

Untersuchtes Material

Mallorca, Balearen (in MTD 5); Mallorca, Balearen (in D. E. I. 1); Pollensa, Balearen (8. VII. 1956 LOPEZ 6).

Die Angaben von JEANNE (1972): Valencia, Murcia, Andalusien, sind auf *certans* NET. zu beziehen.

ssp. certans NETOLITZKY, **1930**

Kol. Rdsch. 16, p. 187.

Locus typicus: Marokko, Azrou, 1400 m.

Typus: Naturhistorisches Museum Wien.

Unterschiede zur Nominatrasse

Kleiner, mit gewölbteren Elytren, diese oft mit bräunlichem Unterton oder hellerem Apex; 7. Punktstreifen bei ca. 28% der Tiere vollkommen fehlend, sonst schwach, nur bei 10% deutlicher; Taster nur seltener ganz hell (15—20%), meist getrübt; Fühlerbasis bei ca. 45% der Tiere bereits ab 3. Glied verdunkelt, Schenkelbasis bei ca. 45% der Tiere getrübt und bei 13% stärker verdunkelt; Halsschild relativ schlank, mit rechtwinkligen Hinterecken und deutlichem Fältchen; Penis der Männchen im Durchschnitt kleiner als bei *siculum/breiti*, aber mit ebenfalls sehr großen Innenarmaturen; Unterschiede zwischen den Nordafrikanern und den Tieren aus der Sierra Nevada sind der Tabelle zu entnehmen.

Größe: 4,8—5,5 mm.

Verbreitung: Tunesien, Algerien, Marokko, Südost-Spanien.

Untersuchtes Material

Algerien: Algerien 6; Kleiner Atlas (1928 LINDBERG 1); Sidi bel Abbes, Oran 6; Sidi bel Abbes (PLASON 2); Marma (Coll. HUSTACHE 2);

Marokko: Boulhaut (ANTOINE 2); Ben Guerir (ANTOINE 3); Großer Atlas, Plat. d. Oukal (1. IX. 1976 JEANNE 1); Großer Atlas, Arhbalon 7; Großer Atlas, Ait Lekak (10. IX. 1979 JEANNE 8); Toubkal (6. V. 1962 VAZQUEZ 4); Ami (1951 Dtsch. Marokko-Exp. 1); Marokko 5;

Tunesien: Haidra (V. 1937 DEMOFLYS 3); Le Kef (VI. 1949 NORMAND 1);

Spanien: Murcia, Totana 1; Lanjar (MATEU 1); Almeria, Abbanchez (MATEU 2); Almeria, Paterna del Rios (JEANNE 1); Granada, Sierra Nevada (JEANNE 1); Granada, Calahonda (1964 JEANNE 2); Granada, Castell de F. Gualchos (1965 JEANNE 13); Granada, Mecina-Bombaron (1965 JEANNE 2); Almeria, Sierra Nevada (JEANNE 2);

ssp. winkleri NETOLITZKY, **1943**

Koleopt. Rdsch. 29, p. 14.

Locus typicus: Südfrankreich, St. Raphael, leg. WINKLER.

Syntypen: ♀ Naturhistorisches Museum Wien.

Unterschiede zur Nominatrasse

Kopf kürzer, Augen stärker vortretend, Halsschild-Hinterecken schwächer ausgeschweift, dadurch oft stumpfwinklig, Halsschildbasis zur Mitte konvex vorgewölbt, Fältchen in den Hinterwinkeln des Pronotum oft nur schwach ausgebildet, Schenkelwurzel verdunkelt, $1^1/_2$ Fühlerglied hell, Taster stärker verdunkelt, Punktstreifen der Elytren relativ stark, aber der 7. fehlend; ganze Oberseite blaugrün, Stirn und Halsschildbasis stark punktiert; Mikroskulptur der Elytren aus feinster Querriefung bestehend; Innenstruktur des Penis nicht das basale Orificium überragend (Abb. 4/5).

Größe: 5,0—6,0 mm.

Verbreitung: Iberische Halbinsel (außer SO), Süd-Frankreich von den Ost-Pyrenäen bis zu den Französischen Meeralpen, Mittelitalien.

Untersuchtes Material
Syntypen-♀: Südfrankreich, St. Raphael, leg. WINKLER 2;
Frankreich: Fréjus (1955 SCHULER 2); Babaon (12. VI. 1951 ARDOIN 1); Pyrenees or., Col de Banyuls 3; Pyrenees or. Massana 1; Gallia merid., Argay (Var) (VII. 1914 LIEBMANN 8);
Spanien: Cordoba (in D. E. I. 1); Nuno Moral, Caceres (1981 ZABALLOS 2); Salamanca, El Zarzoso (4. IV. 1982 ZABALLOS 1); Leon, Iruela (1974 JEANNE 1); Leon, Losadilla (JEANNE 2); Gerona, Cadaques (JEANNE 2); Gerona, Sierra Tosca de Mar (JEANNE 2); Barcelona, Tarasa (1953 VIVES 1); Gerona, Santa Fe de Montseny (JEANNE 2);
Portugal: Guarda, Sierra Estrela (18. IV. 1981 ZABALLOS 1).

Von der ssp. *winkleri* NET. leiten die südspanischen Stücke als „natio" *coiffaiti* JEANNE, 1972 und die mittelitalienischen als „natio" *rude* DEMONTE, 1947 jeweils zum benachbarten Rassenkreis über. Da beide Formen im Habitus und Penisfeinbau im Wesentlichen der ssp. *winkleri* NET. entsprechen, lediglich in den Färbungsmerkmalen der Extremitäten oft erheblich abweichen, werden sie hier als Lokalformen der ssp. *winkleri* behandelt, denen nur infrasubspezifischer Rang zukommt. Sollte sich bei eingehendem Studium der südspanischen Tiere erweisen, daß diese doch von *winkleri* subspezifisch verschieden sind, müßte der Name *coiffaiti* (JEANNE, 1972), der durch *coiffaiti* (DEWAILLY, 1954) praeoccupiert ist, in all den Fällen als sekundäres Homonym behandelt werden, wo die Subgenera *Ocydromus* und *Testediolum*, die beide zur *Ocydromus*-Hauptreihe gehören, nicht in Gattungsrang gehoben werden, so auch im Sinne von PERRAULT (1981).

Eine solche Lokalform ist „natio" coiffaiti (JEANNE, 1972),
Bull. Soc. ent. Franc. 77, p. 85.;
Locus typicus: Portugal, Faro, Serra de Monchique. (♀ Coll. JEANNE, Langon.)
Merkmalsunterschiede zur typischen ssp. *winkleri* NET.: Halsschild relativ groß, Anhangsorgane im Durchschnitt heller gefärbt (s. Tabelle 1).

Größe: 5,6—6,3 mm, Halsschildlänge/Basisbreite: 1,08.

Verbreitung: SW-Spanien, S-Portugal.

Untersuchtes Material
Portugal, Faro, Serra de Monchique (15. 7. 1961, 2); Portugal, Faro Loule (COIFFAIT 4); Spanien, Malaga de Marbella (10. V. 1964 ARDOIN 2); Spanien, Monda, Rio Seco (JEANNE 2); Spanien, Ronda-San Pedro (JEANNE 1).

Die zweite Lokalform ist „natio" *rude* DE MONTE, 1947,
Bull. Soc. ent. Ital. 77, p. 50—64.
Locus typicus: Mt. Faito, Stabia. (♂ Mus. Civico di Storia Natur Triest.) (Penis-Präp. 1401)
Unterschiede zur echten ssp. *winkleri* NET.

Erste beide Fühlerglieder hell, 7. Streifen in der Vorderhälfte deutlich; von *siculum* s. str. durch dunkles vorletztes Palpenglied und stärkere Punktstreifen der Elytren verschieden; von *smyrnense* APF. durch die stärkeren Punktstreifen und den für *winkleri* NET. typischen, vor den Hinterwinkeln weniger ausgeschweiften Halsschild verschieden.

Größe 5,2 mm.

Verbreitung (n. MAGISTRETTI 1965): Mittelitalien von der Toscana bis Campanien.

Untersuchtes Material
Nur das typische Stück (♂) von Mt. Faito, Stabia, leg. ANGUISSOLA

ssp. smyrnense APFELBECK, **1904**
Käferfn. Balkan. I, p. 94.
Locus typicus: Smyrna, Klein-Asien, leg. KRÜPER.
Typus: ? 1 ♂ „Cotype": Asia minor, leg. KRÜPER in MTD.
Synonym: — *rebellum* SCHATZMAYR, 1909, Wiener Ent. Z. 28, p. 104. — *eskilos* auct. non SCHATZMAYR

APFELBECK (1904) benannte mit var. *smyrnense* Stücke mit hellen Elytren, die nur schwachen Metallglanz aufwiesen, betont aber, daß dies der ausgefärbte Zustand der Tiere sei.

Tabelle 1
%-Anteil der Ausprägungsform von Färbungs-Merkmalen und der Ausbildung des 7. Punktstreifens der Elytren bei einzelnen Populationen von *B. siculum* DEJ.

	Kiefertaster			Fühlerbasis hell					Schenkelbasis			7. Punktstreifen		
	hell	getrübt	dunkel	1	2	$2^1/_2$	3	$3^1/_2$	hell	getrübt	dunkel	ent.	schw.	fehlend
smyrnense APF.														
Balkan	—	4	96	—	4	92	4	—	5	10	85	67	33	—
Klein-Asien	4	13	83	—	4	73	9	14	2	4	94	52	48	—
Griechenland	6	19	75	—	5	70	10	15	12	18	70	24	71	5
Zypern/Libanon	65	35	—	—	—	11	37	52	88	2	—	40	60	—
siculum s. str.	100	—	—	—	—	—	—	100	78	22	—	—	80	20
breiti NET.	100	—	—	—	—	—	—	100	100	—	—	—	—	100
certans NET.														
N-Afrika	15	32	53	—	—	28	20	52	37	51	12	12	60	28
Spanien	20	44	36	—	—	18	26	56	46	39	14	4	67	29
winkleri NET.	—	19	81	12	22	54	12	—	—	10	90	—	6	94
n. coiffaiti JEANNE	15	5	80	20	25	40	15	—	—	25	75	—	31	69

Ein als „Cotype" ausgeschildertes Tier im MTD zeigt sehr deutlich diese Färbung, ist aber zweifelsohne immatur.

Ausgehend von der Vorstellung, daß *smyrnense* mit hellgefärbten Elytren eine seltenere Aberration ist, wurde die dunkelblaumetallische Normalform als ab. *rebellum* Schatzm. bezeichnet. Vier „Cotypen" des *rebellum* Schatzm. im D.E.I. gehören allerdings zu *decorum* Zenk. In Sammlungen finden sich oft Stücke mit helleren Extremitäten, die von verschiedenen Autoren als *eskilos* Schatzm. aufgefaßt werden, u. a. wird *eskilos* auch von Csiki (1928) im Coleopt. Catal. als aberratio zu *smyrnense* gestellt. Wie schon Müller (1929) nach dem Studium der Typen feststellte, ist *eskilos* synonym zu *bodemeyeri* Dan. Diese Ansicht vertrat auch Netolitzky (1930 und 1943). In der Typenserie des *eskilos* Schatzm. befinden sich aber auch zahlreiche *siculum* ssp. *smyrnense* Apf., so im MTD 3 Ex., die als „Cotypen" ausgeschildert sind, auch im D.E.I. sind unter 7 „Cotypen" 4 *siculum* ssp. *smyrnense* Apf. und nur 3 *decorum* ssp. *bodemeyeri* Dan. Offenbar hat Schatzmayr die *siculum*- und *decorum*-Verwandtschaft nicht klar auseinanderhalten können.

Beschreibung

Färbung: Ganze Oberseite einfarbig dunkelblaugrün-metallisch glänzend; Kiefertaster stark verdunkelt, auf den südlichen griechischen Inseln, auf Zypern und im Libanon nimmt der Anteil der Tiere mit hellen Tastern zu (s. Tabelle 1); Fühlerbasis mit $2^1/_2$ hellen Basalgliedern, Schenkelbasis verdunkelt, auch bezüglich dieser Merkmale werden die Tiere nach dem Süden zu heller.

Kopf: Der Kopf ist etwas kürzer und die Augen kleiner und stark gewölbt; die Punktgruppe am Hinterende der Stirnfurchen deutlich (s. Tafel 9).

Pronotum: Klein und gewölbt; Hinterecken scharf rechtwinklig, der Seitenrand davor stark ausgeschweift verengt, Basis kräftig punktiert, Hinterwinkelfältchen deutlich.

Elytren: Nach hinten geradlinig erweitert, dadurch das Hinterende eiförmig, Punktstreifen nach hinten schwächer werdend, der 7. Streifen meist deutlich, bei den Tieren der südlichen Randgebiete ist die Streifung schwächer, selten der 7. ganz erloschen.

Größe: 4,5—5,8 mm; ∅ 5,4 mm.

Verbreitung: Yugoslawien, Albanien, Rumänien, Bulgarien, Griechenland, Krim, Türkei.

Untersuchtes Material

1 ♂ „Cotypus" smyrnense: Asia minor, leg. Krüper in MTD; 4 ♀ „Cotypen" rebellum: Vardar-Ebene, Salonich leg. Schatzmayr in D. E. I. 4 Ex. „Cotypen" eskilos: Atlas, Macedonia leg. Schatzmayr in D. E. I.

Yugoslawien: Srbija: Soplje 1; Bosna/Herzegowina: Tisovica (Zoufal 1); Igbar-Tal (Zoufal 1); Nevesinje (Zoufal 1); Stolac (Apfelbeck 1); Plagovo-Quelle (1902 Apfelbeck 1); Crna Gora: Gusinja (1931 Bischoff 1); Zljeb-Planina (Bischoff 1); Vruja-Ursprung 1; Col du Sutorman (30. VII. 1978 Jeanne 6); Petrovac (Hladil 2); Castelnuovo [Herzegnovi] (1895 Hummler 4; +3 Ex. det. „eskilos"); Dalmacija: Spalato (1908 Gabert 1); Savina (Paganetti 2); Krivosije (Paganetti 1); Makedonija: Dojran (Hladil 5); Prespa, Buć-Gebirge (Weirather 1);

Albanien: Skutari (Klenka 1; Mader 1); Maje Shbogut (1931 Bischoff 1); Himara (1932 Bischoff 3); Legora (1932 Bischoff 2); Drin Orsk, Radarac (1931 Bischoff 3); Sarapta 6; Lurja, östl. Kurbneski (24. VII. 1961 Dtsch. Alb.-Exp. 10);

Rumänien: Mehadia, Transsilvania (19. VII. 1913 Stein 1); Oršova (Obenberger 1);

Bulgarien: Melnik (Klausnitzer/Richter 2); Rila-Planina, Jesero Grantscher (1983 Wrase/Schüler 1); Rhodope-Gebirge, Bitsche (Hilf 1); Kazanlik (Netolitzky 1); Moilgrad (Skoupy 1); Sljmen, Marica (Rambousek 1); Suflin (Purkyne 1); Balkan (Paganetti 1); Varna (Schubert 1); Nessebar (1965 Ermisch 4); Vlas, b. Nessebar (1982 Wrase 4; 1983 Wrase/Schüler 3); Orizare, b. Nessebar (1983 Wrase/Schüler 1); Kosarica (1984 Jaegger 1);

UdSSR: Krim, Jaila-Gebirge (Winkler 1); Jaltinsk, Tauschan Basar (1907 Pliginskij 1);

Griechenland: Graecia (Tiefenbach 2); Graecia 13; Macedonia, Florina, Magdeleine 2; Kastoria (1983 Freude 1); Macedonia, Athos (Schatzmayr 7); Macedonia 1; Vardar-Ebene, Saloniki (Schatzmayr 7; Weirather 1); Saloniki (Raymond 7); Korfu 1; Aliakmon (Schuler 2); Olymp 2; Thessalien, Volo 1;

Karpenision (DEMOFLYS 1); Mt. Portaria (DEMOFLYS 1); Arkanania (SCHATZMAYR 2); Kephalonia, Samos 2; Leonis 1; Elatia (1979 HLADILOVI 1); Menurlea (1979 HLADILOVI 1); Parnassos 3; Attica (ENGE 1; Coll. KRAATZ 5); Mythilini (1930 KULZER 1); Kinaria, Skyros 1; Mikaria, Sporaden (v. OERTZEN 1); Naxos, Kykladen (SCHATZMAYR 15); Klos, Kykladen (v. OERTZEN 1); Syra, Kykladen (SCHATZMAYR 5); Moraea, Kylini (MOUCHE 1); Moraea, Artemisia (MOUCHE 1); Peloponnes, Megaspilion (1922 LIEBMANN 1); Peloponnes, Taygetos 4; Thesos (JEANNE 2); Kreta (PAGANETTI 5); Kreta, Mytos (1981 JEANNE 2); Kreta, Iraklion 1; Kreta Lasithi 6; Kreta, Rethymnon 1; Kreta 1; Zypern (KRICHELDORF 1); Zypern 1;

Türkei (Klein-Asien): Turcia 1; Konstantinopel 2; Goek-Dagh (v. BODEMEYER 1); Sabandja (v. BODEMEYER 1) Biledjik (v. BODEMEYER 2); Burna (v. BODEMEYER 2); Karakeuy (v. BODEMEYER 2; 1902 GOTTWALD 4; DEMOFLYS 3); Paphlagonien, Nysylea Hanar (WEIRATHER 1); Eski-Chehir (v. BODEMEYER 1); Ak-Chehir (v. BODEMEYER 1); Smyrna 1; Manisa Dagi (1983 FREUDE 1); Afyon Karahissar, Emir Dagh (WEIRATHER 2); Sultan Dagh (v. BODEMEYER 1); Kübele Dagh, Bejschir (WEIRATHER 1); Konia, Anatolien (1899 KORB 1); Bulghar Maden (v. BODEMEYER 19); Palandčken b. Erzurum (1965 KORGE 1); Anatol. Taurus, Maden (1965 KORGE 1); N-Anatolien, Circan-Dagh, Garede (1965 KORGE 1);

Libanon: Beyrut (Coll. PLASON 5); Libanon-Gebirge (v. BODEMEYER 2); Bcharré (1928 EBNER 1).

ssp. zagrosensis (MORVAN, **1973)**

Bull. Mus. Nat. d'Hist. Nat. No. 110, p. 175—177.
Locus typicus: Zagros-Gebirge, Iran.
Holotypus: ♂ in Mus. Nat. d. Hist. Nat. Paris.
Synonym: *ispartanum* auct. non NET.

Aufgrund der Penis-Abbildung und der ausgezeichneten Beschreibung MORVANS (1973) ist die Zugehörigkeit von *zagrosensis* zum *B. siculum* DEJ. klar zu erkennen. In der Färbung gleicht es auffallend dem als ssp. von *siculum* beschriebenen *ispartanum* NET., das aber nach dem Genital eine selbständige Art ist. Dem *B. ispartanum* NET. äußerlich täuschend ähnlich sind einige Tiere aus Anatolien, die aber ebenfalls den typischen „*siculum*-Penis" besitzen (s. Abb. 4). Diese Tiere gehören offenbar zur ssp. *zagrosensis* MORVAN. In seiner Beschreibung vergleicht MORVAN *zagrosensis* nur mit *semilotum* NET., von dem sich diese Form aber (im Gegensatz zu der Bemerkung MORVANS) im Genital unterscheidet.

Unterschiede zur ssp. *smyrnense* APF.: Extremitäten stärker verdunkelt, Fühler ab 2. Glied geschwärzt, Taster und Schenkel ganz schwarz, Basis der Schienen ebenfalls verdunkelt, Elytren etwas stärker gewölbt, die Punktierung deutlicher; Oberseite blau-metallisch glänzend; Mikroskulptur der Elytren aus feinsten Querlinien.

Größe: 5,5—6,0 mm (n. MORVAN), die anatolischen Tiere sind kleiner: 5,0—5,5 mm.

Verbreitung: Iran, Anatolien.

Untersuchtes Material

Anatolia centr., Flußufer nördl. Tunçeli (1965 KORGE/HEINZ 3); Moks, Armen. Taurus (1912 KULZER 2); Anatol. Or., Yalnizcam-Paß (1965 KORGE/HEINZ 2); Azarbaijan, ö. Ardebil (1967 HEINZ 2); Kordestan, 23 km ö. Sanandalj (1969 HEINZ 1); Teheran, Ghalus-Tal (1967 HEINZ 6); oberhalb Shamshak (1967 HEINZ 1);

hiekei nov. spec.

Locus typicus: Turkmenien, Kopet-Dagh, Salzquelle 2 km von Tschuli b. Firgusa; leg. HIEKE 18. 9. 1976.

Typenserie: Holotypus ♂ in Naturkunde-Museum der HUMBOLDT-Univ. Berlin (Penis-Präp. 1584); s. Abb. 1. 41 Paratypen (11 ♂, 30 ♀) vom gleichen Fundort.

Die Art wurde zu Ehren ihres Entdeckers, des bekannten Coleopterologen DR. FRITZ HIEKE (Berlin) benannt.

Beschreibung

Färbung: Kopf und Halsschild schwarz mit schwachem Metallglanz; Elytren schmutzig rostbraun, Schildchengegend, Naht und Seitenrand dunkler (die Naht ist nur an ihrer Innenkante selbst dunkel, das 1. Intervall ist hell); Taster, Beine und mindestens 3 Glieder der Fühlerbasis (meist $3^1/_2$) sind hell rostrot; auf den Elytren keine Andeutung von Binden, Kreuzzeichnung etc.

Kopf: Mit relativ großen Augen, am Hinterende der Stirnfurchen mit deutlicher gröberer Punktgruppe, meist auch bogig über den Scheitel punktiert, auch in der Mitte der Stirn mit einzelnen feinen Nadelstichen; Mikroskulptur auf dem Kopf aus isodiametrischen Maschen, diese nur auf der Stirn undeutlich und unterdrückt.

Pronotum: Breit, mit breiter Seitenrandkehle vom „*scythicum*"-Typ, vor den leicht stumpfwinkligen Hinterecken ausgeschweift, aber die Seitenschenkel (Tafel 5) nicht ganz parallel zulaufend mit deutlichem geraden, zum Seitenrand nach vorn divergierendem Fältchen, Basalgruben normal, die Basis fein runzlig und mit sehr kleinen Punkten, diese teilweise sehr undeutlich; Halsschild flach und mit deutlicher Mittelrinne, diese in dem mit der Scheibe fast in gleicher Höhe liegenden Basalteil sich verlierend; mit sehr groben, mauersteinartigen Quermaschen, diese nur direkt in der Mitte undeutlicher (Tafel 6).

Elytren: Basalrand gerade, Schultern etwas verflacht, aber Hinterflügel voll entwickelt, Seiten nach hinten kaum erweitert, hinten gemeinschaftlich breit abgerundet; Punktstreifen nach außen und hinten erloschen, aber auch der 7. noch durch Pünktchen angedeutet, an der Spitze der Naht- und Spitzenstreif tief; Punktierung in den Streifen hinter dem hinteren Borstenpunkt im 3. Streifen erloschen, Zwischenräume flach; (schwächer gestreift als *scythicum*, dem es sonst sehr ähnelt); Mikroskulptur aus sehr engen, unregelmäßigen queren Wellenmaschen (ähnlich *scythicum*); dem *scythicum* sehr ähnlich, von diesem durch den Penisfeinbau, die starke Punktgruppe auf dem Scheitel, die stärkere Mikroskulptur der Halsschild-Scheibe und die schwächer punktierten Streifen der Elytren verschieden, sowie durch die Färbung der Elytren, allerdings kommen auch bei *scythicum*, das sonst mehr oder weniger kreuzgezeichnet ist, fast einfarbige dunkelbraune Exemplare mit sehr undeutlicher Kreuzzeichnung vor.

Größe: 5,0—6 mm.

Verbreitung: Kopet-Dagh-Gebirge.

Untersuchtes Material: Typenserie.

In der Färbung und Gestalt sehr mit *B. dieckmanni* Fass. übereinstimmend, von diesem aber durch den Penisfeinbau, die flacheren Elytren, stärkere Mikroskulptur auf Kopf und Pronotum und die Form des Halsschildes verschieden.

Tabelle 2

%-Anteil der Ausprägung der Verdunkelung von Kiefertaster, Fühlerbasis und Schenkelbasis bei abchasischen (n. *festinum* Lutshn.) und kleinasiatischen Tieren des *Bembidion decorum* ssp. *subconvexum* Dan.

	Taster	Fühlerglied				Schenkelbasis
		1.	2.	3.	4.	
festinum Lutshn.						
dunkel	39,5	—	2	9	79	52
Spitze getrübt	39,5	—	28	90	21	28
ganz hell	21	100	70	1	—	20
subconvexum Dan.						
dunkel	17	—	—	17	50	50
Spitze getrübt	17	—	17	66	50	50
ganz hell	66	100	83	17	—	—

6. Zur Phylogenie der Gruppe

Die in der Einleitung angedeuteten morphologischen Zusammenhänge sollen hier einer kritischen Wertung unterzogen werden.

Die Auffassung, daß *Ocydromus* s. str. eine monophyletische Gruppe ist, stützt sich im wesentlichen auf 3 konstitutive Merkmale: Punktierung des Scheitels, querriefige Mikroskulptur der Elytren und die Ausstattung des Penis-Innenskeletts mit einem langen verdoppelten Sklerit. Dabei ist der apomorphe Charakter der Ausprägung von Scheitelpunkten nicht ohne weiteres zu belegen, da eine Reihe anderer (altersprimitiver) *Bembidion*-Subgenus ebenfalls Scheitelpunkte besitzen und auch im Subgenus *Peryphus* bei einzelnen Arten Andeutungen von Scheitelpunkten auftreten, die eventuell als Atavismus gedeutet werden könnten. Die Ausprägung querriefiger Mikroskulptur ist zweifelsohne ein abgeleitetes Merkmal, das aber in vielen unterschiedlichen Verwandtschaftsgruppen unabhängig voneinander entwikkelt wurde. Die bei fast allen Bembidien zumindest am äußersten Hinterrand des Kopfes (s. Tafel 10) vorhandenen isodiametrischen Netzmaschen sind die plesiomorphe Ausprägungsform dieses Merkmals, das über stärkere Querstreckung der Maschen bis hin zu feinsten Querriefen in vielen Differenzierungsreihen nachweisbar ist. Die völlige Reduktion der Mikroskulptur kann unabhängig vom Maschentyp auf den einzelnen Oberflächenabschnitten (Kopf, Halsschild, Flügeldecken) unabhängig voneinander, meist von der zentralen Mittelfläche (Scheibe) aus beginnend, entwickelt werden und ist in jedem Fall als „abgeleitet" zu werten (so z. B. die völlige Reduktion der Mikroskulptur des Halsschildes der Gruppe des *transsylvanicum/modestum*).

Es bleibt damit nur das o. g. Genitalmerkmal, dessen Ausprägungsform hier im Zusammenhang mit der Lesrichtung der Differenzierungsreihen kurz diskutiert werden sollen. Da eine ähnliche Skleritbildung auch in der *scythicum*-Gruppe auftritt (zu der die neue Art *B. hiekei* die Überleitung bildet), müßte dann die Ausprägung einer breiten Seitenrandkehle des Halsschild, wie sie bei *scythicum* — *hiekei* — *saxatile* auftritt, als ursprünglich gewertet werden. Über *B. semilotum* ließe sich dann eine Differenzierungsreihe *semilotum* — *ispartanum* — *siculum* anschließen, sowie eine weitere zum *zolotarewi* und *decorum*. Je nach Ausdeutung des apomorphen Endes dieser Differenzierungsreihen des Penis-Innenskeletts ließe sich *zolotarewi/decorum* auch über *echigonum* ableiten. Formal paßt *B. aetolicum* zwischen die *siculum*- und *decorum*-Reihe. Hinsichtlich der Ausbildung einiger Sklerit-Elemente im Penis-Inneren läßt es sich aber direkt von *B. hasurada* ableiten. Die Übereinstimmungen im Penisfeinbau zwischen *hasurada*, *semilotum*, *echigonum* und *hiekei* wären damit aber als plesiomorph festgelegt. Auffallend ist, daß die plesiotypen Formen in fast allen Differenzierungsreihen stärkere Punktstreifen besitzen, dies ließe eine Reihung des sehr ähnlichen, insgesamt viel feineren Genitalbaus der Gruppen des *transsylvanicum* — *modestum* — *saxatile* — *atlanticum* zu. Die *saxatile-Gruppe* ist durch eine apomorphe Bildung an der Spitze des Doppelsklerits (am Apikal-Orificium) charakterisiert. Die nur auf Plesiomorphien begründete Angliederung dieser Differenzierungsreihe gelingt sowohl über *B. echigonum*, als auch über *B. hasurada* und *B. zolotarewi*, wobei die Lesrichtung entsprechend modifiziert wird:

echigonum — *transsylvanicum* — *modestum* — *saxatile*;
hasurada — *atlanticum* — *saxatile* — *modestum* — *transsylvanicum*;
zolotarewi — *saxatile* — *atlanticum* — *transsylvanicum* — *modestum*.

Dem steht die Ausprägung der Mikroskulptur der Elytren entgegen, die bei einigen Vertretern der *saxatile*-Gruppe noch primitivere Züge aufweist. Gleichzeitig wird zusätzlich davon ausgegangen, daß die Entwicklung des Halsschildseitenrandes mehrfach unabhängig voneinander von einer breiten Seitenrandkehle (*scythicum*, *hiekei*, *hasurada*, *saxatile*) zu einer schmalen Seitenrandkehle (*siculum/decorum*, *modestum*) führte.

Noch komplizierter wird eine Gruppenbildung unter Berücksichtigung des *B. grapei* GYLL., dessen Metasternalfortsatz nicht den für *Ocydromus s. l.* typischen Bau aufweist, sondern eher in die *Plataphus*-Reihe gehört. Der Penisfeinbau dieser Art (s. Abb. 1) ließe sich aber an *B. siculum* anschließen. Gegen eine partielle Umkehr der Lesrichtung der Penis-Differenzierung (*grapei* — *siculum* — *ispartanum* — *semilotum* — *decorum*) spricht eine Anzahl abgeleiteter Merkmale des *grapei* (Mikroskulptur der Elytren, Halsschildseitenrand u. a.), die aber auch als konvergent gedeutet werden können.

Der bisherige Kenntnisstand reicht ganz offenbar für eine phylogenetisch begründete Gliederung des Subgenus *Ocydromus* s. str. nicht aus, so daß selbst mit alternativen Vorstellungen zur Phylogenie der Gruppe argumentiert werden kann. Eine dieser extrem abweichenden Vorstellungen wäre aus der zuletzt genannten Lesrichtung ableitbar, wonach *grapei*, an der Basis von *Ocydromus* s. l. stehend, einen ursprünglichen Penisfeinbau repräsentiert, dessen Entwicklung durch Verkürzung der Sklerite und weitere Differenzierung im Inneren dann zu den verschiedensten Artengruppen führte (z. B. über das Subgenus *Peryphanes* zur Gruppe des *terminale*). Das Subgenus *Ocydromus* s. str. wäre dann durch den Besitz der Punktreihe auf dem Scheitel (Synapomorphie) charakterisiert. Innerhalb von *Ocydromus* s. str. repräsentiert *siculum* demzufolge einen ursprünglichen Penistyp (besonders der Rassensektor *siculum* s. str.). Die Heterobathmie der Merkmale würde hier extreme Deutungen zulassen: äußere Morphologie dieses Rassensektors am stärksten abgeleitet (Verflachung der Zwischenräume, Reduktion der Punktstreifen, Aufhellung, Reduzierung der Mikroskulptur auf der Halsschildscheibe u. a.), während der Penisfeinbau den ursprünglichsten Typ repräsentiert.

Obwohl für die Ursprünglichkeit dieses durch *grapei/siculum* repräsentierten Penis-Innenbaus innerhalb von *Ocydromus* s. l. auch die Tatsache spricht, daß eine Reihe endemischer Südamerikanischer Subgenus: *Antiperyphus*, *Antiperyphanes*, *Chilioperyphus*, ebenfalls extrem lange Sklerit-Elemente im Inneren des ♂-Genitals besitzen, die das Basalorificium teilweise extrem überragen, kann keiner der sich daraus ergebenden Stammbaum-Rekonstruktionen eine größere Wahrscheinlichkeit beigemessen werden.

Auch die interessante Studie Perraults (1981) über die supraspezifische Klassifikation der Bembidiini gibt für die Feingliederung der Gattung *OCYDROMUS*, die nach o. g. Autor auch noch die Subgenera *Phrypeus*, *Antiperyphanes* und *Limnaeum* enthält, keine phylogenetisch wertbaren Anhaltspunkte. Auch kann im streng phylogenetischen Sinne die als plesiomorph charakterisierte Ausprägungsform der Spermathek bei *Synechostictus*, *Amerizus*, *Gnatholimnaeum* und *Tiruka* eben nicht als Argument für eine engere Verwandtschaft dieser genannten Formen herangezogen werden.

7. Literatur

In das Verzeichnis wurden nur die im laufenden Text erwähnten Arbeiten aufgenommen, die Originalbeschreibungen werden bei den betreffenden Arten direkt zitiert.

Antoine, M. (1955): Coléoptères carabiques du Maroc 1. Partie. — Mem. Soc. Sci. Nat. Phys. Maroc N. S. I/1, 1—177.

Bangsholt, F. (1979): Status over Danmarks lobebiller (Col. Carab.). — Ent. Medd. **47**, 1—21.

Csiki, E. (1928): Carabidae: Mormolycinae, Harpalinae I. In: Junk, W. und Schenkling, S.: Coleopterorum Catalogus Vol. II, Carabidae II, IV. Tribus Bembidiini, 27—226.

Daniel, K. und J. (1902): Nova von Bodemeyer in Kleinasien gesammelt. — Münchn. Kol. Ztschr. **1**, 101—105.

De Monte, T. (1947): III. Contributo alla conoscenza du Bembidiini palearctici (Col. Carab.). — Bull. Soc. ent. Ital. **77**, 50—64.

Dewailly, M. (1954): Un Testediolum nouveau du Liban (Col. Carab.). Bull. Soc. ent. Franc. **59**, 114—115.

Döbler, M. (1975): Katalog der in den Sammlungen des ehemaligen Deutschen Entomologischen Instituts aufbewahrten Typen XII (Col.: Carabidae). — Beitr. Ent. (Berlin) **25**, 99—150.

Fassati, M. (1959): Die Bembidien der Afghanistan-Expedition 1952 und 1953 J. Klapperichs III. Teil. — Acta Ent. Mus. Nat. Pragae **33**, 487—495.

Franz, H. und Beyer, M. (1970): Die geographische Verbreitung der Insekten. — Hdb. Zool. (Berlin) **4 (2)**, 1/6, 1—139, 11. Lieferung.

HABU, A. (1958): One new Bembidion species from North Japan (Col. Carab.). — Kontyu (Tokyo) **26**, 64—67.
— (1959): One new species of Bembidion from Hokkaido (Col. Carab.). — Kontyu (Tokyo) **27**, 257—259.
— (1973): On a collection of Carabidae from Nepal made by the Hokkaido University Scientific Expedition to Nepal Himalaya 1968 I. — Bull. Nat. Inst. Agric. Sci. Ser. C **27**, 81—132.
JEANNE, C. (1972): Carabiques nouveaux (4. note) (Col. Carab.). — Bull. Soc. ent. Franc. **77**, 78—86.
JEDLIČKA, A. (1965): Monographie des Tribus Bembidiini aus Ostasien (Col. Carab.). — Ent. Abhdl. (Dresden) **7**, 79—199.
LINDROTH, C. H. (1954): Random notes on North-American Carabidae. — Bull. Mus. Comp. Havard Univ. **111**, 115—161.
— (1963): The ground beetles of Canada and Alaska, part 3. — Opuscula Ent. Suppl. **24**.
LUTSHNIK, V. (1937/38): New or little known form of tribus Bembidiina of Caucasus. [im Original grusinisch!]. Bull. Gos. Mus. Grusii IX, A(1), 22—30.
MAGISTRETTI, M.: (1965): Fauna d'Italia VIII; Coleoptera, Cincindelidae, Carabidae, Catalogo topografico. — Bologna.
MANDL, K. (1967): Österreichische entomologische Expedition nach Persien und Afghanistan. — Ann. Naturhistor. Mus. Wien **70**, 453—465.
MEYER, P. (1936): Zur Rassenkunde des *Bembidion decorum* ZENK. — Ent. Bl. **32**, 21—22.
MORVAN, P. (1973): Nouveaux Coléoptères Carabiques d'Iran. — Bull. Mus. Nat. d'Hist. Nat. Paris, 3. Ser. No. 110, Zool. 84, 169—186.
MÜLLER, J. (1920): Bestimmungstabelle der Bembidionarten Europas und des Mittelmeergebietes (Best. Tab. europ. Col. Heft 89). — Kol. Rdsch. VII, 26—117.
— (1929): Carabiden-Studien. — Coleopt. Centralbl. **4**, 87—102.
MÜLLER-MOTZFELD, G. (1985): Bemerkungen zu einigen himalayischen Bembidien. — D. E. Z., N. F. (im Druck).
NETOLITZKY, F. (1930): Beiträge zur Kenntnis der Bembidiini, 33. Beitr. — Kol. Rdsch. (Wien) **16**, 177—190.
— (1942/43): Bestimmungstabelle der *Bembidion*-Arten des paläarktischen Gebietes. — Kol. Rdsch. **28**, 28—124 und **29**, 1—70.
PERRAULT, G. G. (1981): Études sur la Tribu des Bembidiini (Coleoptera, Carabidae) I. Notes sur la classification supraspecifique. — Nouv. Rev. Ent. XI, 237—250.
SCHULER, L. (1961): L'utilisation des organes copulateurs dans la Tribu des Bembidiini JEANNEL. — L'Entomologiste **17**, 79—92.
— (1962): L'utilisation des organes copulateurs dans la Tribu des Bembidiini JEANNEL. — L'Entomologiste **18**, 1—7.
TURIN, H.; HAECK, J.; HENGEVELD, R. (1977): Atlas of the Carabid beetles of the Netherlands. — Amsterdam.
TURIN, H. (1981): Provisional checklist of European ground beetles (Col. Cicindel. and Carab.). — Nederl. Ent. Veren. Amsterdam.
WAGNER, H. (1929/30): Beschreibungen neuer Coleopteren der europäischen Fauna nebst kritischen Bemerkungen zu bekannten Arten III. — Coleopt. Centralbl. **4**, 147—152.
YABLOKOFF-KHNZORIAN, S. M. (1976): Fauna Armjanskoj SSR — Nasekomye žestkokrylye, žuželicy I. — Erewan.

Anschrift des Verfassers:

Dr. GERD MÜLLER-MOTZFELD
WB Zoologie/Zoologisches Museum
Sektion Biologie der EMAU
DDR 2200 Greifswald
Joh.-Seb.-Bach-Str. 11/12

Buchbesprechungen

ULRICH HECKER: **Laubgehölze. Wildwachsende Bäume, Sträucher und Ziergehölze.** BLV Intensivführer. 1985. 319 Seiten, 268 Farbphotos, 283 farbige Zeichnungen, 90 s/w-Graphiken. Format 11.5 × 19 cm. Flexibler Kunststoffeinband. BLV Verlagsgesellschaft München/Wien/Zürich. Preis DM 39.80. ISBN 3-405-12690-8.

Mit Bäumen und Sträuchern, die ja maßgebend Landschaften, Parks, Gärten und auch Städte prägen, befaßt sich das vorliegende Taschenbuch über Laubgehölze der bewährten Reihe „BLV Intensivführer". Ein gesonderter Band bleibt den Nadelgehölzen vorbehalten. Das mit über 500 Farbphotos vorzüglich illustrierte Buch gibt eine Einführung in die Vielfalt unserer heimatlichen Laubgehölze. Verständlicherweise konnten nicht alle Arten erfaßt werden, eine repräsentative Auswahl heimischer sowie auch seit langer Zeit eingebürgerter Ziergehölze vermittelt aber dem Benutzer einen sehr guten Einblick. Einleitend werden Grundbegriffe der Pflanzenmorphologie und Nomenklatur sowie wichtige Lebensformen und -gemeinschaften vorgestellt. Im systematischen Teil findet man neben einer eingehenden Beschreibung der behandelten Art Ausführungen zur Blütezeit, Fruchtreife, zu Standortverhältnissen, zur geographischen Verbreitung und systematischen Stellung. Auch verbreitungsbiologische Erscheinungen, Verwendung, Kulturgeschichte, Volkskunde und Namenserklärung werden von Fall zu Fall ausführlich dargestellt. Dieses sehr ansprechende Buch wird bei allen Naturfreunden großen Anklang finden und ein nützlicher Begleiter auf Wanderungen und Reisen sein.

HANNEMANN

GÖSSWALD, K. (Herausgeber): **Organisation und Leben der Ameisen.** Bücher der Zeitschrift Naturwissenschaftliche Rundschau Herausgeber: HÖLL, W. 1985. 146 Abb., 356 S., Preis: DM 120,—. ISBN 3-8047-0691-6 Wissenschaftliche Verlagsgesellschaft mbH Stuttgart

Welche Faszination erlebt man beispielsweise beim Betrachten eines Volkes der Großen Roten Waldameise (*Formica rufa* L.)? Da gibt es Tiere, die mit enormer Geschwindigkeit große Lasten über Hindernisse zum Nest hinbewegen, andere, die ständig bereit sind Eindringlinge anzugreifen und wieder andere, die in großer Entfernung vom Volk auf Nahrungssuche sind und sich bestens orientieren können. Was aber geschieht im Inneren eines Nestes, und wie verhalten sich andere Ameisenarten, welche Bedeutung haben Ameisen im biozönotischen Konnex? Das sind nur einige Fragen, auf die das vorliegende Buch umfassend und detailliert Antwort gibt.

Dem Myrmekologen K. GÖSSWALD ist es in herausragender Weise gelungen, Dank eines immensen Fleißes und großer Sachkenntnis, die zahlreichen Einzelarbeiten zu sichten und kritisch zu beurteilen, um sie schließlich mit eigenen Forschungsergebnissen zu einem aktuellen, komplexinformierenden und dennoch leichtverständlichen Werk über diese Hymenopterenfamilie zusammenzufassen.

Allgemeine Bemerkungen zur Organisation des Ameisenvolkes und zum Körperbau sowie zur Entwicklung des Ameisenstaates, dessen Jahreszyklus und zur Kastenbildung führen in die Problematik ein. Das mit komplizierten Mechanismen behaftete Gesellschaftsleben der Ameisen wird vor allem am Beispiel der hochspezialisierten Sklavenhalterameisen und deren Phylogenie erläutert. In engem Zusammenhang damit stehen die vielfältigen Möglichkeiten des Nahrungserwerbes, vom Jäger bis zum Viehzüchter, von den Ernteameisen bis zu pilzzüchtenden Arten. Schließlich wird neben der Ökologie und dem Nestbau auch auf die positiven und negativen Wirkungen der Ameisen auf den Menschen verwiesen, wobei einigen Arten besondere Aufmerksamkeit geschenkt wird. Den Wechselwirkungen zwischen Ameisen und anderen Tierarten, von den Synöken bis zu den Parasiten, aber auch deren Beziehungen zur Pflanzenwelt sind weitere Kapitel gewidmet. Besonders hervorzuheben ist das Kapitel, in dem die Gestaltung von Formikarien beschrieben wird, da hiermit interessierten Laien, Lehrern aber auch wissenschaftlichen Institutionen Möglichkeiten des direkten Beobachtens und Experimentierens vorgeschlagen werden. Die Bestimmungstabelle der europäischen Ameisenarten, mit der der Autor sein Werk abrundet, gestattet dem Leser sich über das Arteninventar bestimmter Gebiete zu informieren und gezielte ökologische, biologische und ethologische Studien zu treiben.

Von den 146 Abbildungen sind 16 farbig. Ein 136 Titel umfassendes Literaturverzeichnis am Ende des Buches sowie eine kurze lexikalische Übersicht zu den gebrauchten Fachausdrücken und deren Bedeutung vollenden dieses Standardwerk.

F. KOCH

Dtsch. ent. Z., N. F. **33** (1986) 3—5, 177—221

Zur Morphologie normaler und gynandromorpher Pharaoameisen *Monomorium pharaonis* (L.)

(Hym. Formicidae)

Von

GÜNTHER KREMER und KLAUS-PETER BERNDT

Mit 37 Abbildungen und 7 Tabellen im Text und 3 Tafeln

Abstract

Following a short presentation of the morphology of the normal pharaoh's ants (male, queen, worker) a description is given of the gynandromorphic individuals. The latter were produced experimentally in laboratory colonies. Besides the mixed forms between male and queen which are well known in the order hymenoptera we are able to describe, for the first time, forms combining features of gynandromorphs with that of gynergates (intercasts), thus demonstrating the whole spectrum of gynandromorphism in one species.

1. Einleitung

Die Pharaoameise *Monomorium pharaonis* (L.) (Hymenoptera, Formicidae) ist in den industrialisierten Ländern weltweit ein bedeutender Hygieneschädling, dessen Bekämpfung einen großen Aufwand erfordert. Seit vielen Jahren wird diese Ameise daher von zahlreichen Gruppen bearbeitet. Im letzten Jahrzehnt zeigte sich auch ihre Eignung als Modell in der Grundlagenforschung.

Um die experimentelle Arbeit auf eine solide Grundlage zu stellen, ist eine detaillierte Kenntnis der externen Morphologie eine Voraussetzung. Die vorliegende Arbeit hat zum Ziel, unter Berücksichtigung der Literaturangaben einerseits die normale Morphologie der Pharaoameise darzustellen, zum anderen einen Beitrag zum Problemkreis des Gynandromorphismus zu leisten. Nachdem BERNDT & KREMER (1982) eine Methode zur manipulierten Produktion von gynandromorphen Pharaoameisen fanden, konnten wir in den vergangenen Jahren die Bildung derartiger Tiere induzieren und ihre Morphologie bearbeiten. Die Vielzahl der gefundenen Formen machte ein neues Kategoriensystem notwendig, das sowohl Zwischenformen zwischen Arbeiterin und Männchen, Königin und Männchen als auch zwischen gynergaten Individuen und Männchen erfaßt (BERNDT & KREMER 1983). Wir konnten in dieser Arbeit zum ersten Male an einer Species den Gynandromorphismus in seiner ganzen Breite darstellen.

2. Die Morphologie der Pharaoameise

Die Kenntnis der unbeeinflußten Pharaoameisenmorphen ist für die Beschreibung und Einschätzung der aberranten Formen eine grundlegende Voraussetzung. Die in der

Literatur vorliegenden Angaben (HALL & SMITH 1951, 1952, STITZ 1939) enthalten keinerlei Angaben zur Variationsbreite und sind statistisch nicht abgesichert. Die Untersuchungen von BERNDT & FISCHER (1983) über die Mikromorphologie sind bei den hier zur Diskussion stehenden Problemen nur am Rande von Interesse, da die mittels Rasterelektronenmikroskop dargestellten Strukturen sich normalerweise der lichtmikroskopischen Beurteilung entziehen.

Zur Erfassung der normalen Morphologie wurden je 50 Individuen randomisiert Zuchtstämmen unterschiedlicher geografischer Herkunft entnommen. Dabei handelte es sich um Material aus Leipzig, Berlin, Warschau und Kolin (ČSSR), die unterschiedlich lange im Labor gehalten worden waren. Unterschiede zwischen den Stämmen waren nicht nachweisbar.

Tabelle 1
Vergleich der Körperlängen der 3 Pharaoameisenmorphen (in mm)

Morphe	Variationsbreite	Mittelwert	Standardabweichung
Königin	3,9–4,9	4,3	0,16
Arbeiterin	2,0–3,2	2,7	0,18
Männchen	2,9–3,4	3,2	0,06

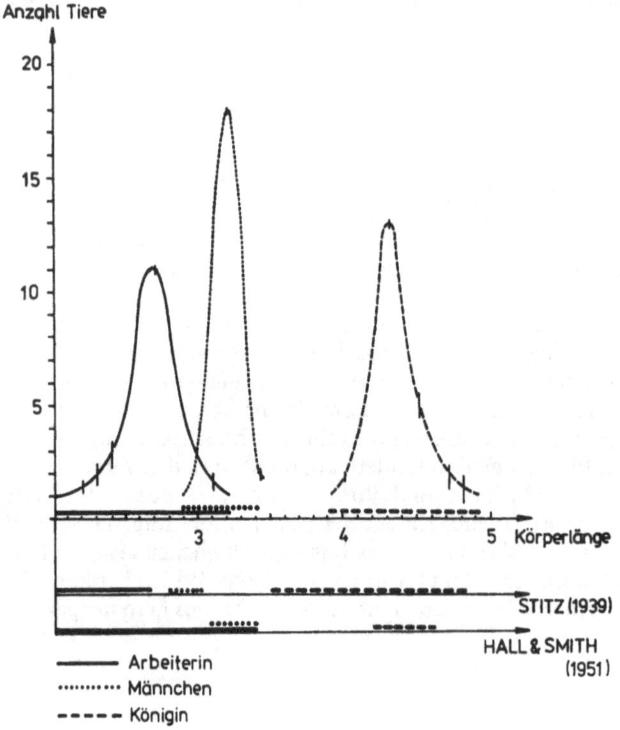

Abb. 1
Vergleich der Längenmaße der Pharaoameisenmorphen (Eigene Untersuchungen, STITZ 1939, HALL & SMITH 1951).

Tabelle 2
Vergleich der Länge der einzelnen Körperabschnitte von Königin, Arbeiterin und Männchen der Pharaoameise mit Angabe der Standardabweichung (in mm)

Morphe	Kopf	Thorax	Stielchen	Gaster
Königin	0,72 ± 0,03	1,34 ± 0,06	0,56 ± 0,03	2,48 ± 0,23
Arbeiterin	0,62 ± 0,03	0,68 ± 0,04	0,35 ± 0,02	1,00 ± 0,12
Männchen	0,59 ± 0,03	1,35 ± 0,04	0,51 ± 0,01	1,42 ± 0,09

Die Körperlänge variiert stark (Tabelle 1). Es treten bei allen Morphen große Tiere (makrane, makrergate, mikrogyne) auf. Die Tabelle 2 zeigt den Vergleich der Längen der einzelnen Körperabschnitte der drei Morphen. Die Gaster ist bei allen der Abschnitt mit der größten Variabilität. Dies hängt mit dem Füllungsgrad des Kropfes und damit der Dehnbarkeit der Intersegmentalhäute zusammen. Entsprechend treten auch bei den Königinnen durch die Ovarien bedingt die größten Abweichungen vom Mittelwert auf.

Der prozentuale Anteil der einzelnen Körperabschnitte an der Gesamtlänge ist bei den drei Morphen sehr unterschiedlich (Tabelle 3). Wie bei den anderen Hymenopteren macht bei der Königin die Gaster nahezu die Hälfte der Gesamtlänge aus. Bei den Männchen und den Arbeiterinnen beträgt sie nur etwa ein Drittel. Die geringsten Unterschiede treten im Bereich des Petiolus und Postpetiolus auf. Einen Vergleich der in der Literatur angegebenen Längenmaßen mit unseren Ergebnissen erlaubt die Abb. 1. Die Übereinstimmung mit den Angaben von HALL & SMITH (1951) ist relativ gut, während die Angaben von STITZ (1939) vor allem hinsichtlich der Arbeiterinnen und Männchen zu eng gefaßt sind und nicht im Bereich der durchschnittlichen Körpergröße liegen. Bei den Königinnen ist der Bereich wiederum zu groß angegeben, so daß auch gynergate Formen davon erfaßt werden.

Als Vertreterin der akuleaten Hymenopteren besitzt die Pharaoameise eine sogenannte Wespentaille, die vom Stielchen (Petiolus und Postpetiolus) gebildet wird. Teile des Thorax bilden zusammen mit dem ersten abdominalen Segment das Epinotum, so daß der Begriff „Thorax“ bei den Formiciden auch Teile des Abdomens enthält. Die Stigmen des Epinotums sind also abdominalen Ursprungs.

Die einzelnen Sklerite bei der Pharaoameise sind durch Furchen und Nähte voneinander getrennt. Zur genauen Charakterisierung der Körperformen schlugen HALL & SMITH (1951, 1952) die Verwendung von Kopf- und Thoraxquotienten vor. Letzterer wird aus der Thoraxlänge und seiner größten Höhe, der Kopfquotient aus der größten Breite des Kopfes und seiner Länge berechnet. Die Tabelle 4 gibt einen Überblick über die in dieser Arbeit erhaltenen Werte im Vergleich zu HALL & SMITH (1951, 1952), die im wesentlichen Übereinstimmung zeigen. Diese Quotienten sind besonders zur Charakterisierung gynandromorpher Formen wichtig.

Innerhalb des weiblichen Geschlechts treten bei der Pharaoameise nur zwei morphologisch distinkte Kasten auf, die fertilen Königinnen und die sterilen Arbeiterinnen. Bestimmte morphologische Strukturen (z. B. Antennen, Mandibeln) sind ihnen gemeinsam.

2.1. Die Männchen

Die Grundfarbe des männlichen Geschlechtes ist schwarz. Hellbraun bis strohfarben sind lediglich Antennen, Extremitäten und Flügelbasis. Alle Körperteile sind spärlich beborstet. Die Männchen sind zeitlebens geflügelt.

2.1.1. Der Kopf

Die Mittelwerte der Kopfbreite von Männchen und Königin unterscheiden sich kaum. Allerdings ist der mehr rundlich wirkende männliche Kopf wesentlich kürzer (vgl. Kopfquotient in Tabelle 4). Er wird in der Regel angewinkelt nach unten getragen.

Tabelle 3
Durchschnittlicher Anteil der einzelnen Körperabschnitte an der Körpergesamtlänge der 3 Pharaoameisenmorphen (in %)

	Kopf	Thorax	Stielchen	Gaster
Königin	14,1 ± 0,6	26,3 ± 1,2	11,0 ± 0,6	48,6 ± 4,5
Arbeiterin	23,4 ± 1,1	25,7 ± 1,5	13,2 ± 0,8	37,7 ± 4,5
Männchen	15,2 ± 0,8	34,9 ± 1,0	13,2 ± 0,3	36,7 ± 2,3

Tabelle 4
Thorax- und Kopfquotienten der 3 Pharaoameisenmorphen mit Angabe der Standardabweichung, im Vergleich mit HALL & SMITH (1951, 1952)

	Thoraxquotient		Kopfquotient	
		HALL & SMITH (1952)		HALL & SMITH (1951)
Königin	1,78 ± 0,04	1,8 (1,6—1,8)	0,94 ± 0,02	0,9 (0,93—0,96)
Arbeiterin	2,67 ± 0,08	2,7 (2,6—2,8)	0,79 ± 0,07	0,82 (0,79—0,85)
Männchen	1,57 ± 0,03	1,4 (1,4—1,5)	1,12 ± 0,04	1,11 (1,07—1,16)

Die Komplexaugen sind auffallend groß und bestehen aus etwa 400 Ommatidien. Ihre durchschnittliche Größe beträgt 0,33:0,23 mm. Der männliche Kopf besitzt drei hellbraune Ocellen. Der mittlere Ocellus liegt auf der Höhe der Komplexaugenmitte, die anderen auf der Höhe des Komplexaugenhinterrandes. Zum Unterschied zu den Königinnen beträgt ihr Winkel zur Mittellinie etwa 45°.

Die Mandibeln sind ein Drittel kleiner als die der Königinnen und im oberen Kaubereich sogar noch kleiner als die der Arbeiterinnen. Sie sind nur dreizähnig mit wenig hervortretendem Terminalzahn (Abb. 5).

Die Antennen des Männchens unterscheiden sich deutlich von denen des weiblichen Geschlechts. Die Scapuslänge beträgt nur etwa ein Drittel von der der Königin. Der Pedicellus ist kürzer und erreicht etwa die Länge eines Flagellumgliedes. Das Flagellum selbst besteht aus 11 Gliedern, die mit Ausnahme des letzten etwa gleich sind. Es fehlt also eine Fühlerkeule. Alle Antennenglieder sind gleichmäßig fein beborstet. Der Scapus sowie die letzten Geißelglieder zeigen auf strohfarbener Grundfarbe dunkle Zeichnungen. Die Abb. 4 zeigt die Antennen der drei Pharaoameisenmorphen.

2.1.2. Der Thorax

Mit Ausnahme der Flügelansatzstellen ist der männliche Thorax einfarbig schwarz. Durch die anders ausgebildeten Proportionen der Sklerite wirkt er gedrungener als bei der Königin. Die Differenzierung der Sklerite entspricht der Königin. Lage und Benennung der Thoraxsklerite geht aus den Abbildungen 2 und 3 hervor.

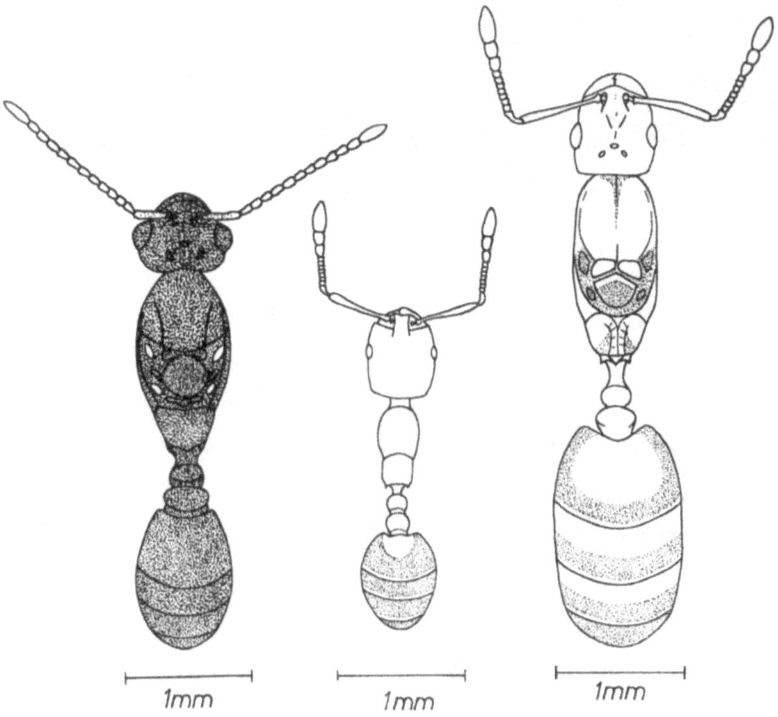

Abb. 2
Dorsale Ansicht der drei Pharaoameisenmorphen. Erläuterung der Sklerite s. Abb. 3. Links Königin; Mitte Männchen; Rechts Arbeiterin. Gaster ergatogynomorph mit männlichem Einfluß.

Am Prothorax sind Pronotum und Prosternum als getrennte Sklerite ausgebildet, die an den Vorderenden wulstartig vorgewölbt sind und hier die Ansatzstelle für das Postocciput bilden.

Der Mesothorax ist mit seinen notalen, pleuralen und sternalen Skleriten am stärksten differenziert. Das Mesonotum bildet den größten Teil der dorsalen Fläche des gesamten Thorax. Es wölbt sich mit seinem vorderen Abschnitt, dem Scutum, bis zum Pronotum nach vorn. Das Scutum ist dorsal stärker als bei der Königin aufgewölbt. Am ventralen hinteren Ende des Scutums entspringen die Vorderflügel. Sie haben eine Länge von 2,4 ± 0,1 mm. Radius, Cubitus und Media erreichen nicht die Costa. Die Cubitalzelle 1 ist mehr rundlich. Der Quotient aus Breite und Länge beträgt 0,4.

Das Proscutellum hat die Form zweier mit der Spitze zusammengewachsener Dreiecke. Es ist schmaler als bei der Königin und erreicht nur etwa zwei Drittel von dessen Breite. Das Scutellum ist eine stark gewölbte Platte, die mit dem Scutum für die gedrungene Form des gesamten Thorax sorgt. Es erhebt sich mit seinem hinteren Ende deutlich über das Metanotum.

Der laterale Teil des Mesothorax wird vom Mesepimeron, Mesepisternum und dem sich lateral aufwölbenden Mesosternum gebildet. Das Mesepimeron liegt dem Mesepisternum dorsal als schmaler Streifen an. Mesepisternum und Mesosternum sind durch eine ausgeprägte Naht voneinander getrennt. Auf dem Mesepisternum tritt eine flache, gebogene Rinne deutlich hervor.

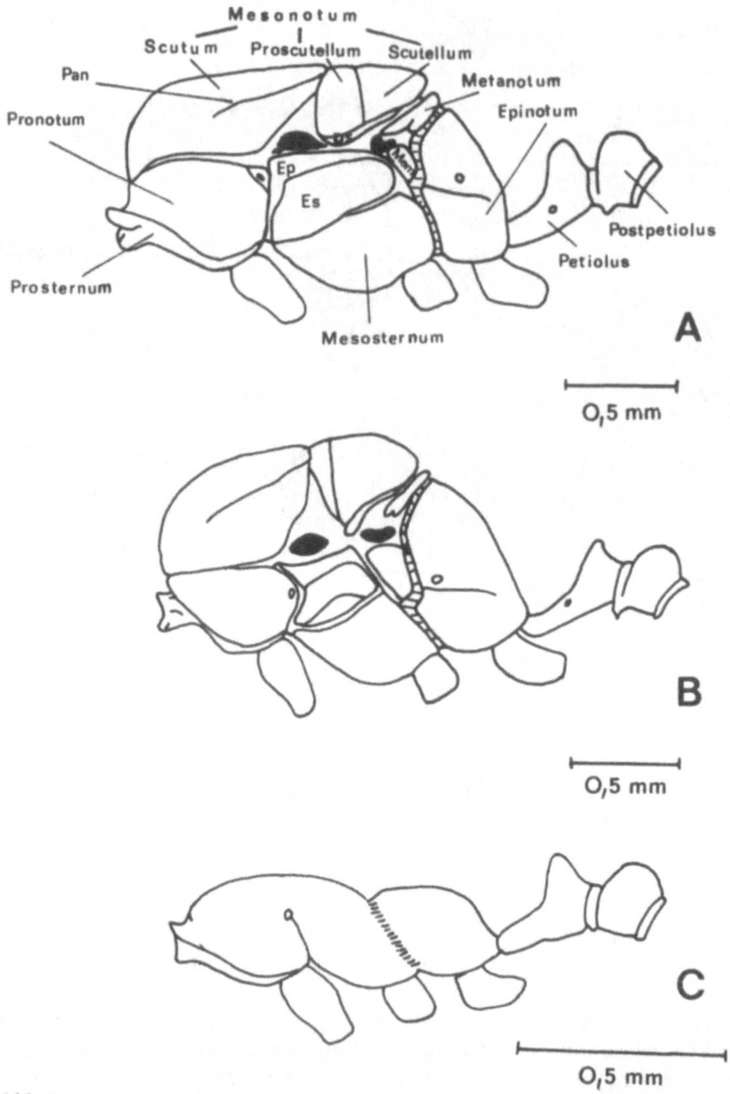

Abb. 3
Laterale Ansicht der Pharaoameisenmorphen. A-Königin; B — Männchen; C — Arbeiterin. Ep — Mesepimeron; Es — Mesepisternum; Mem — Metepimeron; Pan — Parapsidalnaht; ps — Postscutellum.

Der Metathorax umfaßt etwa das letzte Viertel des gesamten Thorax. Zu ihm gehören Postscutellum, Metanotum und Metepimeron. Entwicklungsgeschichtlich gehört das in den Metathorax eingegliederte Epinotum teilweise dem Abdomen an (vergleiche vorn).

Das Postscutellum bildet einen schmalen, sichelförmigen Streifen, der eng dem mesothorakalen Scutellum anliegt. Seine vorderen Enden sind etwas nach ventral gerichtet und damit vom Proscutellum deutlich abgesetzt. Während es vom Scutellum nur durch eine schmale Naht getrennt ist, erfolgt die Abgrenzung zum Metanotum und Mesepimeron durch eine breite Naht.

Das Metanotum ist eine rechteckige, schmale und gewölbte Platte, an deren lateralen Enden sich beidseitig die Basis der Hinterflügel befindet. Dorsal steht das Metanotum

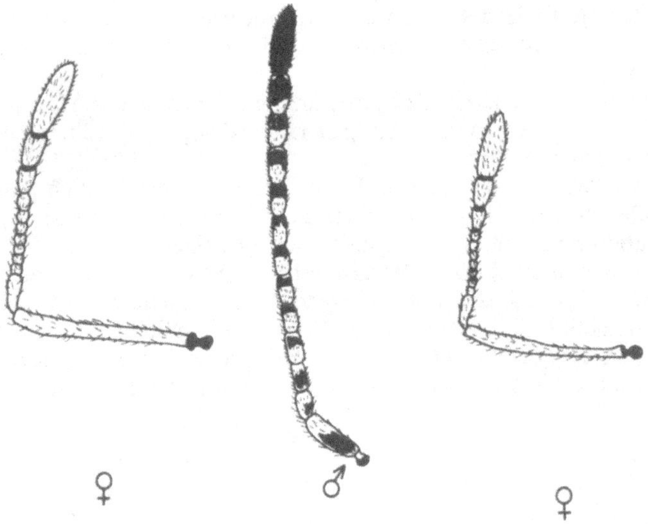

Abb. 4
Antennen der Pharaoameisenmorphen.

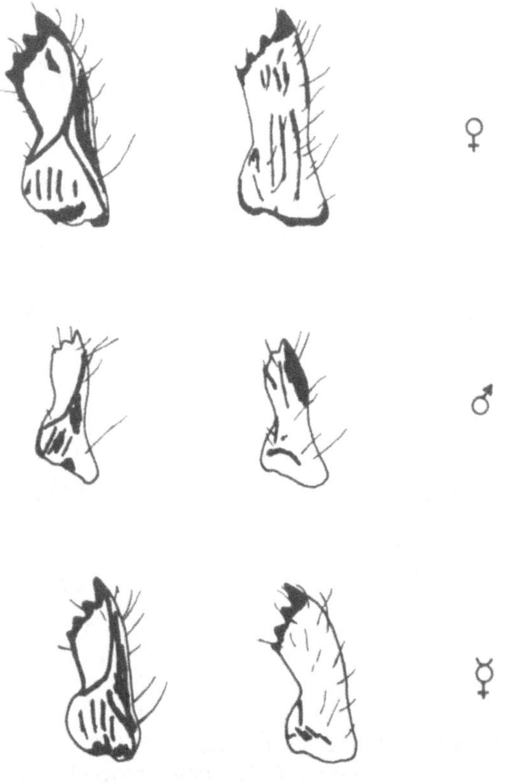

Abb. 5
Mandibeln der Pharaoameisenmorphen.

etwas höher als das vordere dorsale Ende des Epinotums, von dem es durch eine breite, runzlige Intersegmentalrinne getrennt ist. Die Hinterflügel sind 1,6 ± 0,1 mm lang und besitzen in der Regel fünf Hamuli.

Das Metepimeron bildet eine fünfseitige längliche Platte, die sich lateral an das Metanotum anschließt. Es ist deutlich vom Epinotum und Mesepisternum abgegrenzt, während es vom Metanotum nur durch eine schmale Naht getrennt ist.

Das Epinotum bildet eine konvex gewölbte Platte, die in ihrem hinteren Bereich steil abfällt und von den angrenzenden Skleriten durch eine Intersegmentalhaut deutlich getrennt ist. Unter den Stigmen (=1. abdominale Stigmen) befindet sich eine flache Rinne.

Die Extremitäten des Männchens sind hellbraun bis strohfarben. Die Coxen der Vorderbeine sind schwärzlich gefärbt, ebenso die der anderen Beine in abnehmendem Ausmaß. Diese dunkle Zeichnung zeigen auch die Trochanteren der Vorder- und Mittelbeine, sowie die mittleren Teile aller Femura (vergleiche Abb. 6). Die Beinglieder zeigen in Bezug auf ihre Größenverhältnisse keine signifikanten Unterschiede zu denen der Königin.

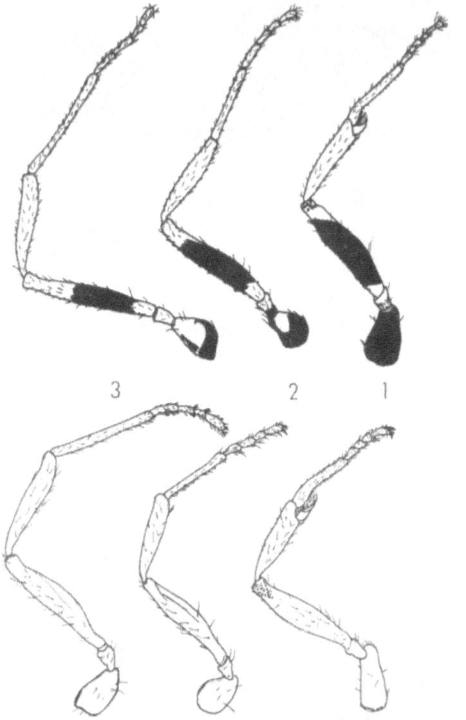

Abb. 6
Extremitäten von Männchen (oben) und Königin (unten).

2.1.3. Das Abdomen

Der Petiolus und der Postpetiolus erscheinen zierlicher als bei der Königin. Ersterer ist in der Seitenansicht schmal dreieckig. Er besitzt im hinteren dorsalen Abschnitt einen querliegenden kammartig erhobenen Höcker, der spitzer als im weiblichen Geschlecht ist. Der Postpetiolus dagegen ist kürzer und mehr knotenförmig. Ventral besitzt er eine querverlaufende spitze Wulst. Setzt man seine Breite und Länge ins Verhältnis, so ergibt sich ein Quotient von 0,6 ± 0,06. Petiolus und Postpetiolus werden wie bei der Königin meist in einem Winkel von 45—50° zur Lauffläche gehalten. Die Gaster ist an der Verwachsungsstelle mit dem Postpetiolus eingedellt.

Die Gaster des Männchens besteht aus fünf Segmenten, variiert in ihrer Größe nur unwesentlich und ist einfarbig schwarz. An ihrem Ende befinden sich die äußeren Geschlechtsorgane, die von Berndt & Fischer (1983) beschrieben wurden.

2.2. Die Königinnen

Der Körper der braunen Königinnen ist spärlich mit bis zu 0,1 mm langen einzelstehenden Borsten besetzt. Der Anteil der Gaster an der Körperlänge kann bis über 50% betragen, während der Thorax nur etwa ein Viertel der Körperlänge einnimmt (vergleiche Tabelle 3). Die Flügel werden in der Regel nach der Begattung abgeworfen.

2.2.1. Der Kopf

Der Kopf der Königin ist einfarbig braun, besitzt eine fast quadratische Form und wird meist horizontal getragen. Der Kopfquotient beträgt 0,94 ± 0,02.

Die zwei schwarzen Komplexaugen liegen seitlich etwa in der Kopfmitte. Sie sind oval, ca. 0,19:0,14 mm groß und besitzen über 200 Ommatidien. Dorsal im letzten Drittel befinden sich die drei Ocellen, einer in der Kopfmitte auf Höhe des Hinterrandes der Komplexaugen, die anderen seitlich dahinter in einem Winkel von 30° zur Mittellinie. An der Ocellenbasis ist die Epidermis halbmondförmig dunkel pigmentiert.

Die kräftig gebauten und typisch beborsteten Mandibeln zeigen vier Zähne (Abb. 5). Der Terminalzahn ist länger als die übrigen und leicht nach innen gebogen. Das Verhältnis von Mandibellänge zur Kauflächenbreite beträgt etwa 3:1.

Die Geißelantennen (Abb. 4) sind gekniet und gekeult. Der leicht gebogene, nach vorn etwas dicker werdende Scapus erreicht fast die Länge des Flagellums. Ein Pedicellus ist deutlich ausgebildet. Er ist etwa so lang wie die ersten vier Glieder des Flagellums, das aus 10 Gliedern besteht. Die letzten drei bilden eine Keule. Die übrigen sieben Glieder haben zusammen etwa die gleiche Länge wie das letzte Antennenglied. Alle Antennenglieder sind behaart. Über die genauere Bestückung mit Borstensensillen vergleiche Berndt & Fischer (1983).

2.2.2. Der Thorax

Die Grundfarbe des Thorax ist braun. Auf einzelnen Skleriten (z. B. Pronotum, Scutum, Scutellum, Mesosternum und Epinotum) befinden sich dunkelbraune Flecken. Die Differenzierung des Thorax vergleiche in Abb. 2 und Abb. 3. Im Vergleich zum Männchen erscheint der Königinnenthorax langgestreckter. Der Thoraxquotient beträgt bei den Königinnen 1,78 ± 0,04. An dieser Stelle soll nur auf Unterschiede zum Männchen eingegangen werden:

(1) Die lateralen Pronotumenden sind nur etwa dreimal so breit wie das in Kopfrichtung gewölbte Mittelteil.

(2) Das Scutum ist länger als beim Männchen und nicht so stark aufgewölbt.

(3) Die Länge der Vorderflügel beträgt 3,2 ± 0,2 mm. Die Cubitalzelle ist oval. Der Quotient aus Breite und Länge beträgt 0,3.

(4) Das Proscutellum ist breiter als beim Männchen.

(5) Das Scutellum ist weniger stark aufgewölbt.

(6) Während das Männchen einfarbig schwarz ist, treten bei der Königin auf Mesosternum, Scutellum, Epinotum und Metanotum dunkelbraune Flecken auf.

(7) Die Enden des Postscutellums liegen dem Proscutellum an.

(8) Die Hinterflügel haben eine Länge von 2,2 ± 0,2 mm und besitzen am Vorderrand meist sechs (91 % der untersuchten Tiere), seltener fünf Hamuli.

Die Beine sind einfarbig gelbbraun und stimmen in ihrem Bau mit denen des Männchens überein. Wie bei den übrigen Morphen sind Femur und Tibia mit verstreuten einzelnen längeren Borsten besetzt, zeigen die Tarsalglieder feinere Behaarung und ist am Tibiaende des ersten Beinpaares ein Putzsporn ausgebildet (Abb. 6). Den Feinbau der Tarsen haben Berndt & Fischer (1983) dargestellt.

2.2.3. Das Abdomen

Petiolus und Postpetiolus sind ebenfalls braun gefärbt. Der querliegende kammartig erhobene Höcker des Petiolus ist abgerundet. Setzt man beim Postpetiolus Breite und Länge ins Verhältnis, so ergibt sich ein Quotient von 0,8:0,05.

Bei der Königin besteht die Gaster aus vier Segmenten und besitzt eine länglich ovale Form. Je nach ihrem Füllungsgrad sind die Intersegmentalhäute mehr oder weniger deutlich sichtbar. Die Grundfarbe der Segmente ist hellbraun. Jedes Tergit und Sternit ist durch dunkelbraune Querbinden im zweiten Drittel gekennzeichnet. Bei wenig gefüllter Gaster liegen die Segmente so dicht aneinander, daß die helleren Vorderhälften kaum in Erscheinung treten. Beim ersten Tergit verläuft die dunkle Zeichnung seitlich bis an den vorderen Rand, so daß in der Mitte des ersten Segmentes ein ovaler hellbrauner Fleck entsteht.

Vom Stachelapparat der Königin ist der aus zwei Stechborsten bestehende Stachel zu erwähnen, der beim Druck auf die Gaster auch äußerlich sichtbar wird.

2.3. Die Arbeiterinnen

Der gesamte Körper ist bei den Arbeiterinnen gleichmäßig bernsteingelb gefärbt und schwach beborstet. Lediglich auf den Gastersegmenten zeigt sich eine ähnliche dunkelbraune Zeichnung wie bei der Königin. Kopf und Thorax stellen jeweils ein Viertel der Körperlänge, während die andere Hälfte von Pedicel und Gaster gebildet wird (Tabelle 3).

2.3.1. Der Kopf

Der Arbeiterinnenkopf ist deutlich länger als breit (Kopfquotient 0,78 ± 0,07), einfarbig gelbbraun und wird meist horizontal getragen. Im Vergleich zu den Geschlechtstieren sind die Komplexaugen auffallend klein (0,12:0,09 mm) und bestehen aus etwa 25 Ommatidien. Ocellen fehlen den Arbeiterinnen. Die Mandibeln (Abb. 5) ähneln in ihrer Form denen der Königin. Obwohl sie kürzer sind, unterscheiden sie sich kaum in der Kauflächenbreite. Der Terminalzahn hat dieselbe Länge wie der der Königin. Die Antennen der Arbeiterinnen (Abb. 4) entsprechen bei geringerer Größe in ihrem Aufbau und im proportionalen Verhältnis der einzelnen Bestandteile den Antennen der Königin.

2.3.2. Der Thorax

Der Thorax der Arbeiterinnen zeigt im Vergleich zu den Geschlechtstieren starke Reduktionen (Abb. 2 und 3). Wie bei den Arbeiterinnen anderer Formiciden sind große Teile des Thorax miteinander verschmolzen. Der Thoraxquotient beträgt 2,67 ± 0,08.

Der Prothorax läßt als einzelnes Sternit das in ähnlicher Weise wie bei den Geschlechtstieren ausgebildete Prosternum erkennen. Eine schmale Naht trennt das Prosternum von dem darüberliegenden Pronotum. Am hinteren Ende des Prosternums, dem Ansatzpunkt der Vordercoxen, führt eine Naht nach oben bis über die Hälfte des lateralen Thorax. Sie endet im mesothorakalen Stigma. Aus dem Vergleich mit den Geschlechtstieren läßt sich ableiten, daß vor dieser Naht das Pronotum, dahinter die mesothorakalen Pleuren und das Mesosternum liegen.

Das Pronotum ist im dorsalen Bereich mit dem darüberliegenden Mesonotum verwachsen, ohne daß eine Naht zwischen beiden sichtbar ist. Dieses Pro-Mesonotum ist vorn breit gerundet und verschmälert sich nach hinten.

Im Bereich des Mesothorax gibt es keine Trennung der notalen, pleuralen und sternalen Bereiche. Pronotum und Mesothorax bilden einen zusammenhängenden Komplex, der nach hinten von einer breiten runzligen Rinne begrenzt wird.

Die Trennlinie des Metathorax zum vorderen Thoraxteil ist mit der bei den Geschlechtstieren beschriebenen Intersegmentalhaut vergleichbar. Bei den Arbeiterinnen verläuft sie allerdings als gerade Linie nach oben, während sie bei den Sexualtieren in ihrem oberen Abschnitt nach hinten gebogen ist. Vor dem gebogenen Abschnitt sind bei den Sexualtieren das Metanotum und das Metepimeron ausgebildet. Bei den Interkasten läßt sich diese schrittweise Reduktion verfolgen. Der Bereich des Thorax nach der deutlich ausgebildeten Naht im hinteren Drittel des Körpers ist demzufolge ein Verschmelzungsprodukt aus Metathorax und Epinotum. In ihm befindet sich auch das erste abdominale Stigma.

Die Beine entsprechen in ihrem Bau, der Farbe sowie den Proportionen denen der Königin.

2.3.3. Das Abdomen

Petiolus und Postpetiolus zeigen im Vergleich zur Königin große Übereinstimmung. Allerdings ist der querliegende Höcker des Petiolus stumpfer. Die Arbeiterinnen-Gaster besteht aus vier Segmenten. Auch die Zeichnung der Tergite und Sternite entspricht der Königin. Der Kropf kann in Abhängigkeit vom Füllungsgrad und der Art des Inhaltes als dunkler Fleck durch die ersten Tergite scheinen und dadurch eine abweichende Zeichnung vortäuschen. Auch die Arbeiterinnen besitzen einen Stachel.

3. Der Gynandromorphismus bei der Pharaoameise

Gynandromorphe Individuen sind Mischformen beider Geschlechter, deren Gewebe teilweise genetisch und strukturell weiblich und teilweise männlich sind. Bei den Insekten tritt diese Erscheinung relativ häufig auf, wobei es sich meist um mosaikartig zusammengesetzte Tiere handelt. Klassische Halbseitengynander sind ausgesprochen selten.

Die meisten der bisher beschriebenen Gynandromorphen fielen beim Auswerten toten Materials an, so daß ein experimenteller Zugang zur Entstehung solcher Formen nur in Ausnahmefällen möglich war. Bei den Formiciden ist die Einordnung der gynandromorphen Formen wegen der Kastenbildung (Polymorphismus) besonders kompliziert. Die

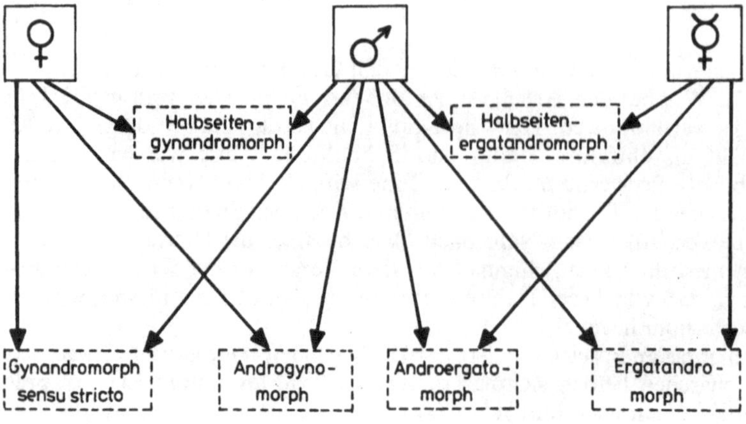

Abb. 7
Schema der gynandromorphen Formen.

bisher übliche Einteilung in frontale, laterale usw. scheint zur Charakterisierung dieser Erscheinung wenig geeignet zu sein. An Anlehnung an SCHMIDT (1975) ist folgendes Kategoriensystem vorzuziehen (Abb. 7):

(1) Gynandromorph sensu stricto. Es handelt sich um Individuen mit Merkmalen von Königin und Männchen, wobei die weiblichen Strukturen überwiegen.

(2) Androgynomorphe Individuen entsprechen (1), nur überwiegen die männlichen Strukturen.

(3) Ergatandromorph ist eine Arbeiterin mit männlichen Einflüssen, die sich meist durch eingestreute männliche (schwarze!) Kutikula manifestieren.

(4) Androergatomorph sind Individuen, die mehr Männchenanteile als Arbeiterinnenmerkmale besitzen.

(5) Der klassische Halbseitengynander ist ein Grenzfall zwischen (1) und (2), bzw. (3) und (4).

Neben diesen aus der Literatur gutbekannten Formen konnten wir (BERNDT & KREMER 1983) weitere, bisher nicht erkannte Zwischenformen beschreiben. Nachdem wir sowohl Gynandromorphe als auch Gynergate (Interkasten) in denselben Kolonien fanden, war zu erwarten, daß es auch Zwischenformen zwischen diesen Kategorien geben müßte. Die Abb. 7 muß dementsprechend durch die folgenden Kategorien erweitert werden (Abb. 8):

(6) Gynergatandromorphe sind Interkasten (Gynergaten) mit geringem männlichen Einfluß.

(7) Ergatogynandromorphe sind dementsprechend Interkasten (Ergatogyne) mit geringem männlichen Einfluß.

(8) Androgynergatomorph sind Männchen mit Merkmalen von Gynergaten.

(9) Androergatogynen sind Männchen mit Merkmalen ergatogyner Interkasten. Derartige Individuen sind schwer zu determinieren, da die Merkmale der Ergatogynen nur sehr unvollständig ausgebildet sind.

(10) Gynandroergatomorphe sind gynergate Interkasten mit relativ starkem männlichen Einfluß. Die Arbeiterinnenmerkmale sind meist am Kopf (fehlende Ocellen) oder der Gaster ausgebildet.

(11) Ergatandrogynomorphe sind ergatogyne Interkasten mit relativ starkem männlichen Einfluß.

Tabelle 5
Verteilung von männlicher Kutikula im Thoraxbereich bei 34 Gynandromorphen sensu stricto (%). Vergleich von jeweils 2 Thoraxskleriten

	Gesamt	Notum			Scutum	Scutellum			Sternum			Metepimeren
		Pro	Meta	Epi		Pro	Scutel-lum	Post	Pro	Meso	Mesepi	
Pronotum	24	—	3	9	18	6	9	0	0	6	3	0
Metanotum	12	3	—	3	9	3	6	0	0	3	0	0
Epinotum	29	9	3	—	27	6	21	27	0	18	3	0
Scutum	79	18	8	27	—	18	42	3	0	18	9	3
Proscutellum	21	6	3	6	18	—	6	0	0	6	3	0
Scutellum	47	9	6	21	41	6	—	3	0	15	9	3
Postscutellum	3	0	0	3	3	0	3	—	0	0	0	0
Prosternum	0	0	0	0	0	0	0	0	—	0	0	0
Mesosternum	21	6	3	18	18	6	15	0	0	—	3	3
Mesepisternum	12	3	0	3	9	3	9	0	0	3	—	0
Metepimeron	3	0	0	0	3	0	3	0	0	3	0	—

3.1. Material und Methode

Im Wissenschaftsbereich Zoologie der Pädagogischen Hochschule in Potsdam bestehen seit 1971 umfangreiche Laborzuchten der Pharaoameise, die vor allem für physiologische und ethologische Untersuchungen gehalten wurden. Bei den zweimal in der Woche erfolgenden Fütterungen wurde das Nest mit Hilfe eines Stereomikroskops durchgemustert und die jeweilige Stärke der Kolonie protokolliert. Daneben wurden alle Individuen entnommen und konserviert, die auffällige Abweichungen von der Norm zeigten. Im Gegensatz zu Teratologien und Interkasten traten gynandromorphe Individuen nur ausnahmsweise auf. Wir fanden dann durch Hitzeschockbehandlung intakter Laborsozietäten eine Möglichkeit, gynandromorphe Formen in großer Zahl herzustellen (BERNDT & KREMER 1982). Dabei zeigte es sich, daß die Formenmannigfaltigkeit weitaus größer war, als in der Literatur bisher dokumentiert. Da unser Material weit über 1000 gynandromorphe Pharaoameisen umfaßt, beschränken wir uns hier auf die Darstellung ausgewählter Exemplare, um den Umfang des Gynandromorphismus an einer Insektenart zu erfassen.

Die Zuordnung zu den angeführten Kategorien wird nach der morphologischen Dominanz des entsprechenden Geschlechts beziehungsweise der entsprechenden Kaste vorgenommen. Die Berechnung dieses Anteils erfolgt nach den Angaben von HALL & SMITH (1951, 1952) mit Hilfe des Kopf- und Thoraxquotienten. Es kann aber auch eine einfache Flächenberechnung des jeweiligen Merkmals zugrundegelegt werden.

Wir beschreiben die Individuen auf der Grundlage der Abbildungen 2 und 3, die den normalen Bau der Pharaoameisenmorphen veranschaulichen. Bei den meisten Tieren ist sofort klar, in welche Kategorie sie gehören. In Zweifelsfällen sind genauere Untersuchungen erforderlich. Ein Beispiel für die Flächenberechnung mittels Millimeterpapier oder Auswiegen soll für das Tier Nr. VI gegeben werden:

1. Thoraxquotient: 1,66
2. Flächenverhältnis weiblich/männlich = 1585 mm^2 : 2050 mm^2
   (43,6 %) : (56,4 %)
3. Massenverhältnis (Papiermasse)
   weiblich/männlich = 141 mg : 180 mg
   (44 %) : (56 %)

Aus allen drei Angaben geht klar hervor, daß es sich um einen Androgynomorphen handelt.

Die Erkennung gynandromorpher Individuen ist in intakten Pharaoameisensozietäten bereits im Stadium der braunen Puppe möglich. Die Individuen können also bereits als Puppe isoliert bzw. in kleine Kolonien übergeführt werden, in denen ihre Beobachtung einfacher ist. Werden keine ethologischen oder anderweitigen Untersuchungen geplant, so werden die Tiere nach dem Schlupf aus der Puppe und ihrer Aushärtung nach 2—3 Tagen in 80 %igen Alkohol übergeführt. Es zeigte sich allerdings, daß mit der Zeit bei dieser Konservierung die Farbe der männlichen Kutikula verblaßt. Weiterhin ist zu beachten, daß bei diesen jungen Tiere noch keine Ovarien ausgebildet sein können.

Die Verteilungsverhältnisse von männlicher und weiblicher Kutikula, Teratologien, Körpermaße, Herkunft, evtl. Ovarstatus und andere auffallende Besonderheiten werden zunächst auf einer vorgedruckten Karte notiert bzw. eingezeichnet und dann auf eine Kerblochkarte übertragen. Diese wird entsprechend verschlüsselt, so daß eine möglichst vielseitige Auswertung möglich wird. Die vorgedruckte Skizze enthält Normaldarstellungen der drei Morphen in lateraler und dorsaler Ansicht. Die genaue Wiedergabe der interessierenden Strukturen erfolgte lichtmikroskopisch mittels Zeicheneinrichtung (Schirm bzw. Prisma).

Bei der Pharaoameise kann man männliche und weibliche Anteile durch phänologische Unterschiede in Form und vor allem Farbe leicht differenzieren. Die männliche Kutikula ist bei gleicher Grundstruktur tiefschwarz im Gegensatz zum Hellbraun und Braun der Weibchen. Wegen der identischen Grundstruktur der Kutikulaoberfläche läßt sich das Rasterelektronenmikroskop (REM) nur bedingt bei der Untersuchung gynandromorpher Phänomene einsetzen. Es lassen sich jedoch besonders im Kopfbereich morphologische Unterschiede zwischen den Geschlechtern (Antennen, Mundwerkzeuge, Augen, Ocellen) finden.

Während der normalen Kolonieentwicklung können mittels Hitzestress nur Ergatandromorphe und Androergatomorphe erzeugt werden. Nur während der relativ kurzen Phase der Sexualtieraufzucht können Gynandromorphe und Androgynomorphe entstehen. Durch Entweiselung normaler Kolonien frühestens vier Wochen nach der letzten Sexualtieraufzucht kann künstlich eine neue Sexualtieraufzucht induziert werden.

3.2. Ergebnisse

Die nachfolgend beschriebenen Individuen geben einen Überblick über die Vielfalt der Erscheinungsformen des Gynandromorphismus bei Ameisen. Die Einteilung erfolgt nach den von BERNDT & KREMER (1983) aufgestellten Kategorien (vergleiche Abb. 7 und 8).

Die jeweils in der ersten Zeile angegebene Nummer weist auf den Standort des Tieres in der Sammlung des Wissenschaftsbereiches Zoologie der Pädagogischen Hochschule „KARL LIEBKNECHT" hin. In den Beschreibungen werden die Abkürzungen „TR" für den Thorax- und „CR" für den Kopfquotienten verwendet. Soweit möglich, wurde bei den Tieren auch der Entwicklungszustand der Ovarien erfaßt. Obwohl die Eier von den Pharaoameisenköniginnen in Schüben abgelegt werden, sind doch im reifen Ovar neben Oozyten der I. und II. Ordnung meist auch entwickelte Eier vorhanden.

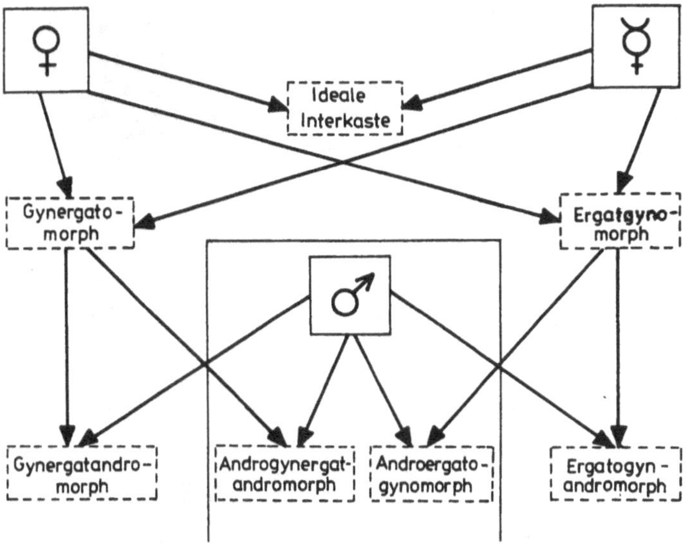

Abb. 8
Schema der gynandromorphen Formen in Kombination mit Interkasten. Wegen der Übersichtlichkeit sind ergatandrogynomorphe und gynandroergatomorphe Formen weggelassen worden.

3.2.1. Gynandromorphe sensu stricto

Es handelt sich um Mischformen aus Königinnen und Männchen, bei denen der Anteil der Kutikula weiblicher Herkunft über 50% liegt, bzw. der Thoraxquotient größer als 1,68 ist. Wir haben insgesamt aus dem uns zur Verfügung stehenden Material 11 solcher Gynandromorphen (Gynander) untersucht. Das entspricht etwa der Hälfte der in unserer Sammlung vorhandenen Exemplare.

(I) Gynandromorph C 15 (Abb. 9A)
Körperlänge: 4,7 mm, TR 1,74, CR 0,96
Königinnengestalt, Ovar mit Eiern und I. Oozyten.
Der Postpetiolus trägt dorsal rechts einen Fleck männlicher Kutikula.

(II) Gynandromorph C 8 (Abb. 9B)
Körperlänge: 4,2 mm, TR 1,76, CR 0,96

Königinnengestalt, Ovar mit Eiern und I. Oozyten.
Scutum mit bogenförmigem Band männlicher Kutikula, das sich in Breite der linken Proscutellumhälfte von dort bis zur Mitte der linken Seite des Scutums erstreckt; Petiolus mit männlichem Fleck von der Mitte dorsal bis zur Seite reichend. Das Epinotum trägt hinten einen Spot männlicher Kutikula.
(III) Gynandromorph 209 (Abb. 9C)
Körperlänge: 4,6 mm, TR 1,71, CR 0,95
Königinnengestalt, Ovar mit I. Oozyten.
Der Kopf mit Streifen männlichen Gewebes zwischen Ocellen und linkem Komplexauge,

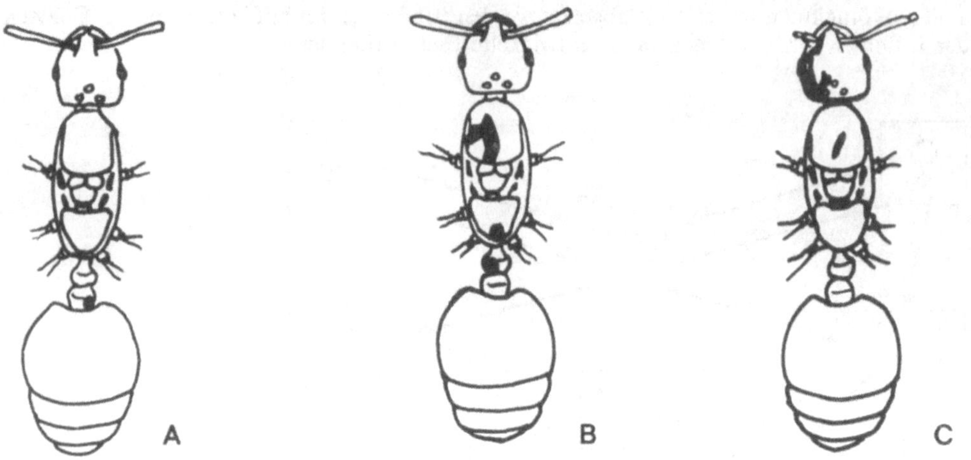

Abb. 9
Gynandromorphe Pharaoameisen (Gynandromorph sensu stricto). A — Nr. (I); B — Nr. (II) und C — Nr. (III).

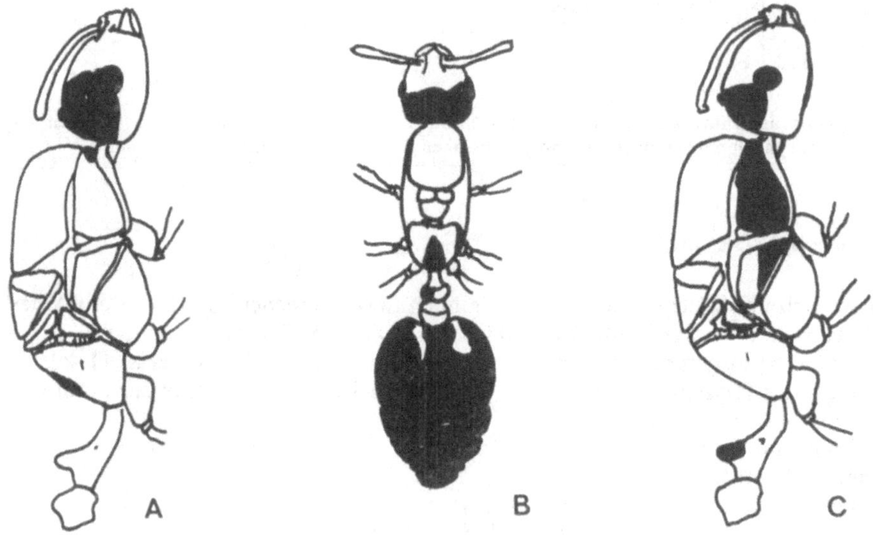

Abb. 10
Gynandromorph sensu stricto Nr. (IV).

Tabelle 6
Prozentuale Verteilung männlicher Kutikula bei 41 untersuchten Gynandromorphen sensu stricto. Ein Vergleich ist jeweils für zwei Körperteile möglich. Halbfette Zahlen weisen auf Tiere hin, die nur in dieser einen Körperregion betroffen sind.

Region	Gesamt	Kopf	Thorax	Petiol.	Postpet.	Gaster
Kopf	73,2	**7,3**	63,4	21,9	24,4	9,8
Thorax	82,9	39,0	**14,6**	26,8	24,4	9,8
Petiolus	31,7	24,4	26,8	**4,9**	9,8	4,9
Postpetiolus	26,8	24,4	24,4	9,8	0	0

der das Auge nicht berührt, jedoch bis zum Ansatz der linken Antenne reicht. Die linke Antenne männlich, die rechte weiblich. Auf dem Thorax befindet sich in der Mitte des Scutums ein länglicher, schräggestellter Fleck männlicher Kutikula.

(IV) Gynandromorph E 30 (Abb. 10)
Körperlänge: 4,5 mm, TR 1,72, CR 0,96
Königinnengestalt mit männlicher Gaster.

Kopf: Weiblich mit ausgedehntem männlichen Fleck im Nacken- und Scheitelbereich, der das rechte Auge einschließt und am hinteren Ende des linken Auges beginnt. Rechtes Komplexauge vergrößert (0,25 × 0,16 mm).

Thorax: Weiblich, nur der untere Teil des linken Mesepisternums ist männlich sklerotisiert. Pronotum in der linken Hälfte männlich, ebenso ventraler vorderer Teil des linken Prosternums. Epinotum mit median sich von hinten nach vorn erstreckendem männlichen Kutikulabereich.

Abdomen: Am Petiolus linke Hälfte des dorsalen Höckers männlich. Die Gaster ist männlich und besitzt auf dem 1. Tergit vorn zwei hellbraune Flecken. Sie weist fünf Segmente auf.

(V) Gynandromorph E 68 (Abb. 11)
Körperlänge: 3,7 mm, TR 1,7, CR 0,99
Gestalt einer kleinen Königin, Gonaden nicht nachweisbar.

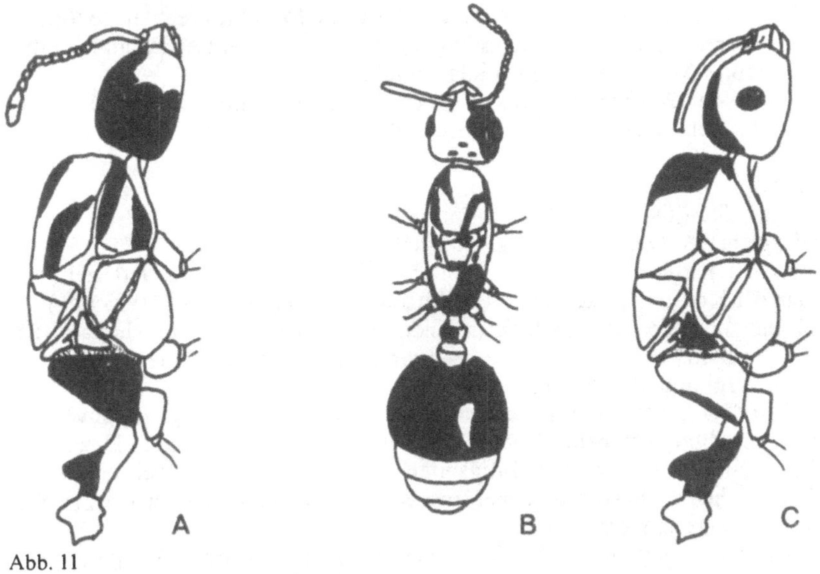

Abb. 11
Gynandromorph sensu stricto Nr. (V).

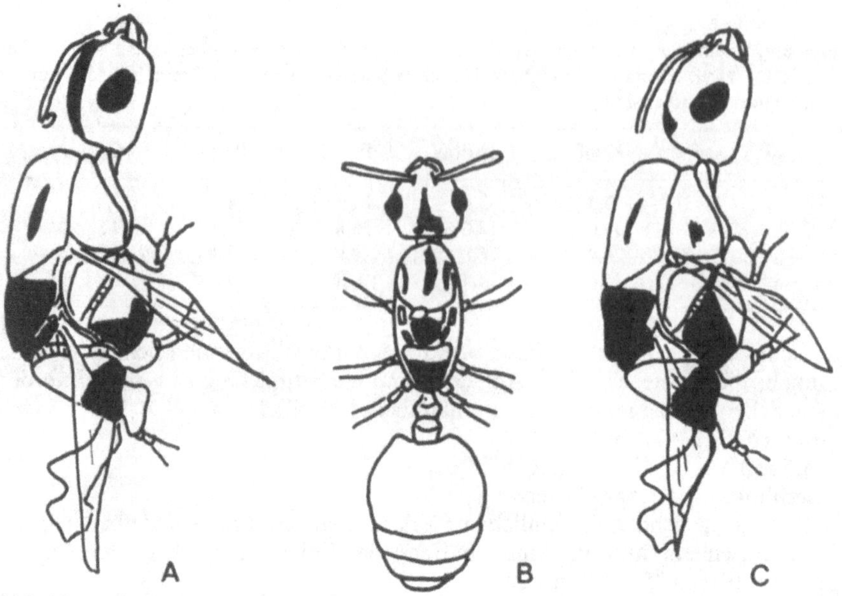

Abb. 12
Gynandromorph sensu stricto Nr. (VI).

Kopf: Vorwiegend weiblich. Am rechten Antennenansatz beginnend und rechtes Auge einschließend bis zum Hinterrand der rechten Kopfseite männlich. Rechtes Komplexauge vergrößert (0,25 × 0,18 mm). An rechter Antenne verkürzter Scapus, Flagellum leicht gebogen und 10-gliedrig ohne Ausbildung einer Keule. Das letzte Glied nur zu 3/4 geteilt.
Thorax: Weiblich mit folgenden männlichen Anteilen: Streifen am oberen und unteren Rand der rechten Seite sowie Fleck am vorderen Teil der linken Pronotumseite. Auf dem Scutum streifenförmig von der rechten Proscutellumhälfte zur Mitte des rechten seitlichen Randes. Von der vorderen Seite zieht ein schmaler Streifen zur Mitte. Rechte Hälfte des Epinotums und linkes Metepimeron ebenfalls männlich.
Abdomen: Linke Seite des Petiolus über dem Höcker hin bis zum hinteren Rand männlich sklerotisiert. Auf dem Gaster 1. Tergit dunkel mit hellem Spot in der rechten Hälfte.
(VI) Gynandromorph E 32 (Abb. 12)
Körperlänge: 4,7 mm, TR 1,68, CR 0,92
Königinnengestalt, geflügelt. Ovar nur mit II. Oozyten.
Kopf: Spot männlicher Kutikula umschließt rechten und mittleren Ocellus und zieht als schmaler Streifen in der Kopfmitte nach vorn. Die Augen sind männlich (0,34 × 0,23 mm).
Thorax: Weiblich mit folgenden männlich sklerotisierten Anteilen: Drei schmale parallele Streifen auf dem Scutum, hinterer Teil des Mesosternums und hintere Hälfte des Epinotums sowie gesamtes Scutellum und Metanotum.

Interessant ist, daß 48,8% der von uns untersuchten Gynander Teratologien aufweisen. Eine detaillierte Beschreibung der gefundenen Teratologien erfolgt an anderem Orte.

Die Tabelle 5 zeigt die Verteilung der Häufigkeiten männlicher Kutikula bei den untersuchten Gynandromorphen sensu stricto, wobei jeweils die Kombination zweier Körperteile miteinander verglichen werden kann.

Die folgende Auflistung gibt eine Übersicht über die Kombination von männlicher Kutikula auf mehr als zwei Körperteilen:

Kopf—Thorax—Gaster	9,8%
Kopf—Thorax—Gaster—Petiolus—Postpetiolus	0
Kopf—Thorax—Petiolus	22,0%
Kopf—Thorax—Petiolus—Gaster	4,9%
Kopf—Thorax—Petiolus—Gaster—Postpetiolus	9,8%
Kopf—Petiolus—Gaster	0
Kopf—Postpetiolus—Gaster	4,9%
Kopf—Thorax—Postpetiolus	24,4%
Kopf—Petiolus—Postpetiolus	9,8%
Thorax—Gaster—Petiolus	4,9%
Thorax—Gaster—Petiolus—Postpetiolus	0
Thorax—Petiolus—Postpetiolus	9,8%
Thorax—Gaster—Postpetiolus	0
Gaster—Petiolus—Postpetiolus	0

Die Tabelle 6 weist die prozentuale Verteilung männlicher Kutikula von 41 untersuchten Gynandromorphen sensu stricto aus, wobei ein Vergleich von jeweils zwei Thoraxskleriten möglich ist. Da die Sklerite des Thorax und Kopfes zumeist paarig sind, interessiert auch die Frage der Seitigkeit (Tabelle 7).

Tabelle 7
Seitigkeitshäufigkeit der auftretenden männlichen Kutikula in den einzelnen weiblichen Skleriten des Thorax in %

Sklerit	links	rechts	beidseitig	Gesamtzahl d. Tiere
Pronotum	37,5	50,0	12,5	8
Metanotum	50,0	—	50,0	4
Epinotum	10,0	30,0	60,0	10
Scutum	33,3	14,8	51,9	27
Proscutellum	57,1	28,5	14,3	7
Scutellum	6,3	43,8	50,0	16
Postscutellum	0	0	100,0	1
Prosternum	0	0	0	0
Mesosternum	0	42,9	57,1	7
Mesepisternum	75,0	0	25,0	4
Metepimeron	100,0	0	0	1

3.2.2. Androgynomorphismus (Androgyne)

Nach dem Schema in Abb. 7 verstehen wir unter androgynomorphen Formen solche, bei denen über 50% der Körperfläche aus männlicher Kutikula besteht bzw. der Thoraxquotient kleiner als 1,68 ist.

(VII) Androgynomorph E 51
Körperlänge: 2,3 mm, TR 1,67, CR 1,13
Königinnengröße, Ovar vorhanden, ohne Eier und Oozyten.
Kopf: Männlich, weiblicher Spot am Ansatz der rechten Antenne, diese ist weiblich. Linke Antenne ist männlich und teratologisch aberriert.
Thorax: Männlich sind Mesopleuren und Mesosternum, Scutellum und Proscutellum, Metanotum. Weiblich sind Epinotum und Metepimeren. Weiblicher Kutikulaspot auf Pronotum und Scutum. Die Mittelcoxen sind dunkel gefärbt. Rechter Vorderflügel vorhanden, aber verkrüppelt.

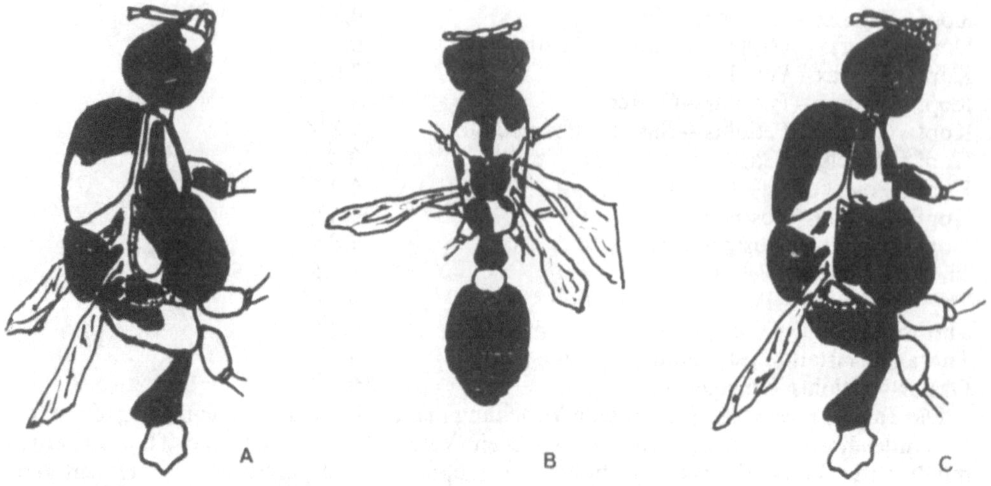

Abb. 13
Androgynomorph Nr. (VIII).

Abdomen: Die Gaster ist königinnenartig.
(VIII) Androgynomorph E 45 (Abb. 13)
Körperlänge: 3,2 mm, TR 1,67, CR 1,1
Männchengestalt, Hoden vorhanden.
Kopf: Männlich mit kleinem weiblichen Spot vor dem rechten Komplexauge.
Thorax: Scutellum, Proscutellum, linkes Mesepisternum, rechtes Mesepimeron, Metanotum und Mesosternum sind rein männlich. Der hintere Teil des Scutums, der hintere Teil des rechten Mesepisternums, beide Seiten des Pronotums und rechte Seite des Epinotums sind weiblich determiniert. Die Coxen der Vorderbeine haben die typische männliche Zeichnung. Rechter Vorder- und beide Hinterflügel sind ausgebildet, aber stark gefaltet und verkrüppelt.
Abdomen: Petiolus männlich, Postpetiolus weiblich sklerotisiert. Die Gaster ist rein männlich.
(IX) Androgynomorph E 17 (Abb. 14)
Körperlänge: 4,9 mm, TR 1,67, CR 0,96
Königinnengestalt, Ovar mit II. Oozyten.
Kopf: Weiblich mit kleinem dunklen Fleck vor und hinter dem linken Auge, ebenso am linken Hinterrand des Kopfes ein schmaler schwarzer Streifen männlicher Kutikula. Scapus der linken Antenne teratologisch.
Thorax: Folgende Teile sind männlich sklerotisiert und tragen weibliche Spots: Schmale Streifen auf den beiden Mesepisternen, der rechten Hälfte des Mesosternums und der linken Scutumseite. Je ein Fleck auf beiden Scutumseiten und zwei Flecke auf der rechten Epinotumseite, zwei Streifen auf der linken. Die Coxen der Vorder- und Mittelbeine sind männlich gezeichnet.
Abdomen: Der Höcker und hintere Teil des Petiolus und die rechte Seite des Postpetiolus sind männlich sklerotisiert. Die Gaster ist weiblich, das erste Tergit beidseitig vom Stielchenansatz schwarz mit zwei hellen Flecken.
(X) Androgynomorph D 28
Körperlänge: 3,9 mm, TR 1,61, CR 1,04
Männchengestalt, Geschlechtsorgane nicht nachweisbar.
Kopf: Männlich mit großem Spot weiblicher Kutikula, der rechts bis zum Hinterrand des

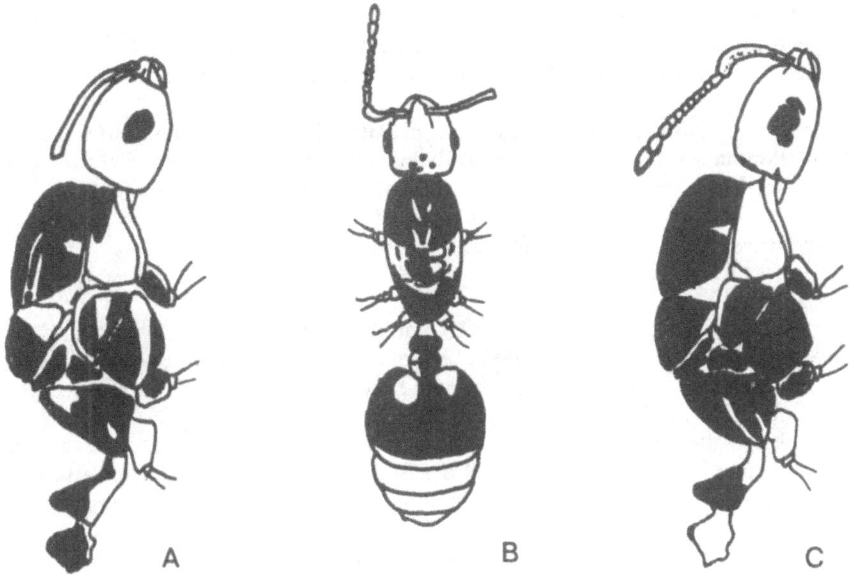

Abb. 14
Androgynomorph Nr. (IX).

Komplexauges reicht. Links vor dem Komplexauge großer sichelförmiger Fleck weiblicher Kutikula. Rechte Antenne weiblich, linke teratologisch. Die Augen sind männlich. Abdomen: Petiolus rechtsseitig männlich mit Männchenspot auch auf der linken Seite, ebenso die linke Seite des Postpetiolus. Die Gaster ist männlich.

(XI) Androgynomorph E 18 (Abb. 15)

Körperlänge: 4,0 mm, TR 1,6, CR 0,97

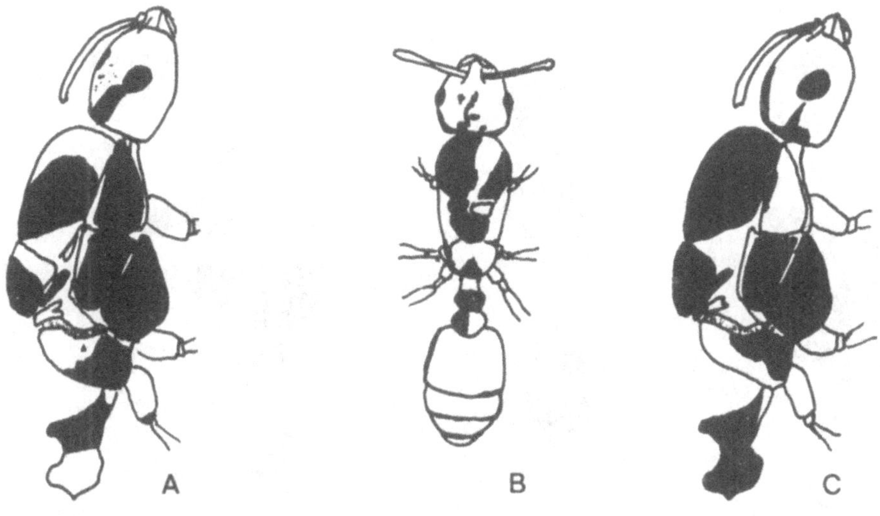

Abb. 15
Androgynomorph Nr. (XI).

Königinnengestalt, Ovarien degeneriert.
Kopf: Vorwiegend weiblich, dorsal in der Kopfmitte kleine schwarze Flecke, die sich hinter den Ocellen zu einem schmalen Band vereinigen, das vom Hinterrande des Kopfes bis fast zum linken Auge reicht.
Thorax: Überwiegend männlich. Weiblich sklerotisiert sind: Linke Pronotumhälfte, rechte Hälfte des Proscutellums, dorsaler vorderer Teil des Epinotums. Auf dem Scutum ein Streifen, der von der Mitte des Hinterrandes nach rechts bis zum Pronotum reicht.
Abdomen: Am Petiolus Höcker und hinterer Teil männlich sklerotisiert, ebenso linke Hälfte des Postpetiolus. Die Gaster ist weiblich.
(XII) Androgynomorph E 13
Körperlänge: 4,3 mm, TR 1,59, CR 1,14
Kopf: Weiblich mit breitem männlichen Streifen am Kopfhinterrand, der sich zwischen beiden Komplexaugen erstreckt und das linke Auge umschließt. Kleine Spots befinden sich auf der Kopfoberseite. Antennen weiblich, beide Komplexaugen vergrößert (Rechts: $0{,}23 \times 0{,}14$ mm, links: $0{,}26 \times 0{,}16$ mm).
Thorax: Männlich. Weiblich sklerotisiert sind: Linke und vordere rechte Seite des Pronotums, ein dorsaler Fleck im vorderen Teil des Scutums. Ebenso der Vorderrand des Epinotums, ein Fleck auf der rechten dorsalen Seite des Scutellums sowie das rechte Metepimeron.
Abdomen: Petiolus im hinteren Teil männlich sklerotisiert. Der Postpetiolus ist weiblich. Das erste Tergit der Gaster ist dunkel mit kleinem hellen Fleck auf der linken Seite. Die übrigen Teile sind weiblich. Die Gonaden sind nicht nachweisbar.
(XIII) Androgynomorph E 52 (Abb. 16)
Körperlänge: 3,85 mm, TR 1,59, CR 1,08
Männchengestalt mit verkrüppelten Flügeln.
Kopf: Rein männlich, normal entwickelte Hoden.
Thorax: Männlich mit weiblichem Einfluß auf folgenden Flächen: Rechte vordere Seite des Scutums; von den Proscutellumhälften ausgehende bogenförmig nach außen gekrümmte Streifen auf dem Scutum; auf dem rechten Mesepisternum in der Mitte und auf dem linken Mespisternum dorsal und ventral schmale Streifen. Weiblich auch ein schmaler Streifen auf dem rechten unteren Pronotum. Das Epinotum beidseitig am vorderen Rand rechts

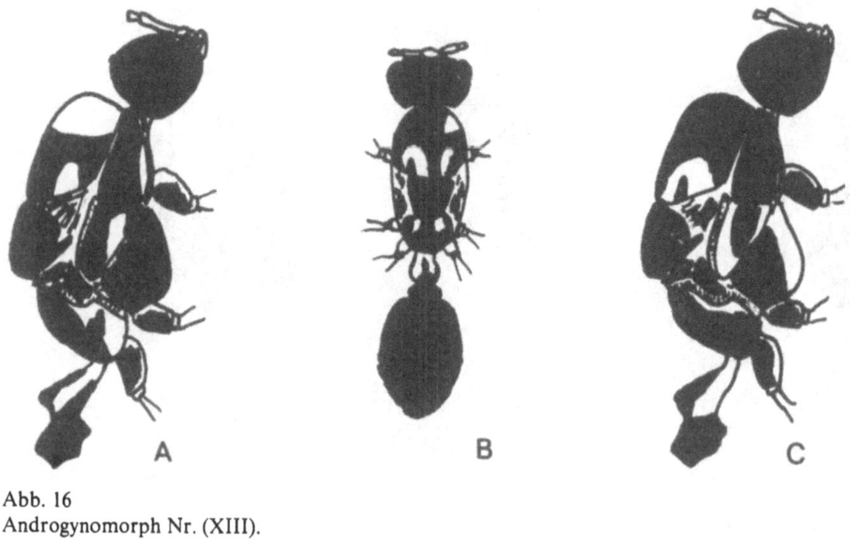

Abb. 16
Androgynomorph Nr. (XIII).

mit ausgedehnten Flächen, links mit schmaler Spange weiblicher Kutikula. Von den Flügeln sind nur stummelförmige Ansätze vorhanden.
Abdomen: Petiolus trägt männlichen Spot dorsal auf dem Höcker, der nach hinten zieht und sich dort verbreitert. Postpetiolus männlich, ebenso die Gaster.
(XIV) Androgynomorph E 49
Körperlänge: 3,85 mm, TR 1,59, CR 1,08
Männchengestalt mit verkrüppelten Flügeln.
Kopf: Männlich mit kleinem Spot weiblicher Kutikula am Ansatz der rechten Antenne. Vordere ventrale Seite weiblich. Rechte Antenne mit männlichem Scapus, aber schwach gekeultem 10-gliedrigem Flagellum. Komplexaugen männlich.
Thorax: Männlich mit weiblichem Einfluß auf dem linken unteren Teil des Pronotums, dem vorderen Ende der rechten Mesosternalhälfte, dem rechten Metepimeron und dem vorderen Teil des rechten Epinotums. Beine männlich.
Abdomen: Petiolus weiblich mit dorsalen männlichen Anteilen. Postpetiolus männlich. Die Gaster ist männlich mit hellem Fleck am Ansatz des Stielchens.
(XV) Androgynomorph E 20 (Abb. 17)

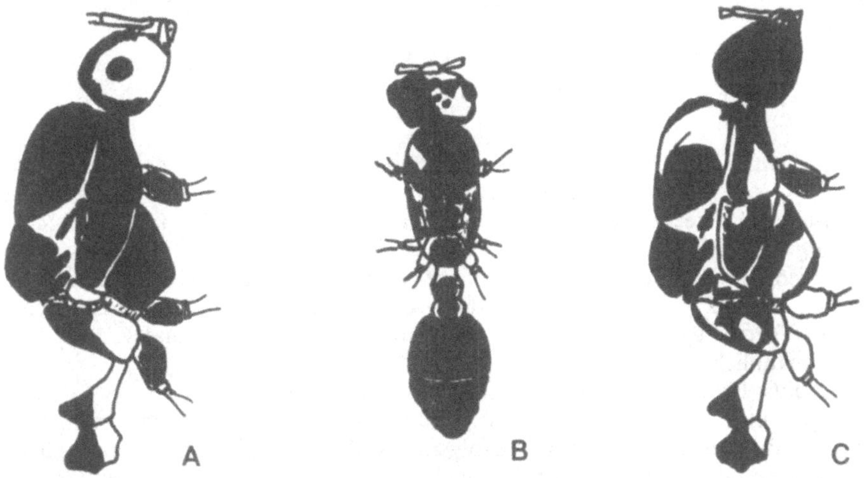

Abb. 17
Androgynomorph Nr. (XV).

Körperlänge: 4,1 mm, TR 1,56, CR 1,02
Männchengestalt mit vollentwickelten Testes.
Kopf: Linke Seite männlich, rechte Seite auf Augenhöhe querlaufendes Band männlicher Kutikula. Beide Antennen männlich, linkes Komplexauge vergrößert (0,29 × 0,21 mm).
Thorax: Vorwiegend männlich sklerotisiert. Weiblicher Einfluß auf folgenden Skleriten: Breiter Streifen auf der linken Seite des Scutums; hinterer ventraler Teil der linken Pronotumhälfte; breiter Streifen im unteren lateralen Teil der linken Mesosternumseite; vordere obere Ecke des linken Mesepisternums; rechtes Metepimeron; rechte untere Seite und Spots auf der linken Seite des Epinotums. Coxen der rechten Beine und des linken Vorderbeins männlich.
Abdomen: Die querverlaufenden dorsalen Höcker von Petiolus und Postpetiolus sind männlich, der übrige Teil ist weiblich sklerotisiert. Die Gaster ist rein männlich.
(XVI) Androgynomorph A 52 (Abb. 18)
Körperlänge: 3,4 mm, TR 1,53, CR 1,02
Männchengestalt.

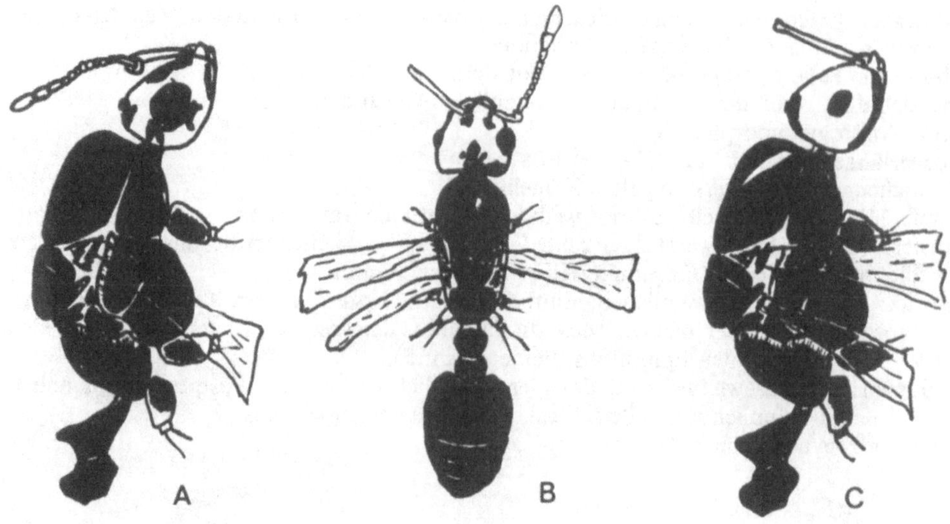

Abb. 18
Androgynomorph Nr. (XVI).

Kopf: Weiblich mit männlich sklerotisierten Spots im Ocellenbereich, am hinteren und unteren Rand des rechten Komplexauges, am Ansatz der rechten Antenne und an der linken unteren Kopfseite. Das rechte Komplexauge ist vergrößert (0,37 × 0,25 mm), der rechte Scapus teratologisch.
Thorax: Männlich mit schmalem Streifen weiblicher Kutikula auf der rechten Scutumseite. Der rechte Vorderflügel ist nach hinten gestellt, der Hinterflügel nur als Ansatz vorhanden. Linker Vorderflügel normal männlich, Hinterflügel verkleinert und verkrüppelt. Die Beine sind männlich.
Abdomen: Petiolus, Postpetiolus sowie die Gaster sind rein männlich.

60% der insgesamt untersuchten 25 Tiere trugen Teratologien, die sich wiederum zu 87% ausschließlich auf die Antennen bezogen. Die folgende Auflistung ergibt eine Übersicht über die prozentuale Häufigkeitsverteilung der weiblichen Kutikula in der männlichen Grundgestalt:

Kopf	92%
Kopf—Thorax	92%
Kopf—Thorax allein	8%
Kopf—Thorax—Gaster	16%
Kopf—Thorax—Gaster (allein betroffen)	0%
Kopf—Thorax—Gaster—Petiolus	12%
Kopf—Thorax—Gaster—Petiolus—Postpetiolus	12%
Kopf—Thorax—Gaster—Postpetiolus	4%
Kopf—Thorax—Petiolus (allein betroffen)	76%
Kopf—Thorax—Postpetiolus (allein betroffen)	92%
Kopf—Gaster (allein betroffen)	16%
Kopf—Gaster—Petiolus	12%
Kopf—Gaster—Petiolus—Postpetiolus	12%
Kopf—Gaster—Postpetiolus	16%
Kopf—Petiolus	76%
Kopf—Petiolus—Postpetiolus	72%
Kopf—Postpetiolus	88%

3.2.3. Ergatandromorphismus

Unter ergatandromorphen Tieren verstehen wir nach Abb. 7 Arbeiterinnen mit männlichem Einfluß. Phänotypisch handelt es sich ausschließlich um eindeutig definierte Arbeiterinnen.

Mittels Hitzeschock lassen sich nahezu unbegrenzt derartige Tiere herstellen. Solche Individuen können für ethologische Untersuchungen eingesetzt werden, da ihr Verhalten bei geringen männlichen Einflüssen nicht verändert wird (BERNDT 1982). In der Sammlung des Wissenschaftsbereiches Zoologie befinden sich mehrere Tausend solcher Tiere. KREMER (unveröff.) hat insgesamt 375 Ergatandromorphe detailliert untersucht und beschrieben. Es sollen hier nur einige typische Beispiele aufgeführt werden.

(XVII) Ergatandromorph TD 87 (Abb. 19A)
Körperlänge: 2,9 mm, TR 2,7, CR 0,8
Arbeiterin mit einem Streifen männlicher Kutikula vom rechten Hinterkopf zum Komplexauge. Dieses Auge ist vergrößert (0,2 × 0,17 mm).

(XVIII) Ergatandromorph TD 63 (Abb. 19B)
Körperlänge: 3,1 mm, TR 2,25, CR 0,76
Arbeiterin mit zwei kleinen Spots männlicher Kutikula auf der Kopfunterseite (in der Abb. nicht sichtbar!), einem Fleck auf der rechten mesopleuralen Seite. Linke Mesosternumhälfte männlich sklerotisiert.

(XIX) Ergatandromorph B 43 (Abb. 19C)
Körperlänge: 2,5 mm, TR 2,63, CR 0,78
Arbeiterin mit zentralem Spot männlicher Kutikula auf der Hinterseite des Epinotums und dunkel gefärbtem ersten Gastertergit, auf dem sich ein heller Fleck befindet. Die Gaster ist weiblich.

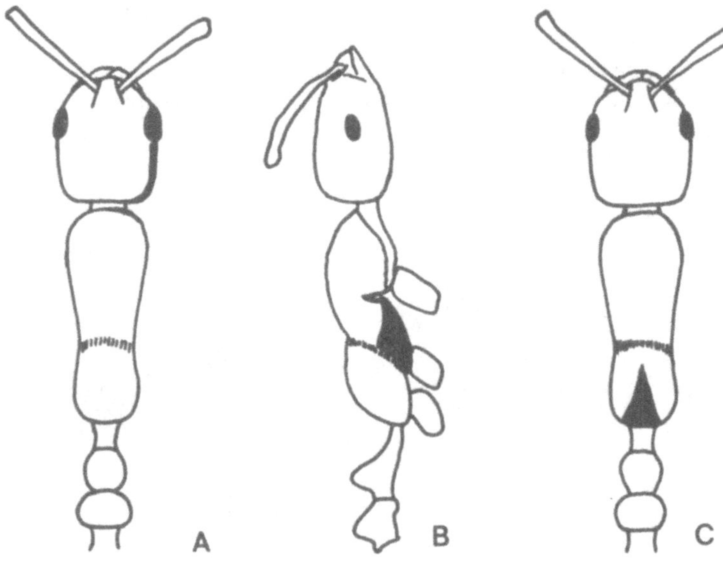

Abb. 19
Ergatandromorphe Pharaoameisen. A — Nr. (XVII); B — Nr. (XVIII); C — Nr. (XIX).

(XX) Ergatandromorph Te 27 (Abb. 20A)
Körperlänge: 2,9 mm, TR 2,25, CR 0,75
Arbeiterin mit einem Spot männlicher Kutikula auf der linken Hinterseite des Postpetiolushöckers.

(XXI) Ergatandromorph Td 21 (Abb. 20B)
Körperlänge: 2,6 mm, TR 2,5, CR 0,75
Arbeiterin mit schmalem Streifen männlicher Kutikula am Hinterrand des Kopfes und im rechten Pronotumbereich. Auf der linken Seite entspringt einem kleinen männlich sklerotisierten Bereich des Mesonotums ein riemenförmig verkrüppelter Vorderflügel.

(XXII) Ergatandromorph 39 (Abb. 20C)
Körperlänge: 2,6 mm, TR 2,51, CR 0,91
Arbeiterin mit Spot männlicher Kutikula im hinteren Bereich des Petiolus und zwei vergrößerten Komplexaugen (0,20 × 0,18 mm).

(XXIII) Ergatandromorph B 12 (Abb. 20D)
Körperlänge: 2,5 mm, TR 2,18, CR 0,8
Arbeiterin mit männlich sklerotisierter linker Epinotumseite und Spot männlicher Kutikula auf der linken Postpetiolusseite.

(XXIV) Ergatandromorph Td 75 (Abb. 21A)
Körperlänge: 2,6 mm, TR 2,17, CR 0,73
Arbeiterinnengestalt.
Kopf: Streifen männlicher Kutikula auf Augenhöhe vom Kopfhinterrand zum linken Auge und in gleicher Höhe an der Ecke des rechten Hinterkopfes.
Thorax: Im mittleren mesonotalen Bereich ist ein männlich sklerotisierter Bereich aufgewölbt und zum übrigen weiblichen Mesothorax durch eine Naht abgegrenzt. Im linken mesopleuralen Bereich befindet sich ein Fleck männlicher Kutikula wie auch auf der rechten Hinterseite des Epinotums.

(XXV) Ergatandromorph A 35 (Abb. 21B)
Körperlänge: 2,6 mm, TR 2,06, CR 0,78
Arbeiterinnengestalt.
Kopf: Streifen männlicher Kutikula an der rechten Wange zum Auge ziehend. Flecke auf der Kopfunterseite.
Thorax: Im mesonotalen Bereich männliche sklerotisierte Teile aufgewölbt. Sie entsprechen Teilen des Scutums und Scutellums. Rechte mesopleurale Seite und Mesosternum sind

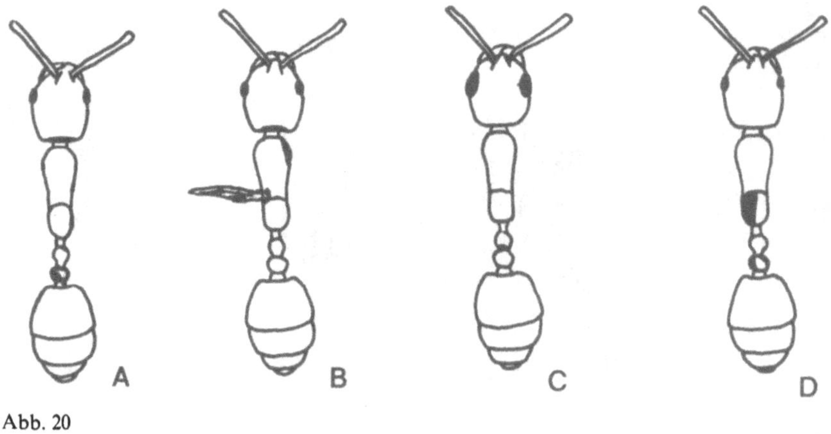

Abb. 20
Ergatandromorphe Pharaoameisen. A — Nr. (XX); B — Nr. (XXI); C — Nr. (XXII) und D — Nr. (XXIII).

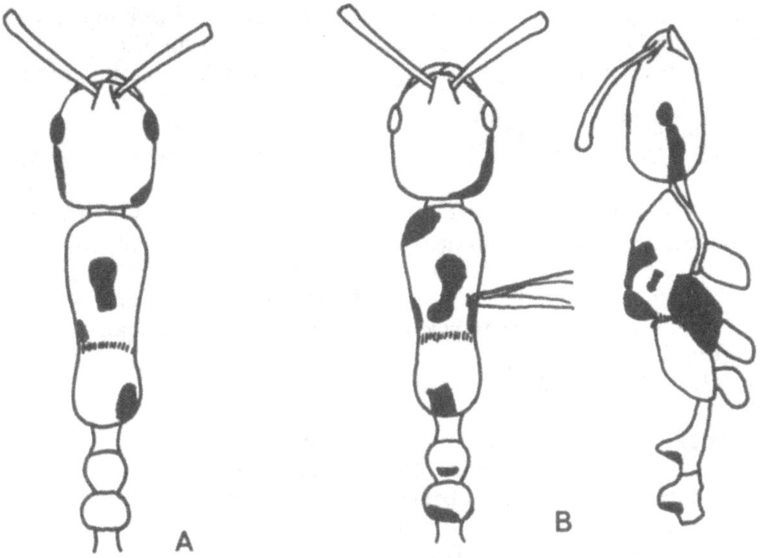

Abb. 21
Ergatandromorphe Pharaoameisen. A — Nr. (XXIV) und B — Nr. (XXV).

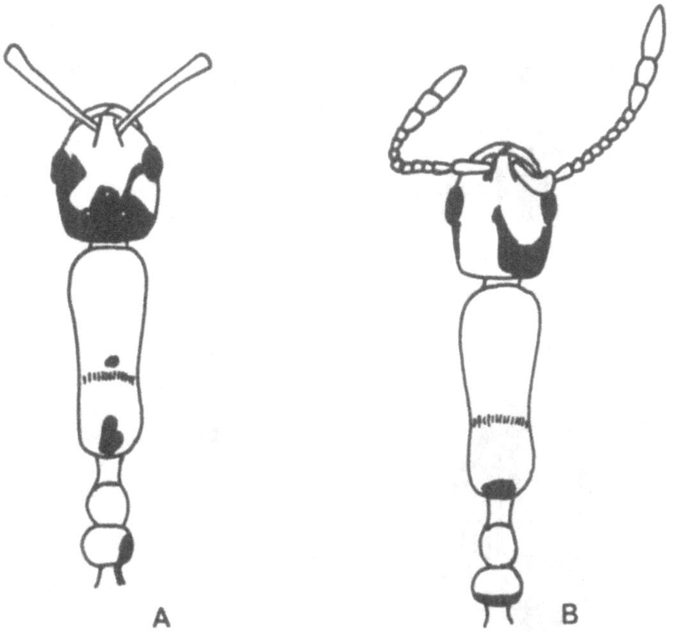

Abb. 22
Ergatandromorphe Pharaoameisen. A — Nr. (XXVI) und B — Nr. (XXVII).

männlich, die linke Seite ist nicht differenziert. Linke Epinotumseite mit Fleck männlicher Kutikula. Ein rechter Vorderflügel ist ausgebildet. Er ist am Ende verkrüppelt.
Abdomen: Hinterseiten von Petiolus und Postpetiolus tragen männliche Kutikulaflecke. Die Gaster ist weiblich.
(XXVI) Ergatandromorph Td 23 (Abb. 22A)
Körperlänge: 2,7 mm, TR 2,08, CR 0,83
Arbeiterinnengestalt.
Kopf: Obere hintere Hälfte männlich sklerotisiert. Umschließt drei darin enthaltene Ocellen. Als Streifen reicht die männliche Kutikula auf der Kopfoberseite bis an die Komplexaugen.
Thorax: Punktförmige Flecken männlicher Kutikula im Bereich der linken Mesopleuren und des Scutellums. Im Scutellumbereich etwas aufgewölbt. Mittlerer Bereich des Epinotums männlich. Postpetiolus besitzt an rechter Seite einen Streifen männlicher Kutikula.
(XXVII) Ergatandromorph D 1 (Abb. 22B)
Körperlänge: 2,7 mm, TR 2,73, CR 0,82
Arbeiterinnengestalt.
Kopf: Männlich sind die rechte hintere Kopfseite bis einschließlich Auge; ein in der Kopfmitte von hinten bis auf Augenhöhe ziehender Streifen und ein nach hinten ziehender Streifen über dem linken Auge. Die linke Mandibel ist männlich. Beide Antennen sind teratologisch aberriert.
Thorax: Punktförmiger Fleck männlicher Kutikula auf der rechten mesopleuralen Seite. Hintere mittlere Fläche des Epinotums ist ebenfalls männlich sklerotisiert.
Abdomen: Postpetiolus an der Hinterseite des Dorsalhöckers männlich.

Abb. 23
Ergatandromorph Nr. (XXVIII).

(XXVIII) Ergatandromorph Te 64 (Abb. 23)
Körperlänge: 2,9 mm, TR 1,73, CR 0,82
Arbeiterinnengestalt.
Kopf: Zwischen den Augen drei kleine Flecken männlicher Kutikula, ebenso an den beiden Augen dorsal je ein Fleck. Von der rechten Kopfhinterseite seitlich zum rechten Auge und zur Kopfmitte ein Streifen männlicher Kutikula, in dem der mittlere Ocellus ausgebildet ist. Beide Augen sind vergrößert (0,23 × 0,17 mm).
Thorax: In der Mitte des mesonotalen Bereichs eine männlich sklerotisierte Erhebung, die im vorderen Teil nach links verläuft und sich bis zur mesopleuralen Region erstreckt. Ihr entspringt ein verkrüppelter Vorderflügel. Je ein Fleck männlicher Kutikula befindet sich im vorderen rechten mesopleuralen Bereich und an der linken Hinterseite des Mesosternums.
Abdomen: Petiolus mit einem männlichen Fleck im hinteren Bereich. Die Gaster ist arbeiterinnenartig, insgesamt dunkelbraun mit hellem zentralen Spot auf dem ersten Tergit.

Einen Überblick über die Gesamtheit der bei den 375 untersuchten Ergatandromorphen aufgetretenen männlichen Kutikulabildungen gibt die Abb. 24. Sie zeigt die prozentuale Häufigkeitsverteilung der Spots auf den einzelnen Körperabschnitten.

3.2.4. Androergatomorphismus (Androergate)

Es handelt sich bei dieser Kategorie um phänotypische Männchen mit Arbeiterinnenmerkmalen (vgl. Abb. 1 in Tafel X, Abb. 5 in Tafel X oben 2. v. rechts!). Zu Beginn unserer Arbeiten traten arbeiterinnengroße Männchen in größerer Anzahl auf, wurden allerdings nicht konserviert, sondern fotografiert. Die Beschreibung muß hier in Auswahl nach den vorhandenen Diapositiven erfolgen. Eine Color-Abbildung derartiger Formen findet sich in dem populärwissenschaftlichen Beitrag von Berndt (1979). Diese Abbildung zeigt eine Reihe von Androergatomorphen mit normalen Arbeiterinnen bei der Nahrungsaufnahme am Zuckerwassertropfen. Es lassen sich neben Größen- auch Farbvergleiche ziehen. Die Abb. 1 in Tafel X zeigt ebenfalls zwei derartige Tiere.
(XXIX) Androergatomorph (Abb. 1 in Tafel X).
Körperlänge: 2,7 mm, TR —, CR 0,83
Gestalt eines arbeiterinnengroßen Männchens.
Kopf: Kopf vollständig arbeiterinnenartig.
Thorax: Der Thorax entspricht dem eines Männchens von Arbeiterinnengröße. Die Flügel sind vollentwickelte, aber stark verkleinerte Männchenflügel und werden auch in der typischen Haltung getragen. Die Beine sind vollständig männlich. Die Bewegung der Tiere entspricht dem hastigen, ruckweisen Lauf der Männchen. Das Verhalten des Tieres entspricht sonst einer Arbeiterin (Brutpflege, Trophallaxis). Ein weiblicher Einfluß ist nur in zwei kleinen streifenförmigen Spots auf dem Scutum nachweisbar.
Abdomen: Petiolus, Postpetiolus und Gaster sind vollständig männlich ausgebildet.

(XXX) Androergatomorph
Körperlänge: 2,8 mm TR —, CR 0,89
Gestalt eines kleinen Männchens.
Kopf: Kopf wie Arbeiterin. Der hintere rechte Teil einschließlich des Komplexauges stark männlich beeinflußt. Auge jedoch nur wenig vergrößert.
Thorax: Der Thorax ist bis auf einige Spots weiblicher Kutikula auf dem Pronotum und dem Scutum in Färbung und Skleritbau männlich. Flügel fehlen.
Abdomen: Stielchen und Gaster sind rein männlich ohne jeden weiblichen Einfluß.

(XXXI) Androergatomorph
Körperlänge: 2,9 mm

Gestalt eines kleinen Männchens.
Kopf: Der Kopf trägt männliche Antennen mit leicht deformierten Scapi. Er ist auf der hellbraunen Arbeiterinnengrundgestalt dicht mit kleinen Flecken männlicher Kutikula besetzt.
Thorax: Der Thorax ist von männlicher Grundgestalt mit männlichen, leicht deformierten Flügeln und einem Mosaik weiblicher Kutikularflecken. Die Beine sind vollständig männlich.
Abdomen: Die Gaster ist wie der Petiolus rein männlich, der Postpetiolus besitzt weiblichen Einfluß auf dem linken hinteren Teil.

3.2.5. Klassische Halbseitengynander

Unter klassischen Halbseitengynandern versteht man Gynandromorphe als ideale laterale Gynander bzw. Ergatander. Eine Hälfte entspricht also dem weiblichen, die andere Hälfte dem männlichen Geschlecht. Wir konnten neben Formen, die dem klassischen Halbseitengynander nahekamen nur zwei vollständig ausgebildete Halbseitengynander finden. Die beiden beschriebenen Tiere sind in der Sammlung nicht enthalten, aber umfangreich fotografisch dokumentiert worden.

(XXXII) Halbseitengynander (Abb. 25, Abb. 3 in Tafel X).
Körperlänge: nicht vermessen, TR 2,08, CR 1,0
Vollständiger lateralsymmetrischer Halbseitengynander, rechts männlich, links weiblich (Königin).

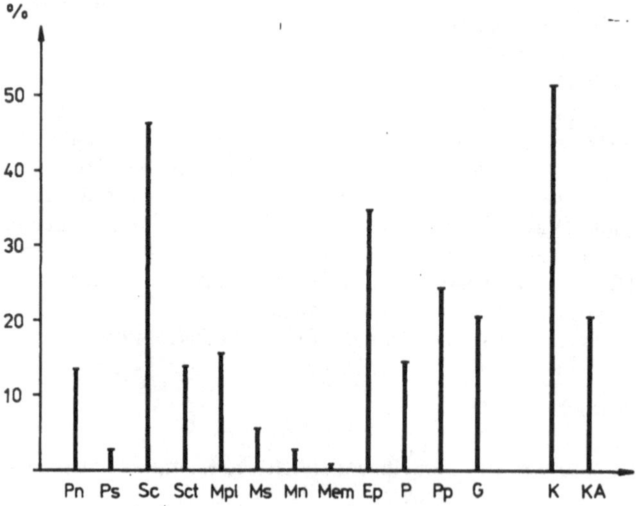

Abb. 24
Übersicht über die bei 375 Ergatandromorphen aufgetretenen männlichen Kutikulabildungen. Dargestellt ist die prozentuale Häufigkeitsverteilung auf den einzelnen Körperabschnitten (Ep Epinotum, G Gaster, K Kopf, KA Mesepimeron, Mem Metepimeron, Mn Metanotum, Mpi Mesepisternum, Ms Mesosternum, P Petiolus, Pn Pronotum, Pp Postpetiolus, Ps Proscutellum, Sc Scutum, Sct Scutellum).

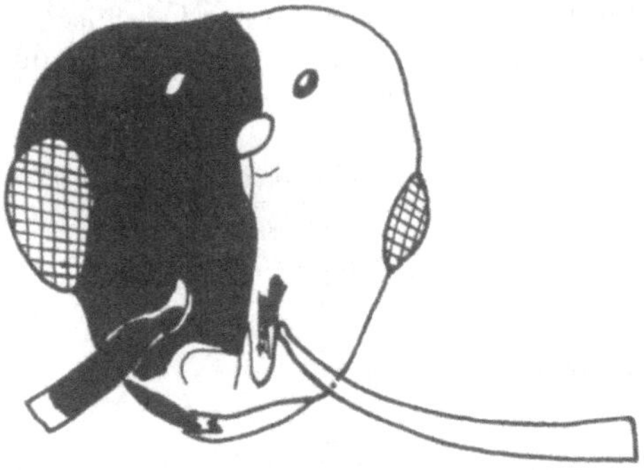

Abb. 25
Klassischer Halbseitengynander der Pharaoameise (Nr. XXXII).

Kopf: Die Abb. 25 zeigt den Kopf. Die scharfe Grenze zwischen Männchen und Weibchen wird nur im Bereich des vorderen Ocellus unregelmäßig. Während die beiden hinteren Ocellen dem Geschlecht entsprechend normal ausgebildet sind, ist der vordere Ocellus vergrößert und unregelmäßig gestellt. Der nach vorn zeigende Kutikularbereich zeigt strukturelle Unregelmäßigkeiten. Sonst gibt es im Kopfbereich keine teratologischen Veränderungen. Die Mundwerkzeuge (Abb. 3 in Tafel X) sind normal männlich bzw. weiblich ausgebildet und zeigen eigenartige „Fraßgänge" unbekannter Ursache. Die Glossa zeigt in der Mitte leichte Asymmetrien. Die Antennen sind normal ausgebildet.
Thorax: Thorax zeigt relativ scharfe Trennung zwischen männlicher und weiblicher Seite. Er entspricht weitgehend dem der Nr. XXXIII.
Gaster: Die Gaster ist ebenfalls symmetrisch geteilt. Über die Geschlechtsorgane kann nichts ausgesagt werden, da dieses Tier bis zum Tode ungestört in der intakten Kolonie verblieb. Da das Tier nach dem Tode sofort von den Arbeiterinnen zerstückelt wurde, ging die Gaster verloren und nur Kopf und Thorax konnten untersucht werden.

(XXXIII) Halbseitengynander (Abb. 2 in Tafel X)
Körperlänge: 3,52 mm TR 2,16, CR 0,98
Vollständiger lateralsymmetrischer Gynander, rechts weiblich (Königin) und links männlich.
Kopf: Entspricht auch in der Ausbildung der Ocellen vollständig dem der Nr. XXXII.
Thorax: Das Scutum zeigt eine scharfe Trennung zwischen männlicher und weiblicher Seite, allerdings verläuft diese Grenze nicht in der Mitte, sondern etwas auf der weiblichen Seite. Der weibliche Flügel ist nicht normal gestellt, sondern entspricht dem von Interkasten. Es ließen sich aber keine morphologischen Hinweise auf Interkastenmerkmale finden. Durch die unterschiedliche Form der Thoraxausbildung bei Männchen und Königin (vgl. Kap. 2) ist der Gesamtthorax nicht völlig symmetrisch getrennt, wie dies auch aus Abb. 2 in Tafel X zu ersehen ist. Die Ausbildung der paarig angelegten Sklerite (z. B. Proscutelli, laterale Sklerite) entspricht entweder dem männlichen oder dem weiblichen Geschlecht. Bei unpaaren Strukturen wie dem Scutellum verläuft die Grenze nicht völlig symmetrisch.
Gaster: Die Gaster ist weitgehend symmetrisch aufgeteilt. Das Stielchen zeigt ebenfalls eine ziemlich klare symmetrische Trennung. Interessanterweise weist der männliche Gasterteil fünf Segmente, der weibliche dagegen nur vier auf, ohne daß das äußere Erscheinungsbild der Gaster beeinträchtigt wird. Die männlichen äußeren Geschlechtsorgane sind normal ausgebildet (vgl. BERNDT & FISCHER 1983). Die weibliche enthält einen unvoll-

ständigen Stachelapparat und ein degeneriertes Ovar. Leider konnten an den Geschlechtsorganen keine detaillierten Untersuchungen durchgeführt werden. Die Hoden waren vollständig atrophiert, doch entspricht dies dem normalen altersabhängigen Entwicklungszustand (PRÜSS 1979).

Das Verhalten dieses Tieres konnte über mehrere Monate untersucht werden. Eine genaue Darstellung erfolgt an anderem Orte.

4. Gynergatandromorphismus bei der Pharaoameise

Neben dem Gynandromorphismus gibt es Zwischenformen zwischen den Kasten, die Gynergaten oder Ergatogynen (HALL & SMITH 1953). Zum ersten Male haben BERNDT & KREMER (1983) Zwischenformen aus Gynandromorphen und Gynergaten beschrieben. Die Identifizierung derartiger Tiere ist nicht immer einfach, vor allem dann nicht, wenn die für Interkasten typischen Merkmale vom männlichen Einfluß überdeckt werden. Die möglichen bzw. zu erwartenden Kategorien wurden bereits vorn aufgeführt. Es wurden von uns 55 Tiere analysiert, die im Folgenden kurz charakterisiert werden.

4.1. Gynergatandromorphismus sensu stricto

Es handelt sich nach BERNDT & KREMER (1983) um Gynergatomorphe mit männlichem Einfluß. Von den insgesamt 55 untersuchten Tieren waren 25 dieser Kategorie zuzuordnen. BERNDT & KREMER (1983) haben an einem Beispiel anhand rasterelektronenoptischer und makrofotografischer Aufnahmen diese Kategorie beschrieben. Hier sollen noch einige weitere typische Individuen dargestellt werden.

(XXXIV) Gynergatandromorph C 1 (Abb. 26)
Körperlänge: 2,7 mm, TR 1,76, CR 0,83
Kopf: Männliche Färbung am Hinterkopf und an der rechten hinteren Kopfunterseite. Augen und Antennen wie Arbeiterin.
Thorax: Scutum ausgebildet, besitzt männliche Kutikulabereiche: Breiter Streifen an der linken Seite, rechts weiblich mit kleinen schwarzen Flecken. Scutellum nur auf der linken Seite differenziert. Linke mesopleurale Seite und Mesosternum männlich sklerotisiert. Epinotum zentral Fleck männlicher Kutikula. Rechte vordere Seite des Pronotums männlich, ebenso rechte Hälfte des Mesosternums. Rechtes Vorderbein mit männlich gefärbter Coxa. Linker Flügel nur als Stummel angesetzt.
Abdomen: Petiolus männlich sklerotisiert, rechte Seite mit weiblichem Einfluß. Die Gaster ist arbeiterinnenähnlich mit dunkler Zeichnung auf dem 1. und 2. Tergit.

(XXXV) Gynergatandromorph 165 (Abb. 27)
Körperlänge: 3,9 mm, TR 1,77, CR 0,89
Kopf: Flecken männlicher Kutikula hinter dem rechten Auge, an der linken Schläfe und im Bereich der Ocellen. Gering vergrößertes Komplexauge rechts (0,14 × 0,16). Linkes Auge 0,14 × 0,11. Drei Ocellen ausgebildet, Antennen weiblich.
Thorax: Scutum stark reduziert, linke Seite männlich sklerotisiert. Linkes Proscutellum männlich, rechtes fehlend. Scutellum zu mehr als 50% männlich. Auf rechter Epinotumseite ein Fleck männlicher Kutikula.
Abdomen: Petiolus rechts männlich, links weiblich ausgebildet. Postpetiolus männlich, in der Mitte und jeweils seitlich weiblich beeinflußt.

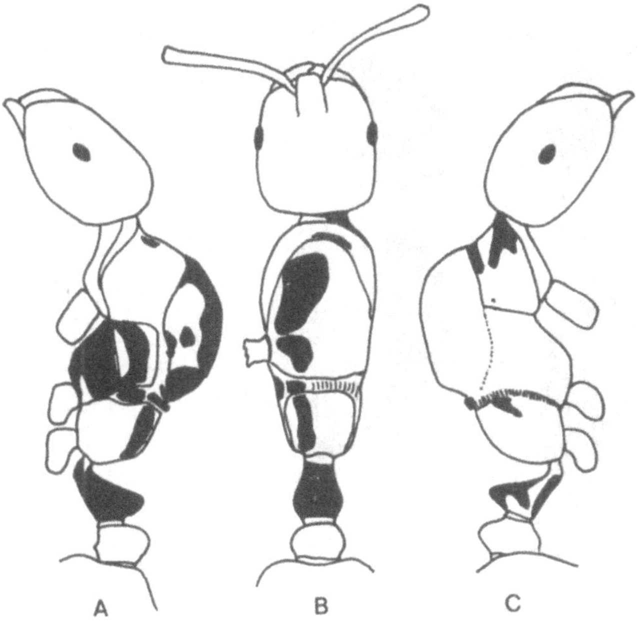

Abb. 26
Gynergatandromorph Nr. (XXXIV).

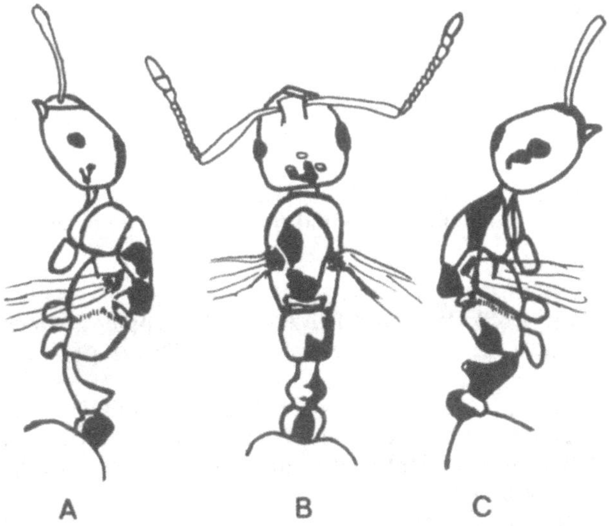

Abb. 27
Gynergatandromorph Nr. (XXXV).

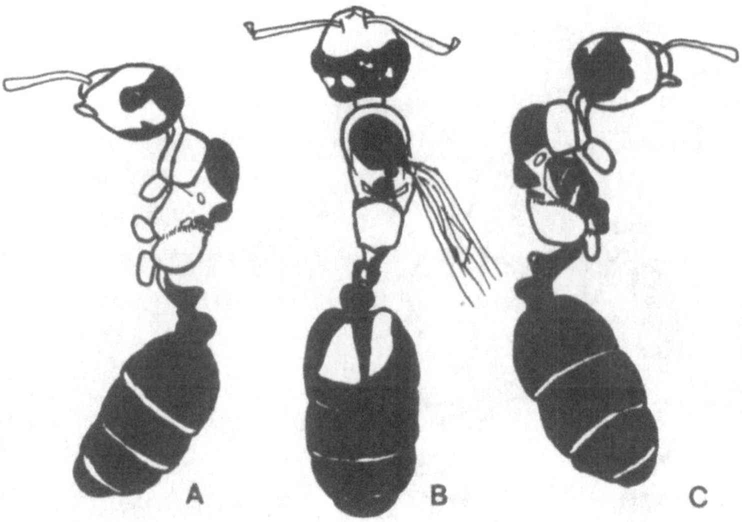

Abb. 28
Gynergatandromorph Nr. (XXXVI).

(XXXVI) Gynergatandromorph 166 (Abb. 28).
Körperlänge: 3,2 mm, TR 1,7, CR 1,0
Kopf: Hintere Kopfhälfte dorsal und lateral männlich, die Augen miteingeschlossen und vergrößert (rechts: 0,23 × 0,18, links: 0,17 × 0,2). Rechter und mittlerer Ocellus ausgebildet, letzterer als Doppelocellus.
Thorax: Scutum weit nach vorn reichend. Wie rechter Teil des Proscutellums und verkleinertes Scutellum männlich. Mesonotum differenziert. Rechts Mesopleuren und Mesosternum mit männlicher Kutikula. Rechtes Mittelbein männlich.
Abdomen: Petiolus weiblich mit links männlich beeinflußtem Höcker. Postpetiolus nahezu vollständig männlich.
Gaster weiblich, sehr dunkel und mit hellem Spot auf dem 1. Tergit.

4.2. Ergatogynandromorphismus

Ergatogynandromorphe Pharaoameisen sind männlich beeinflußte Interkasten, die phänotypisch als Arbeiterinnen erscheinen. Derartige Individuen sind eindeutig zu klassifizieren.

(XXXVII) Ergatogynandromorph E 43 (Abb. 30A)
Körperlänge: 2,4 mm, TR 1,8, CR 0,81
Kopf: Ein breiter Streifen männlicher Kutikula an der Hinterseite des Kopfes erstreckt sich rechts bis unterhalb des Auges und erreicht links das Auge beinahe. Das Auge ist vergrößert (0,23 × 0,21 mm).
Thorax: Scutum nur teilweise ausgebildet, nur nach vorn begrenzt. Es besitzt in der Mitte am vorderen Rand einen Spot männlicher Kutikula, rechts im Bereich der Mesopleuren ist der Thorax männlich sklerotisiert, auf gleicher Höhe auch auf dem Epinotum. Rechte Coxa des Vorderbeins ist männlich gefärbt.
Abdomen: Petiolus und Postpetiolus auf der rechten Seite des Höckers mit dunklen Flecken.
Die Gaster ist arbeiterinnenähnlich, ohne Gonaden.

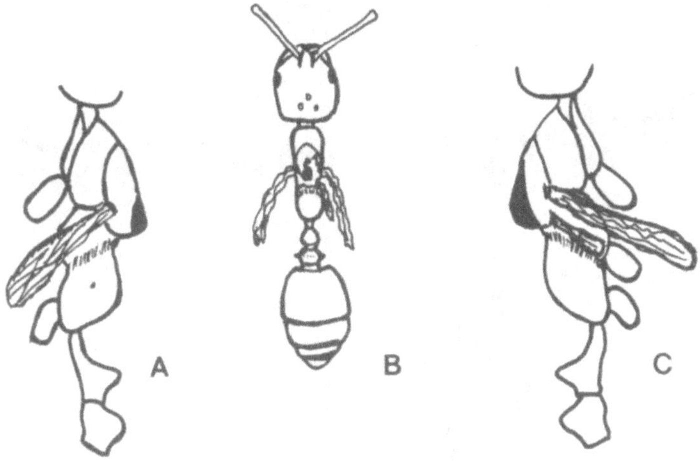

Abb. 29
Ergatogynandromorph Nr. (XXXVIII).

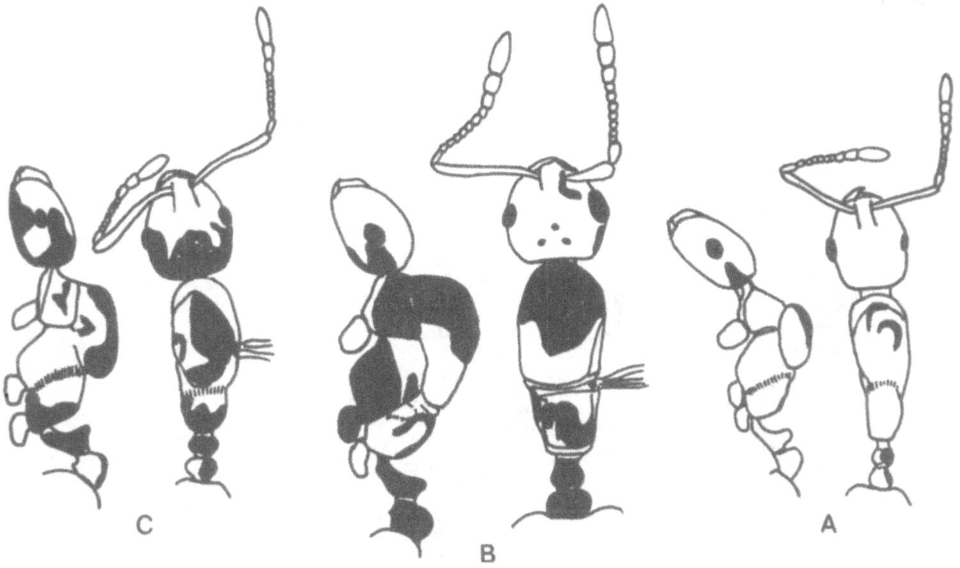

Abb. 30
A — Ergatogynandromorphe Pharaoameise Nr. (XXXVII); B — Androgynergatomorph Nr. (XLVII); C — Ergatandrogynomorph Nr. (XLII).

(XXXVIII) Ergatogynandromorph 55 (Abb. 29)
Körperlänge: 4,1 mm, TR 1,7, CR 0,92
Kopf: Entspricht der Königinnen, mit normalen Ocellen und Antennen.
Thorax: Scutum überdeckt die Hälfte des Thorax, besitzt in der Mitte einen kleinen männlichen Spot. Scutellum sehr klein, männlich sklerotisiert und aufgewölbt. Rechter Vorder- und Hinterflügel und linker Vorderflügel verkrüppelt, linker Hinterflügel fehlend.
Abdomen: Stielchen weiblich, ebenso wie Gaster. Postpetiolus mit kurzen seitlichen Spitzen.

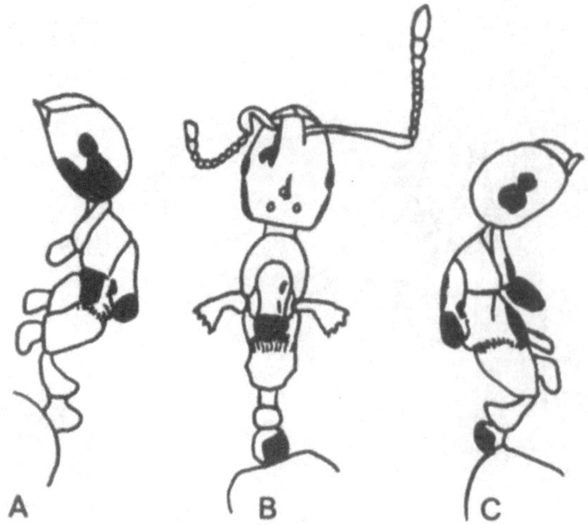

Abb. 31
Ergatogynandromorph Nr. (XXXIX).

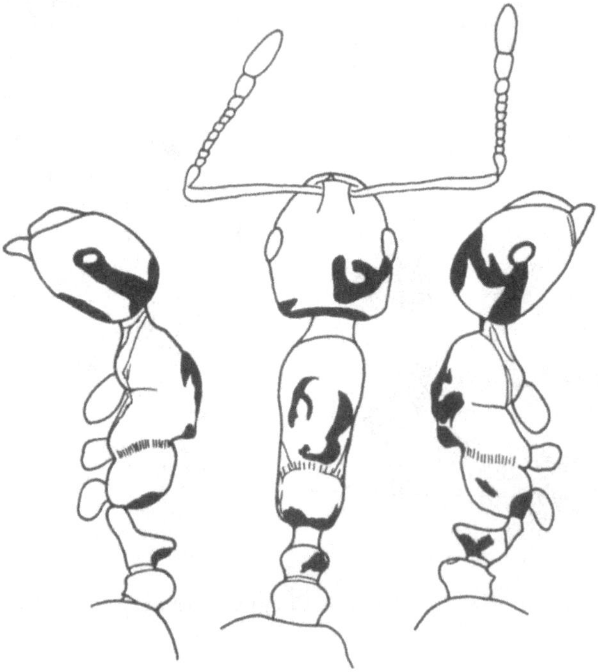

Abb. 32
Ergatogynandromorph Nr. (XL).

(XXXIX) Ergatogynandromorph 71 (Abb. 31)
Körperlänge: 3,6 mm, TR 1,8, CR 0,8
Kopf: Rechte Seite vom Auge bis zum Hinterkopf und links hinter dem Auge männliche Kutikula. 3 Ocellen sind ausgebildet. 2 kleine Spots männlicher Kutikula im Bereich der Ocellen und am Ansatz der linken Antenne, deren Scapus im 2. Drittel um 120° gebogen

und verkürzt ist. Flagellum nicht vollständig erhalten. Die rechte Antenne ist normal weiblich ausgebildet.
Thorax: Das Scutum erstreckt sich bis zur Hälfte des Thorax nach vorn. Scutellum mit männlicher Kutikula, stark aufgewölbt. Linkes Mesepisternum männlich. Zwei Vorderflügel sind ausgebildet. Sie zeigen die typische Interkastenstellung. Die Unterseite des rechten Mesosternums ist männlich sklerotisiert, die Coxa des rechten Vorderbeins männlich gefärbt.
Abdomen: Stielchen weiblich. Der Postpetiolus trägt im hinteren rechten Bereich männliche Kutikula. Das 1. Tergit der Gaster zeigt dunkle Zeichnung mit zwei hellen Spots.

(XL) Ergatogynandromorph (Abb. 32)
Körperlänge: 3,7 mm, TR 1,9, CR 0,7
Kopf: Gula vor allem linksseitig männlich beeinflußt, ebenso wie Occiput. Vom rechten Auge zieht sich sowohl zum Scheitel wie auch über die Wange zum Hinterhaupt ein breiter Streifen männlicher Kutikula. Ocellen fehlend.
Thorax: Scutum angedeutet, von männlicher Kutikula teilweise begrenzt. Rechts Scutellum als auch Metanotum männlich. Epinotum am Ende und rechtsseitig mit männlichem Einfluß. Beine weiblich.
Abdomen: Stielchen weiblich, nur das hintere und obere Gebiet rechtsseitig männlich beeinflußt. Gaster vollständig weiblich.

4.3. Androgynoergatomorphismus

Es handelt sich hierbei um phänotypische Männchen mit Interkastenmerkmalen, bei denen der Königinnenanteil überwiegt.

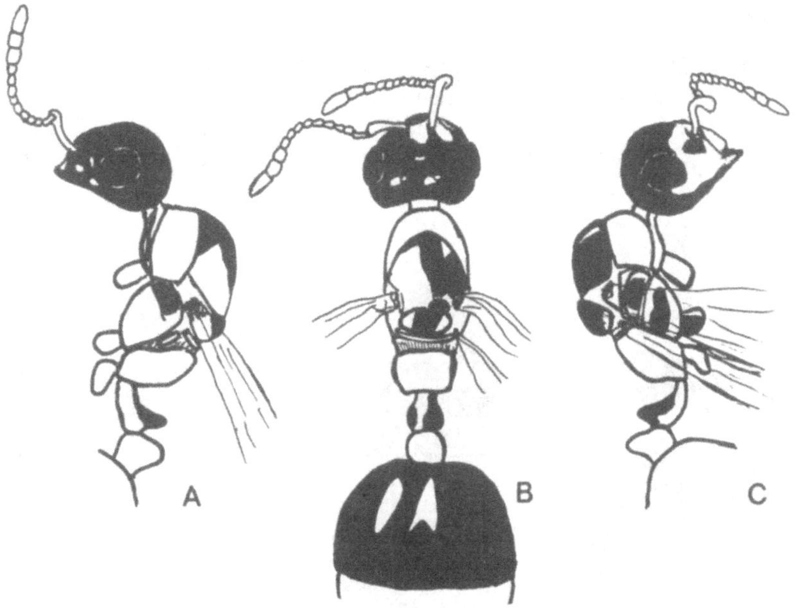

Abb. 33
Androgynergatomorph Nr. (XLI).

(XLI) Androgynergatomorph 204 (Abb. 33)
Körperlänge: 4,1 mm, TR 1,65, CR 1,12
Kopf: Grundgestalt männlich. Vor dem linken Auge drei kleine Flecken weiblicher Kutikula, vor dem rechten Auge ein ausgedehntes Areal weiblicher Kutikula, das Clypeus und Frons teilweise einschließt. Beide Scapi entspringen jedoch männlich beeinflußten Flächen und sind teratologisch aberriert. Der Scapus der linken Antenne ist am Ende wenig gebogen und verdickt, mit 11-gliedrigem Flagellum. Der Scapus der rechten Antenne ist gedreht und besitzt ebenfalls ein 11-gliedriges Flagellum. Es sind drei Ocellen ausgebildet, die an je einem kleinen Fleck weiblicher Kutikula liegen. Die rechte Mandibel ist weiblich, die linke männlich. Die Augengröße beträgt 0,24 × 0,26 mm.
Thorax: Das Scutum bedeckt den Thorax nicht vollständig. Seine rechte Hälfte und sein vorderer Rand an der linken Seite sind männlich sklerotisiert. Das rechte Proscutellum ist männlich, das linke fehlt. Mittlerer Teil des Scutellums männlich. Auf der linken Seite ist die Naht zwischen Mesopleurum und Mesosternum nicht vollständig ausgebildet. Die rechte Seite ist vollständig männlich differenziert. Rechts sind beide Flügel ausgebildet, links nur der Vorderflügel. Die Coxa des rechten Mittelbeines ist männlich gefärbt.
Abdomen: Der Postpetiolus ist völlig weiblich, während der Petiolus in der Kuppe stark männlich beeinflußt ist. Das erste Tergit der Gaster ist männlich mit zwei weiblichen Flecken, die übrige Gaster ist weiblich.

4.4. Ergatandrogynomorphismus

Hierunter verstehen wir Individuen, die phänotypisch Arbeiterinnen mit starkem männlichen Einfluß sind, aber auch Merkmale der Königin in geringem Ausmaße zeigen. Am sichersten sind diese Tiere dann zu erkennen, wenn Sklerite auftreten, die bei der Arbeiterin fehlen und die nicht schwarz gefärbt sind.

(XLII) Ergatandrogynomorph D 36 (Abb. 30C)
Körperlänge: 2,8 mm, TR 1,7, CR 0,91
Kopf: Dorsale hintere Hälfte bis an die Komplexaugen reichend männlich sklerotisiert. Komplexaugen in Arbeiterinnengröße. Drei Ocellen sind ausgebildet.
Thorax: Scutum reduziert, doch neben männlichen Anteilen vor allem rechtsseitig auch Merkmale der Königin. Scutellum und rechtes Proscutellum männlich, Metanotum und

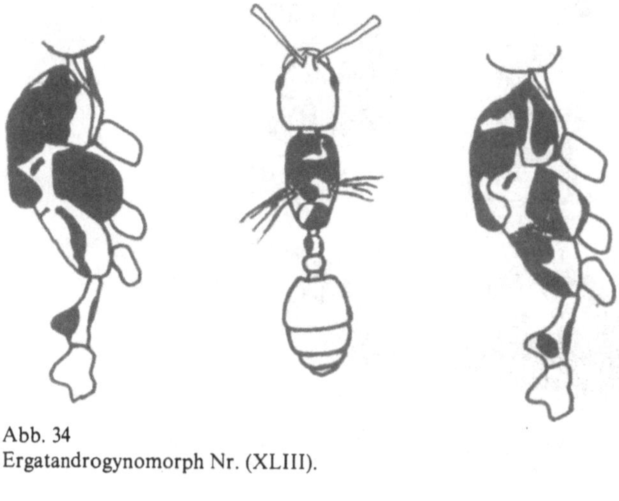

Abb. 34
Ergatandrogynomorph Nr. (XLIII).

Metepimeren fehlend. Die linke mesothorakale Seite arbeiterinnenähnlich, rechte männlich differenziert. Rechter Vorderflügel ist ausgebildet. Die Beine sind weiblich.
Abdomen: Petiolus und rechte Seite des Postpetiolus sind männlich sklerotisiert, die Gaster ist arbeiterinnenartig.

(XLIII) Ergatandrogynomorph A 31 (Abb. 34)
Körperlänge: 2,6 mm, TR 1,68, CR 0,8
Kopf: Reiner Arbeiterinnenkopf.
Thorax: Stark männlich sklerotisiert: Scutum männlich mit kleiner Fläche weiblicher Kutikula von der Mitte zur rechten Seite reichend. Scutellum links männlich. Auf dem Pronotum sind auf beiden Seiten große Anteile männlich. Mesopleuren männlich. Mesosternum links vollständig, rechts nur im hinteren oberen Bereich männlich. Metanotum, Metepimeren und Proscutellum nicht differenziert. Die Vorderflügel sind ausgebildet und zeigen Interkastenstellung. Die Beine sind weiblich. Das Epinotum ist in der Mitte und rechts männlich sklerotisiert.
Abdomen: Der Petiolus trägt männliche Flecken an beiden Seiten der Höckers, der Postpetiolus ist rein weiblich. Die Gaster entspricht völlig der einer Arbeiterin.

4.5. Androergatogynomorphismus

Androergatogynomorphe Tiere sind phänotypisch Männchen (vgl. aber Abb. 35), die als Interkasten als Ergatogynomorphe anzusprechen sind.

(XLIV) Androergatogynomorph A 43 (Abb. 35)
Körperlänge: 2,7 mm, TR 1,68, CR 0,86.
Kopf: Arbeiterinnenartig. Ein bandförmiger Spot männlicher Kutikula, der sich am Kopfhinterrand zwischen den Augen erstreckt. Rechts reicht er auf der unteren Kopfseite bis zur rechten Mandibel, die männlich ist.
Thorax: Der Thorax ist nur teilweise differenziert. Das Scutellum ist reduziert und stark männlich beeinflußt. Im Gegensatz zum Metanotum und den Metepimeren sind die Mesopleuren ausgebildet. Scutellum teilweise männlich beeinflußt. Die rechte Seite des Pronotums und der untere Rand der linken Pronotumseite sowie große Flächen des Epinotums männlich. Der rechte Vorderflügel ist ausgebildet, aber an der Spitze verkrüppelt. Die Beine sind weiblich.
Abdomen: Petiolus und Postpetiolus mit kleinen Spots männlicher Kutikula auf den Höckern. Die Gaster ist männchenartig mit hellen Flecken auf dem 1. Tergit.

(XLV) Androergatogynomorph E 69 (Abb. 36)
Körperlänge: 2,6 mm, TR 2,6, CR 0,83
Kopf: Schläfen, Hinterhaupt und hintere Kopfunterseite männlich. Linker hinterer Ocellus fehlend. Die übrigen von männlicher Kutikula umgeben, der vordere als Doppelocellus ausgebildet. Antennen und Mundwerkzeuge weiblich. Die Augen männlich, das rechte etwas verkleinert.
Thorax: Stark männlich sklerotisiert. Das reduzierte Scutum weist nur kleinen Spot weiblicher Kutikula auf. Scutellum völlig männlich. Pro- und Postscutellum nicht differenziert. Nur die Vorderflügel ausgebildet. Pronotum rechts weiblich, links männlich mit geringem weiblichen Einfluß. Naht zwischen Mesepisternum und Mesosternum ausgebildet, beide Sklerite völlig männlich. Coxa des rechten Mittelbeines männlich. Linke Seite des Epinotums stark männlich beeinflußt.
Abdomen: Petiolus mit einem Spot männlicher Kutikula auf der rechten hinteren Hälfte, der Postpetiolus rein weiblich. Die Gaster ist arbeiterinnenartig.

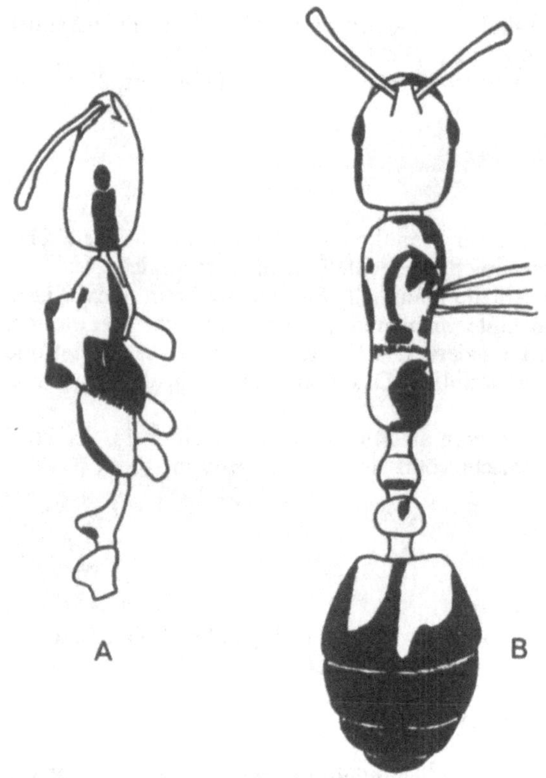

Abb. 35
Androergatogynomorph Nr. (XLIV).

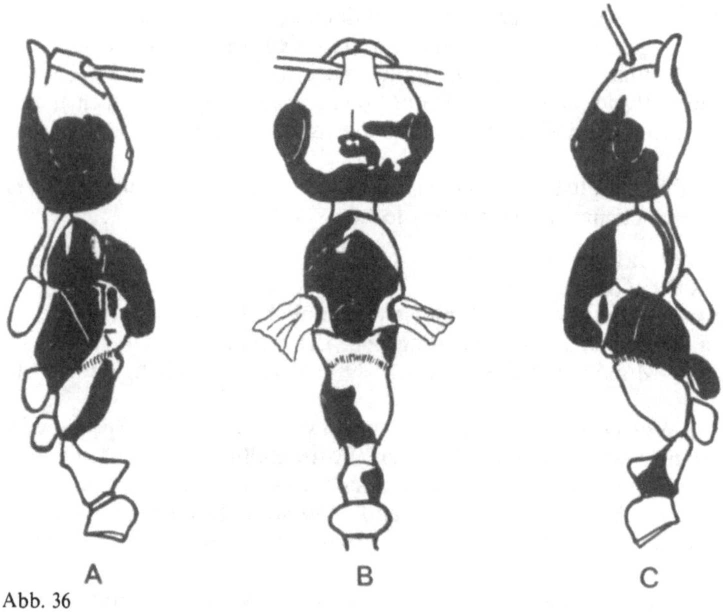

Abb. 36
Androergatogynomorph Nr. (XLV).

Abb. 37
Androergatogynomorph Nr. (XLVI).

(XLVI) Androergatogynomorph A 37 (Abb. 37)
Körperlänge: 2,7 mm, TR 1,64, CR 0,9
Kopf: Vom Hinterkopf erstreckt sich an der linken Kopfseite bis zum Komplexauge ein Band männlicher Kutikula. Das linke Auge wenig größer als das rechte (rechts 0,11 × 0,10 mm, links 0,14 × 0,17 mm). Antennen weiblich. Kopf trägt keine Ocellen.
Thorax: Pronotum weiblich bis auf die untere rechte Seite. Das weitgehend männlich ausgebildete Scutum bedeckt mehr als die Hälfte des Vorderkörpers. Scutellum männlich. Rechte mesothorakale Seite vollständig, links nur teilweise differenziert, z. T. männlich beeinflußt. Metepimeren fehlen. Epinotum zu $^3/_4$ mit männlicher Kutikula. Rechter Vorderflügel interkastenartig ausgebildet, linker Vorder- und Hinterflügel stummelförmig. Beine weiblich.
Abdomen: Petiolus-Höcker rechts männlich gefärbt, Postpetiolus rechts hinten ebenfalls männlich. Gaster vollständig männlich.

4.6. Androgynergatomorphismus

Androgynergatomorphe Tiere sind phänotypisch Männchen, die als Interkasten stärker ausgeprägte Königinnenmerkmale als Arbeiterinnenkennzeichen tragen. Die Einordnung dieser Tiere ist aus mehreren Gründen problematisch (vgl. Diskussion).

(XLVII) Androgynergatomorph C 5 (Abb. 30B)
Körperlänge: 2,6 mm, TR 1,54, CR 1,09
Kopf: Weiblich mit männlich sklerotisierten Seiten; vom Hinterkopf bis an die Augen reichend. Am rechten Fühleransatz kleiner Spot männlicher Kutikula. Scapus verkürzt, am Ende verdickt und etwas gebogen. Pedicellus und Flagellum weiblich. Linke Antenne weiblich. Rechte Mandibel männlich, linke weiblich ausgebildet. Komplexaugen weiblich (rechts vergrößert), Ocellen vorhanden.

Thorax: Dorsaler mesothorakaler Bereich undifferenziert, vorn männlich, hinten weiblich sklerotisiert. Pronotum links männlich, rechts weiblich. Mesopleuren im hinteren Bereich dunkel. Mesosternum links vollkommen, rechts streifenweise männlich sklerotisiert. Mittelteil des Epinotums dunkel. Metanotum links unvollständig differenziert, rechts mit schmalem, ungeäderten Hinterflügel. Metepimeren nur im oberen Bereich differenziert. Beine weiblich.
Abdomen: Petiolus und Postpetiolus völlig männlich. Gaster arbeiterinnenähnlich ohne Gonaden.

5. Diskussion

Intermediärformen zwischen den Geschlechtern oder den Kasten sind seit über 100 Jahren immer wieder beschrieben worden. Es handelte sich überwiegend um rein kasuistische Darstellungen von Material, das beim Sammeln angefallen war. Bereits 1801 beschrieb LAUBENDER „Stacheldrohnen" bei der Honigbiene. Den ersten Halbseitengynander (Ergatandromorph) bei Ameisen beschrieb TISCHBEIN (1851). DALLA TORRE & FRIESE beschrieben in einer ersten Übersicht 1899 bereits 73 gynandromorphe Hymenopteren, die sie nach den betroffenen Körperteilen klassifizieren: (1) laterale, (2) transversale, (3) frontale und (4) gemischte, wobei (1)—(3) selten auftreten. WHEELER und DONISTHORPE stellten in referierenden Arbeiten den Kenntnisstand bei Ameisen wiederholt zusammen. So erwähnt ersterer (1903) 23 gynandromorphe Ameisen, 1914 kommen weitere sieben hinzu. DONISTHORPE (1929) listet für den Zeitraum von 1851—1927 insgesamt 49 gynandromorphe Ameisen auf. 1931 ergänzt WHEELER die von DONISTHORPE übersehenen Fälle und kommt auf 60 Exemplare. DONISTHORPE fand 1946 in einer Kolonie von *Myrmica sabuleti* in Irland 50 Gynandromorphe. Die bekanntgewordenen Gynandromorphen verteilen sich auf insgesamt 22 Ameisengattungen.

Nach BALAZUC (1958) sind bei Hymenopteren mehr als die Hälfte laterale Gynander, der Rest etwa zu gleichen Teilen Frontal- und Mosaikgynander. In der Natur werden Gynandromorphe nur selten gefunden. BUSCHINGER & STOEVESAND (1971) fanden in ihrem umfangreichen Material nur 11 Gynander, und zwar sechs Mosaik- und einen Halbseitengynander. Die anderen waren keiner Kategorie zuzuordnen. Die morphologische Terminologie des Gynandromorphismus ist sehr verwirrend. Eine nichtkritische Zusammenstellung der verwendeten Termini findet man bei DONISTHORPE & MORLEY (1945). Wichtiger als die Kategorien von DALLA TORRE & FRIESE erscheint uns das Ausmaß der Beeinflussung des jeweiligen Geschlechtes zu sein. Daher bevorzugen wir in Anlehnung an WHEELER (1907), DONISTHORPE (1926) und SCHMIDT (1975) die in Abb. 7 dargestellte Klassifikation. Die Termini werden so zusammengesetzt, daß das dominante Geschlecht am Wortanfang steht. Ein Problem ist dabei die Differenzierung des jeweiligen Geschlechtes. Bei unseren Untersuchungen an der Pharaoameise fanden wir niemals weibliche Strukturen mit männlich gefärbter schwarzer Kutikula. Daß dies jedoch nicht auszuschließen ist, zeigten die Befunde von HUNG et al. (1975) an *Solenopsis invicta*.

Nach unserer Meinung ist es nicht zulässig, die gynandromorphen Individuen als Teratologien anzusprechen, wie dies häufig geschieht. Unter Teratologien versteht man Mißbildungen, die außerhalb der Variationsbreite einer Art liegen und nicht pathologisch sind (GAUSS 1962). Allerdings sind Gynandromorphismus und Teratologien oft gekoppelt, wie dies auch aus den vorliegenden Beschreibungen hervorgeht.

Bis auf wenige Ausnahmen (WHEELER 1937, DONISTHORPE 1946) wurden gynandromorphe Ameisen immer nur vereinzelt gefunden, so daß es kaum Vorstellungen über die gesamte Breite gynandromorpher Erscheinungen bei einer Art gab. 1982 fanden wir (BERNDT &

KREMER) eine Möglichkeit, durch subletalen Temperaturschock unter speziellen Bedingungen gynandromorphe Formen bei der Pharaoameise in großer Zahl herzustellen. WHEELER schrieb 1903: „In conclusion we may say that however valuable the above suppositions may be as working hypotheses, we can have no genuine understanding of gynandromorphism till this anomaly can be produced experimentally". In der Folgezeit gab es zahlreiche Versuche, gynandromorphe Individuen experimentell herzustellen. So produzierten RÖSCH (1928) und GREB (1933) durch tiefe Temperaturen bei *Habrobracon spec.* Mosaikformen, bei derselben Art auch durch Bestrahlung (GREB 1933). DONISTHORPE (1946) sieht in starker Vibration einen auslösenden Faktor. HALL & SMITH (1954) fanden trotz ihrer Bemühungen keinen Faktor, der die Entstehung ihrer Gynandromorphen bei der Pharaoameise erklären konnte. Berücksichtigt man die Art ihrer Zuchtmethode, so erscheint es durchaus wahrscheinlich, daß auch diese Tiere durch Hitzeschock entstanden sind. Jedenfalls dürfte als sicher angenommen werden, daß das gehäufte Auftreten von gynandromorphen Pharaoameisen wie auch von *Acromyrmex* und *Cephalotes* auf Schockeinwirkung zurückzuführen ist und nicht genetisch bedingt ist, wie WHITING (1938) für letztere annahm.

Unsere ursprüngliche Vorstellungen, über die Hitzeschockmethode einen experimentellen Zugang zu einer kausalanalytischen Analyse von Gynandern zu haben, ließen sich leider nicht verwirklichen. Unsere Bemühungen scheiterten daran, daß durch die soziale Lebensweise der Pharaoameise starke Entwicklungsverzögerungen auftreten und der genaue Zeitpunkt der Entwicklung, zu dem der auslösende Faktor zur Wirkung kommt, nicht bestimmt werden konnte. Immerhin wissen wir, daß das Ei beeinflußt wird, und zwar sowohl vor als auch nach der Eiablage. Es war auffällig, daß bestimmte Anomalien (z. B. ergatandromorphe Formen, Individuen mit abnormalen Komplexaugen) gehäuft auftraten. So lassen sich nur Aussagen über die Phänologie der Erscheinung des Gynandromorphismus bei der Pharaoameise machen. Spekulationen und Beweise über die Ursachen des Gynandromorphismus, die sich in der Literatur zahlreich finden, sollen hier nicht diskutiert werden.

Bei der Pharaoameise liegen zum Gynandromorphismus nur Angaben von HALL & SMITH (1954) und BERNDT & KREMER (1984) vor. Die vorliegende Arbeit gibt eine Gesamtschau über die möglichen gynandromorphen Formen und macht deutlich, daß die Kombinationsmöglichkeiten unbegrenzt sind. Daß einzelne Körperteile überhaupt nicht beeinflußt sind (vgl. Zusammenstellungen im Text), liegt sicherlich am Umfang des Untersuchungsmaterials. Keinesfalls sollte geschlossen werden, daß irgendwelche kausalen Zusammenhänge dafür verantwortlich sind. Besonders interessant sind in unserem Material Formen, die Kombinationen zwischen Gynandromorphismus und Interkasten (Gynergate und Ergatogyne) darstellen. Solche Formen wurden bisher nicht erkannt. Der Nachweis solcher Individuen wird erst dann möglich, wenn man über ausreichendes Vergleichsmaterial verfügt und die Normalmorphologie der Art im Detail bekannt ist. Es finden sich in der Literatur jedoch Hinweise auf derartige Formen. So beschreibt EMERY (1924) Pseudogynen mit männlichen Gonaden. VANDEL (1931) publizierte die Beschreibung eines Dinergatandromorphen von *Pheidole pallidula.* Dinergatandromorphe (Soldaten) sind wirkliche Kasten wie Arbeiterin und Königin und somit handelt es sich bei diesem Tier nicht um eine Zwischenform zwischen Arbeiterin, Königin und Männchen. Andererseits gibt es ganz deutliche Beschreibungen von Zwischenformen zwischen Arbeiterin, Königin und Männchen, die aber nicht als solche erkannt wurden. So beschrieb NOVAK (1944) einen Gynergatandromorphen von *Myrmica sabuleti* als Gynandromorphen. HALL & SMITH (1953) beschrieben eine Interkaste, die 1954 in einer anderen Arbeit als somatisches Mosaik auftaucht. BERNDT & KREMER (1982) bilden in Abb. 1d ebenfalls einen Gynergatandromorphen ab, der als Gynandromorph sensu stricto angesehen wurde.

Die morphologische Trennung der Kasten **und** Geschlechter hat für ethologische und physiologische Bearbeitungen durchaus ihre Bedeutung und stellt nicht nur ein rein akademisches Problem dar.

Viele unserer gynandromorphen Tiere haben wir über ihre gesamte Lebenszeit auf ihr Verhalten untersucht. Diese Ergebnisse sollen an anderem Orte dargestellt werden.

Literatur

BALAZUC, J. (1958): La Tératologie des Hymenopteroides. — Ann. Soc. ent. France **127**: 167—203.

BERNDT, K.-P. (1979): Porträt eines Schädlings. — Neue Berl. Ill. **35**: 36—37.

— und FISCHER, E. (1983): Zur Mikromorphologie der Chitinstrukturen bei der Pharaoameise *Monomorium pharaonis* (L.) (Hymenoptera, Formicidae). — Biol. Rundsch. **21**: 277—291.

— und KREMER, G. (1982): Heat shock-induced gynandromorphism in the pharaoh's ant, *Monomorium pharaonis* (L.).-Experientia **38**: 798—799.

— (1983): New categories in the gynandromorphism of ants. — Insectes Sociaux **30**: 461—465.

— (1984): A gynandromorph of pharaoh's ant *Monomorium pharaonis* (L.) (Hymenoptera; Formicidae) with a prothoracic wing. — Acta ent. Bohemoslov. **81**: 150—151.

BUSCHINGER, A. und STOEVESAND, H. (1971): Teratologische Untersuchungen an Ameisen. — Beitr. Ent. **21**: 211—241.

DALLA TORRE, K. W. VON und FRIESE, H. (1899): Die hermaphroditen und gynandromorphen Hymenopteren. — Ber. nat.-med. Verein Innsbruck **24**: 1—96.

DONISTHORPE, H. (1929): Gynandromorphism in ants.-Zool. Anz. **82**: 92—96.

— (1946): Fifty gynandromorphous ants taken in a single colony of *Myrmica sabuleti* MEINERT in Ireland. — Ent. **79**: 121—131.

— und MORLEY, B. D. W. (1945): A list of scientific terms used in myrmecology. — Proc. ent. Soc. London **20A**: 43—49.

EMERY, C. (1924): Casi di anomalia e di parasitismo nelle formiche. — Rend. Sess. R. Acad. Sci. Ist. Bologna **28**: 82—89.

GAUSS, R. (1962): Über Anomalien und Monstrositäten bei Insekten verschiedener Ordnungen. — Mitt. bad. Landesver. Naturkd. Natursch. N. F. **8**: 267—274.

GREB, R. J. (1933a): Effects of temperature on production of mosaics in *Habrobracon*. — Biol. Bull. (Woods Hole) **65**: 179—186.

— (1933b): Effects of X-radiation on production of mosaic males and on sexration in *Habrobracon*. — Amer. Nat. **67**: 88—93.

HALL, D. W. und SMITH, I. (1951): Studies in pharaoh's ant, *Monomorium pharaonis* (L.) (6): External characters, size variation and cephalic ratios. — Ent. mon. Mag. **87**: 217—221.

— (1952): — (7): Thoracic structures, typical and atypical. — Ent. mon. Mag. **88**: 97—102.

— (1953): Atypical forms of the wingless worker and the winged female in *Monomorium pharaonis* (Hym. Form.)-Evolution **7**: 127—135.

— (1954): Studies in pharaoh's ant, *Monomorium pharaonis* (L.) (9) Somatic mosaics. — Ent. mon. Mag. **90**: 176—182.

HUNG, A. C., NORTON, W. N. und VINSON, S. B. (1975): Gynandromorphism in the red imported fire ant, *Solenopsis invicta* BUREN (Hymenoptera: Formicidae). — Ent. News **86**: 45—46.

LAUBENDER, B. (1801): Einige Bemerkungen über die von Herrn Schulmeister LUCAS neu entdeckten Stacheldrohnen. — Ökonom. Hefte **17**: 429—437.

NOVAK, V. (1944): Gynandromorphus *Myrmica sabuleti*. — Ent. Listy **7**: 56—59.

PRUESS, W.-R. (1979): Untersuchungen zur Reproduktion der Pharaomeise *Monomorium pharaonis* (L.) unter besonderer Berücksichtigung der akzessorischen Drüsen der Männchen. — Diss. Potsdam, 142 S.

RÖSCH, G. A. (1928): Experimentelle Untersuchungen über die Entstehung von Zwittern bei der Honigbiene (*Apis mellifica* L.) (2.-Mitteilung). — Verh. dtsch. zool. Ges. **32**: 219—226.

SCHMIDT, G. H./Ed./(1975): Sozialpolymorphismus bei Insekten. — Stuttgart, 964 S.

STITZ, H. (1939): Hymenoptera I. Formicidae. — Tierwelt Dtsch., Jena **37**, 428 S.

TISCHBEIN (1851): Zwitter von *Formica sanguinea*. — Stett. ent. Ztg. **12**: 295—297.

VANDEL, A. (1931): Etude d'un Gynandromorphe (Dinergatandromorphe) de *Pheidole pallidula* NYL. (Hyménoptéres-Formicidés). — Bull. Biol. France Belg. **65**: 114—129.

WHEELER, W. M. (1903): Some new gynandromorphous ants with a review of the previously recorded cases. — Bull. Amer. Mus. Nat. Hist. **19**: 653—683.

— (1907): The polymorphism of ants, with an account of some singular abnormalities due to the parasitism. — Bull. Amer. Mus. Nat. Hist. **23**: 1—93.
— (1914): Gynandromorphous ants described during the decade 1903—1913. — Amer. Nat. **48**: 49—56.
WHEELER, W. M. (1928): The social insects, their origin and Evolution. — London, 378 S.
— (1931): Concerning some ant — gynandromorphs. — Psyche **38**: 80—85.
— (1937): Mosaics and other anomalies among ants. — Cambridge, Mass. 95 S.
WHITING, P. W. (1938): Anomalies and cast determination in ants. — J. Hered. **29**: 189—193.

Anschrift der Verfasser:

GÜNTER KREMER
Dr. sc. nat. KLAUS-PETER BERNDT
DDR-1500 Potsdam
Pädagogische Hochschule „KARL LIEBKNECHT“
Wissenschaftsbereich Zoologie
Allee nach Sanssouci, Villa Liegnitz

Buchbesprechungen

Angelika Lang: **Spuren und Fährten unserer Tiere.** BLV Naturführer 1985. 127 Seiten, 176 Farbfotos, 33 Zeichnungen. Format 11.7 × 17.8 cm, broschiert. Preis DM 12.80. BLV Verlagsgesellschaft München, Wien, Zürich. ISBN 3-405-13069-7

Auf Spaziergängen und Wanderungen kann man nicht nur Tiere beobachten, fast ebenso häufig trifft man auf ihre Spuren und Fährten, während die Tiere selbst verborgen bleiben. Für das Kennenlernen solcher Spuren und Fährten bietet der BLV Naturführer eine vorzügliche Einführung, die sich aber auf Wirbeltiere in Feld und Wald beschränkt. Aus dem Titel ist ferner nicht ersichtlich, daß nur ganz wenige wirbellose Tiere Berücksichtigung finden.

Das Buch ist in die fünf Hauptkapitel Fährten, Kotspuren, Fraßspuren, Gewölle und Wohnbauten gegliedert. Darin werden auch so aufschlußreiche Kenntnisse wie die über Federfunde, Rupfungen, Ruhelager, Horste und Nester vermittelt. Jedes Kapitel hat eine Einführung. Die bei uns häufigsten Fährten und Spuren werden ausführlich beschrieben und durch sehr gute farbige Abbildungen beziehungsweise Schwarzweißzeichnungen ergänzt. Ein Register und der Nachweis auf weiterführende Literatur beschließen dieses sehr zu empfehlende Buch, das für Naturfreunde ein wertvoller Begleiter auf Wanderungen sein kann.

Hannemann

Hans Joachim Müller (Hrsg.): **Ökologie.** (Studienreihe Biowissenschaften). 395 Seiten, 109 Abbildungen, 9 Tabellen. Format 11.7 × 18.9 cm. 1. Auflage 1984. Preis 25.— M VEB Gustav Fischer Verlag Jena. Bestellnummer 533 9278.

Da das Fachgebiet Ökologie ständig an Bedeutung gewinnt, ist hierüber in den letzten Jahrzehnten ein umfangreiches Schrifttum entstanden, das leider vielen Interessenten nicht zugänglich ist. Sehr zu begrüßen ist daher das Erscheinen eines diesbezüglichen Taschenbuches in der bewährten Studienreihe Biowissenschaften. Wie der Herausgeber betont, fußt das Buch auf einer Vorlesung und ist als Einführung in die Ökologie konzipiert, wobei der Schwerpunkt auf die Darstellung wissenschaftlich gesicherter Ergebnisse und Zusammenhänge liegt.

Das Buch ist in fünf Kapitel gegliedert, die vom Herausgeber beziehungsweise einem Autorenkollektiv bearbeitet wurden. Im ersten werden Entwicklung, Wesen und Bedeutung der Ökologie, im zweiten die Elemente der Ökosysteme und im dritten die Wechselbeziehungen zwischen Elementen und Faktoren der Ökosysteme dargestellt. Das vierte Kapitel ist den Ökosystemen gewidmet, während im letzten unter dem Titel „Der Mensch: Element und Faktor der Biosphäre" die vielfältigen Eingriffe des Menschen in Ökosysteme Gegenstand der Untersuchung sind.

Als Einführung in das weite, mit vielen anderen Disziplinen verzahnte Gebiet konzipiert und daher dem so vorgegebenen Umfang Rechnung tragend, ist der Stoff klar und übersichtlich gegliedert. Zahlreiche Abbildungen und Tabellen veranschaulichen die Aussagen und tragen zum besseren Verständnis bei. Aus dem Literaturverzeichnis sind die einschlägigen Handbücher zum weiterführenden Studium ersichtlich.

Dieses Taschenbuch wird zweifellos dazu beitragen, daß der Leser die Umwelt versteht und zukünftig besser zu schätzen lernt. Hier wird eine solide und kritische Information über die elementaren Grundlagen der Ökologie geboten, für einen weiten Leserkreis wie Studenten, Lehrer, Schüler und naturwissenschaftlich interessierte Laien.

W. Hennig: **Wirbellose II** (Taschenbuch der Zoologie. Bd. 3). 4. neu bearbeitete Auflage. 335 S., 199 Abb., 1986. Preis: 19.— M VEB Gustav Fischer Verlag. Bestell-Nr. 533 8160

Von 1959 bis 1986 sind vier Auflagen dieses Taschenbuches erschienen (die ersten 3 Auflagen im Verlag VEB Georg Thieme, Leipzig). Kennzeichnend für diese von W. Hennig konzipierten Bände ist das Hervorheben der „Verwandtschaftsbeziehungen höherer systematischer Einheiten". Taxonomen werden es daher sehr begrüßen, daß im vorliegenden Band bei der Behandlung der verschiedenen Gruppen die apomorphen Merkmale jeweils besonders herausgestellt werden. Sind die phylogenetischen Beziehungen zwischen den Kategorien unklar oder gibt es gegensätzliche Auffassungen, so werden diese Fälle in den Anmerkungen ausführlich kommentiert. Gegenüber den älteren Auflagen wurden weiterhin mehrere Abbildungen durch neue ersetzt. Auch dieser Band wird eine positive Aufnahme besonders bei Studierenden und Lehrern finden. Bei einer Neuauflage sollte die Schreibweise wissenschaftlicher Namen überprüft werden, z. B. *Ephestia kühniella* (bereits 1961 wurde im International Code of Zoological Nomenclature die Unzulässigkeit diakritischer oder anderer Zeichen festgelegt), *Hyponomeuta*, *Micropteryx* und *Tineola biselia.*

Hannemann

Dtsch. ent. Z., N. F. 33 (1986) 3—5, 223—226

Eine neue Raubmilbenart der Gattung Amblyseius BERLESE, 1904

(Acarina, Parasitiformes, Phytoseiidae)

Von

WOLFGANG KARG

Mit 2 Abbildungen im Text

Abstract

In abandoned cocoons of spiders in caves near Vienna a new species of the genus *Amblyseius* BERLESE, 1904 was detected: *Amblyseius caviphilus* n. sp. The species is described and documented by figures and by a differentialdiagnose.

Bei Untersuchungen einiger Höhlen im Wiener Wald wurde in verlassenen Spinnenkokons eine Anzahl Milben gefunden. Herr Dr. E. CHRISTIAN vom Institut für Allgemeine Biologie der medizinischen Fakultät der Wiener Universität, der die Milben entdeckte, übersandte mir das Milbenmaterial zur Determination. Es zeigte sich, daß alle Milben zu einer Art gehören, die der Gattung *Amblyseius* BERLESE, 1904 zuzuordnen ist (Familie Phytoseiidae BERLESE, 1916). Die Vertreter dieser Gattung sind ausnahmslos Raubmilben, die vor allem Spinnmilben vertilgen. Gefunden wurden die Weibchen der Art im Zeitraum von Dezember bis Januar. Die Raubmilben überwintern im Stadium des Weibchens an geschützten Stellen im Freiland, z. B. unter Laub, unter lockerer Baumrinde oder unter Knospenschuppen. Ein Überwintern von Raubmilben der Gattung *Amblyseius* in Höhlen ist neu. Der Transport von Milben über größere Entfernungen erfolgt entweder durch Luftbewegungen oder durch Phoresie. Als Tragtiere dienen verschiedene Arthropoden. Bei Vertretern der Gattung *Amblyseius* ist Phoresie m. E. aber bisher nicht nachgewiesen worden.

Vergleiche mit bisher beschriebenen Arten der Gattung *Amblyseius* ergaben, daß es sich um eine neue Raubmilbenart handelt.

Amblyseius caviphilus n. sp.

Vorkommen: Niederösterreich, überwinternde Weibchen in verlassenen Kokons der Spinne Meta menardi in mehreren Höhlen, 26. 12. 1980, Uferstollen II bei Hainburg an der Donau, 150 m ü. d. M., 1. 1. 1981, Schelmenloch bei Sooß (SW von Baden), Kat.-Nr. 1911/41, ca. 330 m ü. d. M.; Holotypus ♀ am 1. 1. 1981 im Schelmenloch bei Sooß; Kollekteur: Dr. E. CHRISTIAN, Wien.

Diagnose: Längenunterschiede der Dorsalhaare abnorm groß, Kaudalhaarpaar Z5 länger als die Breite des Dorsalschildes, verkürzte Haare auf der Schildfläche gleich lang, s2 und z1 doppelt so lang wie die übrigen verkürzten Haare, Digitus mobilis der weiblichen Chelicere mit 3 Zähnen, Digitus fixus mit 11 Zähnen, Spermatheca mit langem, schmalem Kelch.

Beschreibung: Weibchen, Idiosoma 390 bis 400 µm lang, 260 µm breit, hellbraun gefärbt, die verkürzten Innehaare (i3, i4, i5) sowie Z1, S2, S4 und S5 = 5 bis 7 µm lang, s2 = 15 µm, z1 = 14 µm lang, i1 = 35 µm, i2 = 60 µm, s5 = 135 µm, Z4 = 160 bis 170 µm, Z5 = 280 bis 290 µm lang (Abb. 1a), Spermatheca mit langem, schmalem Calix, stark reduziertem Cervix, kleinem Atrium und breitem Ductus maior (Abb. 1b), ventral der Genitalschild so breit wie der 5eckige Ventrianalschild, Länge: Breite beim Ventrianale = 7:5, Sternalhaare und Haare des Ventrianale = 32 µm lang, das Porenpaar auf dem Ventrianale rund und hinter Haarpaar V3 lokalisiert, Haarpaar V8 = 100 µm lang, Digitus mobilis der Chelicere 3zähnig, Digitus mobilis mit einer Sägezahnreihe von 9 Zähnen und 2 kleinen, distalen Zähnen (Abb. 2b), Bein I = 450 µm, Bein II = 310 µm, Bein III = 360 µm, Bein IV = 500 µm lang (mit Praetarsus gemessen), an Bein IV fallen 3 Macrochaeten auf: am Genu = 130 µm, an der Tibia = 110 µm und am Metatarsus = 105 µm lang.

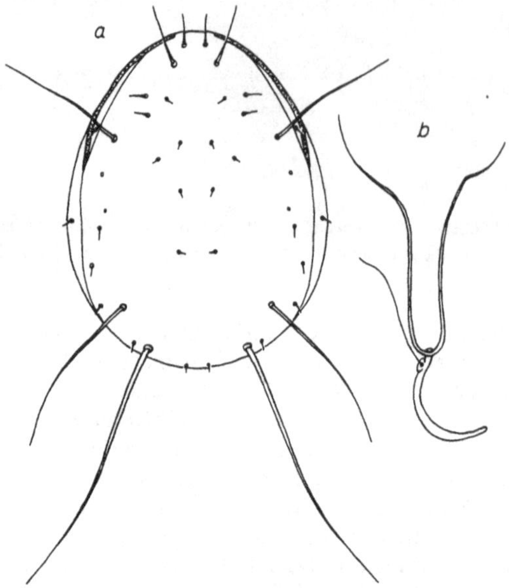

Abb. 1
Amblyseius caviphilus n. sp., Weibchen, a) dorsal, b) Spermatheca

D i f f e r e n t i a l d i a g n o s e: Am nächsten steht der neuen Art die aus dem Kaukasusgebiet von Armenien beschriebene Art *Amblyseius adjaricus* WAINSTEIN et VARTAPETOV, 1972. Die Art weist ähnliche Längenrelationen der Dorsalbehaarung auf: Die medialen Innenhaare sind stark reduziert, ebenso S2 und S4. Die Haarpaare s2 und z1 sind etwas länger als die Innenhaare. Der Calix der Spermatheca ist ebenfalls langgestreckt, der Digitus fixus der Chelicere multidentat. Die beiden Arten sind durch folgende Differentialmerkmale zu trennen: Die verlängerten Haarpaare von *A. adjaricus* sind etwa nur halb so lang, s5 = 67 µm, Z4 = 68 µm, Z5 = 153 µm, V8 = 59 µm lang. An der Spermatheca ist kein Cervix ausgebildet. Die Poren auf dem Ventrianale sind quer-oval und zwischen Haarpaar V3 lokalisiert (Abb. 2c).

Eine weitere, verwandte Art ist *A. patrius* KARG, 1970 aus Mitteleuropa. Bei dieser Art sind die Längenrelationen der kaudalen Haarpaare anders: Haarpaar Z4 = 117 µm, Z5 = 235 µm lang. Der Calix der Spermatheca ist becherförmig, breit (Abb. 2d). Weiterhin besteht Ähnlichkeit zu *A. schusteri* SCHUSTER et PRITCHARD, 1963 aus Kalifornien. Die kaudalen Haarpaare sind bei dieser Art aber noch stärker verlängert: Haarpaar Z4 = 200 µm, Z5 = 320 µm. Dagegen sind die Haarpaare s2 und z1 genau so stark reduziert wie die medialen Innenhaare. Der Ventrianalschild ist so breit wie lang (Abb. 2e).

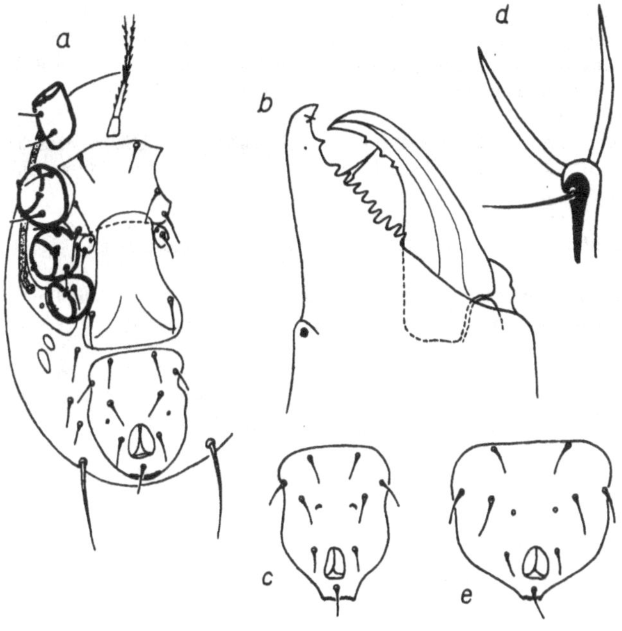

Abb. 2
a, b *Amblyseius caviphilus* n. sp., Weibchen, a) ventral, b) Chelicere; c, e Ventrianalschilde der Weibchen, c) *A. adjaricus* WAINSTEIN et VARTAPETOV, e) *A. schusteri* SCHUSTER et PRITCHARD; d) *A. patrius* KARG, Spermatheca

Typenmaterial

Holotypus und Typoide in meiner Milbensammlung am Institut für Pflanzenschutzforschung Kleinmachnow.

Zusammenfassung

In verlassenen Spinnenkokons in Höhlen bei Wien wurde eine neue Milbenart der Gattung *Amblyseius* BERLESE, 1904 gefunden: *Amblyseius caviphilus* n. sp. Die Art wird beschrieben und durch Abbildungen und durch eine Differentialdiagnose belegt.

Literatur

ATHIAS-HENRIOT, C. (1966): Contribution à l'étude des *Amblyseius* paléarctiques (Acariens anactinotriches, Phytoseiidae). — Bull. scient. Bourgogne **XXIV**: 181—230.

— (1967): Nouveaux *Amblyseius* Edaphiques d'Amerique Australe (Acariens Anactinotriches, Phytoseiidae). — Biol. de l'Amerique Australe (Paris) **III**: 525—539.

— (1971): Nouvelles Notes sur les Amblyseiini (Gamasides Podospermiques, Phytoseiidae), I. La Dépilation des Genuaux et Tibias des Pattes. — Acarologia, **XIII**, 1: 4—15.

CHANT, D. A. (1959): Phytoseiid mites (Acarina: Phytoseiidae). II. A taxonomic review of the family Phytoseiidae, with description of 38 new species. — Canad. Ent. **41**, Suppl. 12: 45—166.

HIRSCHMANN, W. (1962): Gamasiden, Rückenhaarbestimmungstafeln von 260 *Typhlodromus*-Arten der Erde. In: Acarologie, Schriftenreihe für vergleichende Milbenkunde, Gangsystematik der Parasitiformes. Folge 5. — Hirschmann-Verlag Fürth/Bay.: 1—29.

KARG, W. (1971): Acari (Acarina), Milben, Unterordnung Anactinochaeta (Parasitiformes). Die freilebenden Gamasina (Gamasides), Raubmilben. In: Die Tierwelt Deutschlands und der angrenzenden Meeresteile. 59. Teil. — VEB GUSTAV FISCHER Verlag Jena: 475 S.

— (1976): Zur Kenntnis der Überfamilie Phytoseioidea KARG, 1965. Zool. Jb. Syst. **103**: 505—546.

— (1977): Zur Kenntnis der Gattung *Amblyseius* BERLESE, 1904. — Abh. u. Ber. Naturkundemus. Görlitz **51**, 6: 1—11.

— (1983): Systematische Untersuchung der Gattungen und Untergattungen der Raubmilbenfamilie Phytoseiidae BERLESE, 1916, mit der Beschreibung von 8 neuen Arten. — Mitt. zool. Mus. Berl. **59**: 293—328.

SCHUSTER, R. O. & PRITCHARD, A. E. (1963): Phytoseiid mites of California. — Hilgardia **34**: 191—286.

WAINSTEIN, B. A. & VARTAPETOV, S. G. (1972): Novye vidy chiščnych kleščej semejstva Phytoseiidae (Parasitiformes) iz Adžarskoj ASSR. — Dokl. Akad. Nauk Armjankoj SSR, Tom. **LV**, Nr. 5: 306—312.

— A new Species of the Genus *Amblyseius* BERLESE (Parasitiformes, Phytoseiidae). — Zool. Žurn. **LII**, 7: 1085—1086.

Anschrift des Verfassers:

Dr. sc. WOLFGANG KARG
DDR-1532 Kleinmachnow
Institut für Pflanzenschutzforschung
Stahnsdorfer Damm 81

Dtsch. ent. Z., N. F. 33 (1986) 3—5, 227—231

Onychiurus (Protaphorura) septempapillatus n. sp., ein neuer Höhlencollembole aus der Salzgrabenhöhle im Berchtesgadener Land

(Collembola, Onychiuridae)

Von

A. Palissa

Mit 9 Abbildungen im Text

Abstract

A new species of Collembola from the german cave "Salzgrabenhöhle" near the lake Königssee was described. The animals are characterized by their antennal organ 3 with 7 papillae, the chaetotaxy and the form of pseudocelli.

Dem freundlichen Entgegenkommen von Herrn H. D. Gebauer verdanke ich eine Aufsammlung von Collembolen aus der Salzgrabenhöhle, die in der BRD in der Katastergruppe „Steinernes Meer" über dem Königssee im Berchtesgadener Land liegt. Es handelt sich um einen Zufallsfund. Die Tiere waren wahrscheinlich vom Hochwasser in die Umgebung des Fundortes gespült worden und hatten sich in einer Blechtasse gefangen. Alle Tiere gehören zu einer neuen *Onychiurus*-Art, die nachfolgend beschrieben wird.

Allgemeine Kennzeichen: Große Tiere mit auffallend langen schlanken Klauen, langen Macrochaeten und gut erkennbaren Pseudocellen, deren Anzahl aber sehr variabel ist. Die Tiere weichen durch den Bau des Ant. Org. 3 (mit 7 Papillen), durch ihre Pseudocellen-Formel, den Typ ihrer Behaarung und andere Merkmale von den bisher bekannten Arten dieser Gattung ab.

Beschreibung: Ant. 4 ventral mit einem Feld kürzerer Sinnesborsten (Abb. 1); das subapikale Sinneskölbchen liegt dorsal in einer flachen Grube. Ant. Org. 3 aus 7 (selten 6) fein granulierten Papillen mit 6 Schutzborsten, dahinter 2 Sinnesstifte und 2 traubige Sinneskolben (Abb. 2). Einzelne Papillen bisweilen mit einer Ausbuchtung in der Mitte (Abb. 2). Antennenbasen mit den Pseudocellen (Ps. Oc.) schwächer granuliert und deutlich abgesetzt.

Postantennalorgan (PAO) aus etwa 37—50 einfachen Tuberkeln, die mittleren senkrecht zur Längsachse des PAO.

Klauen lang und schmal, sie erreichen etwa die Länge der Tibiotarsen. Klaueninnenseite mit einem kleinen Innenzahn in $^2/_3$ Höhe, der bei ungünstiger Lage schwer erkennbar ist oder der Innenzahn fehlt. Lateralzähne vorhanden. Empodium erreicht $^2/_3$ der Klauenlänge (Abb. 3).

Der Ventraltubus besitzt distal jederseits ein langgestrecktes Feld von etwa 19 Borsten, außerdem an der Basis beiderseits 5 Borsten (Abb. 4). Männchen am Abd. 2 und 3 ohne Bauchorgan. Furca völlig reduziert.

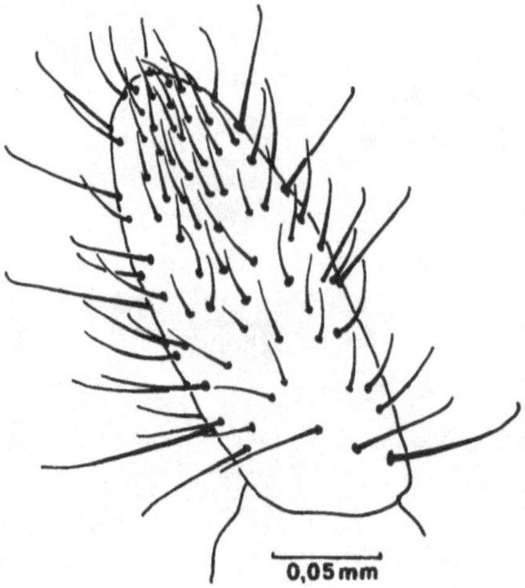

Abb. 1
Ventralfeld mit Sinneshaaren auf Ant. 4

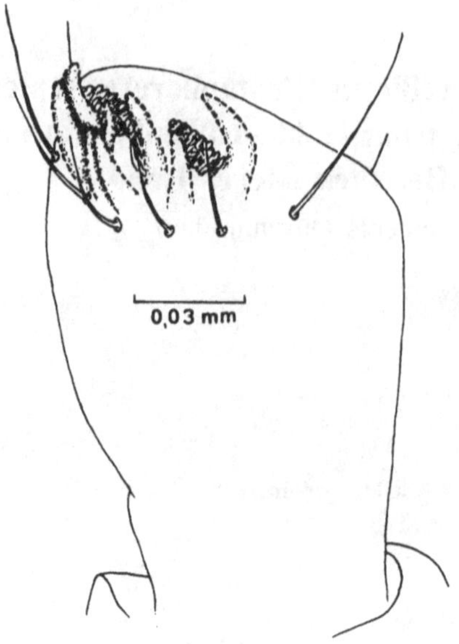

Abb. 2
Ant. Org. 3

Analdornen (AD) farblos, auf basal getrennten Papillen, schlank und gerade bis leicht gebogen (Abb. 6). AD ohne Papillen fast $^2/_3$ Klaueninnenseite.
Ps. Oc. Formel dorsal:
3 3 (4,5)/**0 2 2**/(2) **3** (4) (2) **3** (4,5) **3** (4) **5** (6) (3) **4—5** (Abb. 5)
ventral: 1/0 0 0/0 0 0 0; Subcoxen 1, 1, 1.

Die Zahl der Ps. Oc. ist an einigen Segmenten außerordentlich variabel. Von den untersuchten 19 Exemplaren traten keine Abweichungen in der Zahl der Ps. Oc. nur an der

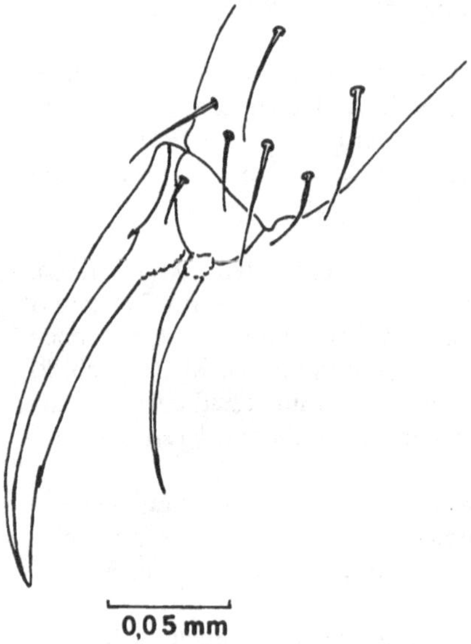

Abb. 3
Klaue von Bein 1 (gleiches Tier wie Abb. 1)

Abb. 4
Ventraltubus

Antennenbasis sowie auf Thr. I, II, III und den Subcoxen auf. Die bei der Ps. Oc. Formel in Klammern angegebenen Zahlen geben die Abweichungen an. Dabei gab es bei den untersuchten Tieren einmal auf Abd. I nur 2 Ps. Oc. und zweimal am Kopfhinterrand 5 sowie auf Abd. II entweder 2 oder 5 Ps. Oc. Die übrigen Abweichungen waren häufiger, sie treten nicht nur zwischen den untersuchten Individuen auf, sondern auch häufig als rechtslinks Asymmetrien innerhalb eines Individuums.

Furca fehlt ganz. ♂ ohne Bauchorgan.

Körper mit kräftigen Borsten. Laterale Macrochaeten lang, am Ende oft hakenförmig abgebogen, Spitze abgestumpft oder leicht verdickt (Abb. 6a). Chaetotaxie auf Abd. I siehe Abb. 7. Die Behaarung ist häufig asymmetrisch in der Anzahl und Stellung, aber auch in der Ausbildung einzelner Borsten. Auffallend sind die verdickten Borsten, zum Beispiel vor dem Ps. Oc. Feld am Kopfhinterrand (Abb. 8) und besonders die Macrochaete M (entspricht p 2 der hinteren Borstenreihe des Tergits) vor dem Ps. Oc. Feld auf Abd. V (Abb. 9). M erreicht etwa die Länge der AD ohne Papille. Im Durchschnitt ist M:S:AD = 9,4:7,4:10. Ebenso auffällig ist die Verdickung der beiden Präspinalborsten (p1) auf Abd. VI (Abb. 6). Die beiden Macrochaeten rechts und links vor den AD erreichen die doppelte Länge der AD. Die Behaarung auf Abd. VI ist häufig asymmetrisch in der Anzahl und Stellung, aber auch in der Ausbildung der beiden Präspinalborsten vor den AD.

Farbe: Weiß
Größe: 3,4 mm
Ökologie: Höhlenbewohner

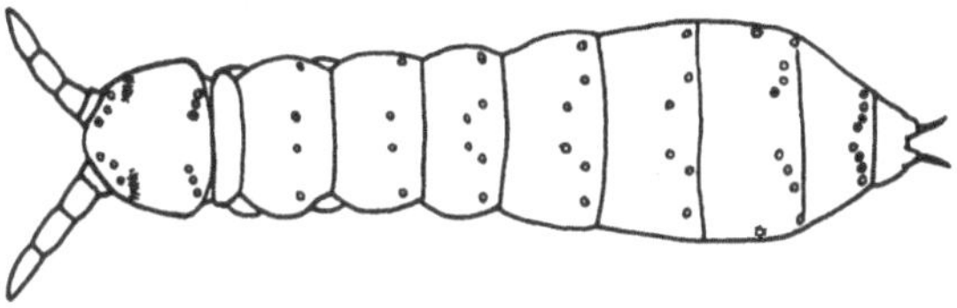

Abb. 5
Lage und Verteilung der Pseudocellen bei *O. septempapillatus*

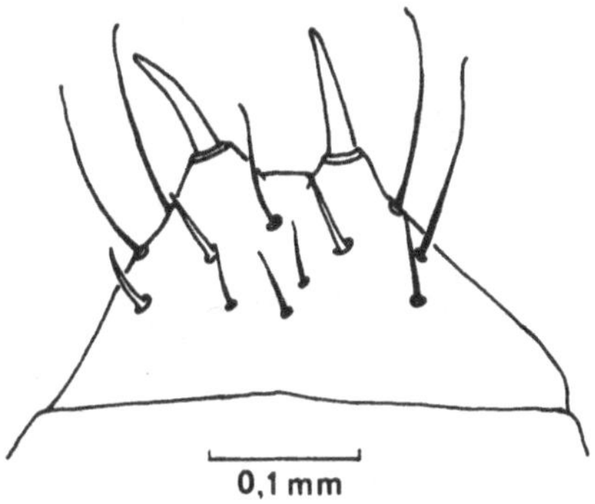

Abb. 6
Chaetotaxie und AD auf Abd. VI

Abb. 6a
Lange Macrochaete mit leicht verdickter Spitze (stark vergrößert)

Vorkommen und Verbreitung: Die neue Art wurde bisher nur in der Salzgrabenhöhle über dem Königssee im Berchtesgadener Land gefunden. Die Höhle liegt im Dachsteinkalk. Die Tiere wurden am 28. 12. 1984 in der Nähe des „Schwarzen Sees" hinter dem Satteldom, etwa 400 m hinter dem Höhleneingang auf einem etwas tiefer liegenden Geröllfeld, das häufiger Wassereinwirkung ausgesetzt ist, gefunden. Der Fundort liegt etwa 900 m hoch.

Bemerkungen: Die hier beschriebene *Onychiurus (Protaphorura septempapillatus* n. sp. ist in manchen Merkmalen recht auffällig. Das betrifft vor allem die Anzahl der Papillen im Ant. Org. 3, die mit 7 sehr ungewöhnlich für die Gattung *Onychiurus* ist und entscheidend für die Benennung der neuen Art war. Meist findet man bei den *Onychiurus*-Arten nur 5 oder weniger Papillen. Charakteristisch für die neue Art sind auch die oben beschriebenen verdickten Borsten, besonders die Macrochaete M vor den Ps. Oc. auf Abd. V sowie die hinteren Präspinalborsten auf Abd. VI.

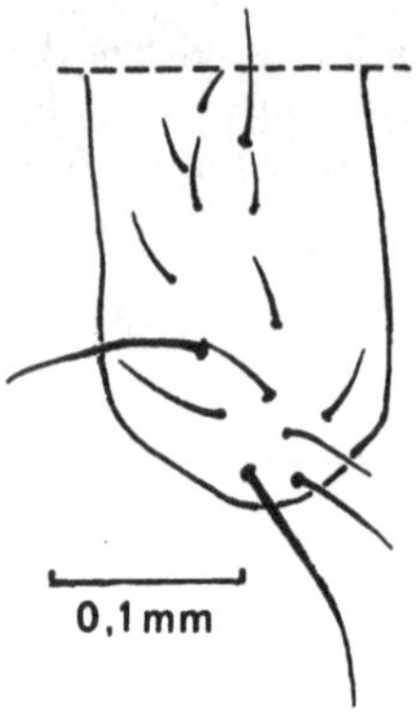

Abb. 7
Thr. I: Chaetotaxie

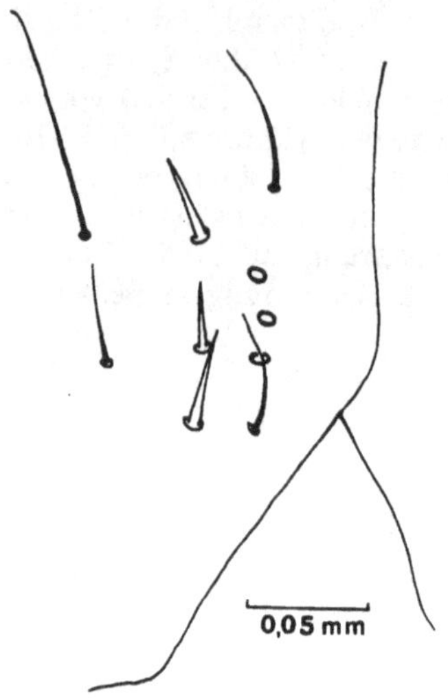

Abb. 8
Kopfhinterrand mit 3 Ps. Oc. und 3 charakteristisch verdickten Borsten (gleiches Tier wie Abb. 1)

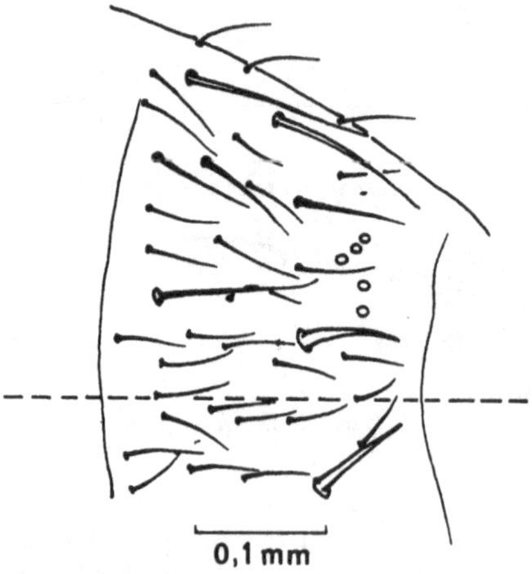

Abb. 9
Chaetotaxie und Ps. Oc. Feld auf Abd. Tergit V (gleiches Tier wie Abb. 1)

Onychiurus septempapillatus gehört nach der Gestalt seines PAO zur Untergattung *Protaphorura*. Vergleicht man seine Ps. Oc. Formel mit der der anderen Arten dieser Untergattung, so kommt die neue Art am nächsten der *O. (Protaphorura) duodecimpunctatus* FOLSOM, 1919 aus Nordamerika mit folgender Ps. Oc. Formel: 3—6 3—5/0 2 2/3—4 3—5 3—5 4—6 3—5. Bei dieser Art variiert die Ps. Oc. Zahl offenbar noch stärker als bei *O. septempapillatus*. *O. duodecimpunctatus* besitzt aber nur 5 Papillen im Ant. Org. 3, außerdem hat sie eine rudimentäre Furca und weitere, chaetotaktische Merkmale, die abweichend sind. Anders als bei der nordamerikanischen Art, war bei *O. septempapillatus* die Anzahl der Ps. Oc. an der Antennenbasis stets konstant.

Material: 19 Exemplare aus der Salzgrabenhöhle; leg. H. D. GEBAUER am 28. 12. 1984.

Typus (♀), 3,2 mm als Polyvinylpräparat im Museum für Naturkunde Berlin. Paratypen als Alkoholmaterial im Museum für Naturkunde Berlin und als Polyvinylpräparate in der Sammlung des Autors.

Literatur

CHRISTIAN, K. and P. BELLINGER (1980): The Collembola of North America Part 2: Families Onychiuridae and Isotomidae. — Grinell College, Iowa.

FOLSOM, J. W. (1919): Collembola of the Canadian Arctic Expedition, 1913—1918. — Rep. Can. arct. Exped. **3**: 1—29.

PALISSA, A. (1964): Apterygota in „Die Tierwelt Mitteleuropas", Bd. IV, Lief. 1a. — QUELLE und MEYER, Leipzig.

Anschrift des Verfassers:

Dr. A. PALISSA
Sektion Biologie der HU Berlin
Invalidenstr. 43
DDR-1040 Berlin

Buchbesprechungen

H. J. MÜLLER (Hrsg.): **Bestimmung wirbelloser Tiere im Gelände.** Bildtafeln für zoologische Bestimmungsübungen und Exkursionen. 1. Aufl. 147 Tafeln und 2 Abbildungen. 1985. Preis 17.50.— M. VEB GUSTAV FISCHER Verlag Jena. Bestellnummer 534 0789

Der Gebrauch der Bildtafeln bietet sich als Vorstufe zu den im Handel erhältlichen, oft mehrbändigen Exkursionsführern an. In langjähriger Praxis auf Studentenexkursionen erprobt, ermöglichen sie die Determination der häufigsten in unserem Gebiet vorkommenden wirbellosen Tiere. Der Aufnahme kleinerer Tiere ist insofern eine Grenze gesetzt, als die Merkmale mit einer 10fach vergrößernden Lupe erkennbar sein müssen. Sparsamer Wortgebrauch, der zu eindeutiger Aussage führt, verbunden mit einfachen Schemaskizzen, die die in Frage stehenden Merkmale gezielt hervorheben, zwingen den Benutzer zur sorgfältigen Beobachtung am Objekt und führen ihn sicher zum Ziel. Mit 147 meist doppelseitigen Bildtafeln können 1500 Gattungen mit 1600 Arten determiniert werden. Studenten, Lehrer und Schüler lernen eine Vielzahl von Tieren kennen, können ihre Familienzugehörigkeit und in vielen Fällen auch die Gattungs- und Artnamen noch während der Exkursion, unmittelbar nach dem Fang, ermitteln. Ein sehr zu empfehlendes Buch, das zur Kenntnis der einheimischen Fauna beiträgt.

HANNEMANN

BARAUD, J.: **Coléoptères Scarabaeoidea, Faune du Nord de l' Afrique du Maroc au Sinaï.** 652 Seiten, 213 Abbildungen, Paris 1985 Éditions LECHEVALIER.

Innerhalb der traditionsreichen Encylopédie entomologique, Serie A, des Verlages LECHEVALIER hat der ausgewiesene Kenner der Scarabaeiden Nordafrikas, Professor J. BARAUD, von der Universität Bordeaux den umfangreichen Band 46 geschrieben, den B. MAUCHAMP mit 213 sehr guten Abbildungen des Habitus, der Parameren oder anderer morphologischer Details zahlreicher Arten illustrierte. Neben einem Vorwort, einem systematischen Katalog (24 Seiten), dem Literaturindex (8 Seiten), je einem Register der supraspezifischen Taxa und der Arten enthält das Buch ein Verzeichnis der bisher erschienenen Bände der Serie. Von praktischem Wert ist auch ein kurzes Verzeichnis bekannter marokkanischer und algerischer Fundorte in der alten und jetzt gültigen Schreibweise (S. 621). Den Hauptteil des Werkes machen die Bestimmungstabellen der Familien, Tribus, Gattungen und Arten, sowie die Besprechung der 721 Arten und Unterarten aus. Behandelt werden 682 sichere und 30 fragliche Spezies der Fauna Marokkos, Algeriens, Tunesiens, Libyens und Ägyptens mit Einschluß der Sinaï-Halbinsel. 468 Arten sowie ein erheblicher Teil Gattungen sind Endemiten des bearbeiteten Gebietes, jedoch wurden auch die typisch mediterranen und äthiopischen Faunenelemente, soweit sie dort vorkommen, vollständig erfaßt.

Der französischen Tradition der „splitters“ folgend werden die Scarabaeoidea sensu lato in die elf Familien Trogidae, Geotrupidae, Hybosoridae, Ochodaeidae, Aegialiidae, Aphodiidae, Scarabaeidae, Glaphyridae, Melolonthidae, Rutelidae, Pachypodidae, Dynastidae und Cetoniidae aufgespalten. Die „Scarabaeoidea“ entsprechen also nicht der gleichnamigen Überfamilie im Sinne der alten Lamellicorna (mit Einschluß der Lucanidae und Passalidae).

Das ansprechend gestaltete Handbuch wird sicher von den vielen Interessenten dieser wirtschaftlich so wichtigen Gruppe und den zahllosen Liebhabern dieser vielgesammelten Tiere begrüßt werden und ist den Taxonomen, Faunisten und Ökologen, die an dieser Gruppe und in diesem Gebiet arbeiten, zu empfehlen.

F. HIEKE

Dtsch. ent. Z., N. F. 33 (1986) 3—5, 233—234

The systematic position of Bryotropha indignella STAUDINGER, 1879
(Lepidoptera, Gelechiidae)

By

KLAUS SATTLER

With 1 plate

Summary

The type-material of *Bryotropha indignella* STAUDINGER, 1879, was examined and a lectotype is designated. *B. indignella* is transferred to *Scrobipalpa* JANSE, 1951, and placed as a junior subjective synonym of *Scrobipalpa obsoletella* (FISCHER VON ROESLERSTAMM, [1841]).

Zusammenfassung

Das Typusmaterial von *Bryotropha indignella* STAUDINGER, 1879, wurde untersucht und ein Lectotypus wird festgelegt. *B. indignella* wird zu *Scrobipalpa* JANSE, 1951, überführt und als jüngeres subjektives Synonym zu *Scrobipalpa obsoletella* (FISCHER VON ROESLERSTAMM, [1841]) gestellt.

The gelechiid genus *Bryotropha* HEINEMANN, 1870, comprises about 40 species of mostly western Palaearctic distribution; a few species occur in East Asia and North America. Amongst the species currently placed in *Bryotropha*, *B. indignella* from Turkey has remained a mystery and after its discovery in 1875 was never again observed. During curatorial work on the *Bryotropha* collection of the British Museum (Natural History), London, the status of *indignella* was assessed by examining the type-series from the STAUDINGER collection (Zoologisches Museum der HUMBOLDT-Universität, Berlin). As a result *indignella* is here transferred to the genus *Scrobipalpa*.

The genus *Scrobipalpa* JANSE, 1951, comprises nearly 300 nominal species of Old World distribution. A few species are recorded from North America but most of these are considered to be modern accidental introductions from Europe. The identification of *Scrobipalpa* species has always been difficult because of their great external and internal morphological uniformity. In the past 20 years this problem was further aggravated by the addition of almost 150 new species, most of them described without a differential diagnosis or reference to related species. In the absence of any systematic arrangement of the species (in many recent publications by POVOLNÝ the species are merely listed alphabetically or occasionally grouped loosely by the host-plants of their larvae, as far as these are known) *Scrobipalpa* has become one of the most confusing gelechiid genera and there is at present nobody capable of identifying all included species. It was therefore more by chance that *indignella* was recognized as a synonym of *S. obsoletella* (FISCHER VON ROESLERSTAMM).

Scrobipalpa obsoletella (FISCHER VON ROESLERSTAMM, **[1841]**)

Lita obsoletella FISCHER VON ROESLERSTAMM, [1841], Abbildungen Bericht. Ergänz. Schmettkde: 225, pl. 79, figs a—k. Syntypes (unspecified number, sex not stated), AUSTRIA: Vienna (FISCHER VON ROESLERSTAMM) [not traced].

Bryotropha indignella STAUDINGER, 1879, Horae Soc. ent. ross. **15**: 308. LECTOTYPE ♂,

TURKEY: Amasya, 27. VI. 1875 (STAUDINGER) (genitalia slide no. 757, SATTLER; Zoologisches Museum, Berlin), here designated [examined]. **Syn. n.**

Genitalia ♂ (Pl. 15, Figs 1—4). Uncus broad, posterior margin semicircular. Valva slender, slightly exceeded by uncus. Sacculus short, straight, broader than posterior process of vinculum. Posterior margin of vinculum with V-shaped median emargination; posterior process barely exceeded by sacculus, apex strongly curved towards sacculus. Saccus extended distally well beyond pedunculi (anterior corners of tegumen), narrow, lateral margins parallel. Aedeagus with inflated coecum and slender distal portion; apex with curved sclerotized arm.

Genitalia ♀ (Pl. 15, Figs 5, 6). Apophyses posteriores about 4.5 times length of apophyses anteriores. Honeycomb pattern restricted to narrow longitudinal band along edge of ventrolateral zone (sclerotized part of segment VIII). Ventral zone membranous with pair of densely spinose longitudinal depressions. Bursa copulatrix clearly divided into narrow ductus bursae and large spherical to ovoid corpus bursae. Signum in corpus bursae, remote from entrance of ductus, gently curved, convave edge with small number of fine teeth in basal half.

Remarks

B. indignella was described from six specimens collected by STAUDINGER at the end of June and on 23 July, 1875, at Amasya in Turkey. All six specimens are present in the STAUDINGER collection and were available to me for study. The lectotype ♂ designated in this paper bears the following original labels: "27/6" — "Amasia m." — "Origin." — "Indignella Stgr.".

The descriptions of the genitalia in this paper are based on the *indignella* type-specimens. The genitalia of the two dissected *indignella* males differ slightly from those of British *obsoletella*. In the British specimens the lateral margins of the vinculum taper towards the posterior processes whereas in the *indignella* specimens they are almost parallel and form a distinct shoulder (Pl 15, Figs 1, 2 — arrow). However, other characters, in particular the position of the signum in the corpus bursae rather than at its entrance, inconjunction with the external appearance of the moths leave no doubt that *indignella* is conspecific with *obsoletella*.

Material examined

Lectotype ♂ of *B. indignella* (as above). Paralectotypes of *B. indignella*: 1 ♂, [Turkey, Amasya], 24. VI. [1875], [STAUDINGER]; 2 ♀, [Turkey, Amasya], 27. VI. [1875], [STAUDINGER] (genitalia slide no. 743, SATTLER); 1 ♀, [Turkey, Amasya], 23. VII. [1875], [STAUDINGER]; 1 ♂, [Turkey, Amasya, end of VI. 1875, STAUDINGER] (genitalia slide no. 745, SATTLER). All specimens in coll. STAUDINGER, Zoologisches Museum der HUMBOLDT-Universität, Berlin.

Acknowledgements

I am indebted to Prof. Dr. H.-J. HANNEMANN, Zoologisches Museum der HUMBOLDT-Universität, Berlin, for the loan of specimens and assistance during my work on the STAUDINGER collection.

Author's address:
Dr. KLAUS SATTLER
Department of Entomology
British Museum (Natural History)
Cromwell Road
London SW 5 7 BD
England

Dtsch. ent. Z., N. F. 33 (1986) 3—5, 235—240

Depressarien des Zoologisk Museum København
(Lep. Oecophoridae)

Von

H. J. HANNEMANN

Mit 1 Tafel und 2 Abbildungen im Text

Abstract

A new species *Agonopterix thaiensis* from Thailand is described and documented by figures and diagnosis. *Horridopalpus moranellus* CHRÉT. is recorded at first for the fauna of the Libyan Arabic Republic.

Von Herrn OLE KARSHOLT erhielt ich eine Sendung Depressarien, die in den letzten Jahren in Griechenland gefangen wurden, sowie weiteres Material aus der Libyschen Arabischen Republik und ein Tier aus Thailand zur Bestimmung. Unsere Kenntnisse über die Microlepidopteren Griechenlands sind gut, da dieses Land seit vielen Jahren Sammelgebiet zahlreicher Entomologen ist. Die vorliegende Ausbeute bestätigt daher frühere Faunenlisten beziehungsweise bereichert unsere Kenntnisse durch neue Fundorte.

Im Gegensatz zu Griechenland ist Libyen in faunistischer Hinsicht viel weniger erforscht, während über die Micros aus Thailand kaum Publikationen vorliegen.

Herrn OLE KARSHOLT danke ich für die leihweise Überlassung des Materials.

Agonopterix adspersella KOLLAR

2 ♂ Hellas, Lakonia, Mt. Taygetos, 1700 m, 28.—29. VI. 1982, leg. B. SKULE & S. LANGEMARK. Zool. Museum, DK Copenhagen.

1 ♂ Hellas mit gleichen Fundortangaben, lediglich statt 1700 m in 1000 m Höhe erbeutet. Genit.-Präp. Nr. 4852.

4 ♂ Hellas, Achaia, Mt. Chelmas, 1700 m, 27. VI. 1983, leg. B. SKULE, Zool. Museum DK Copenhagen.

1 ♂ Hellas, Lakonia, Parnon Oros, 1700 m, 8. VII. 1982, leg. B. SKULE & S. LANGEMARK. Genit.-Präp. Nr. 4813. Zool. Museum DK Copenhagen.

1♀ 2 ♂ Greece, Jeroplatanos, 27. VI. 1985, SHOU & SHULA.

Agonopterix subropinquella STT.

6 ♀ Hellas, Lakonia, Mt. Taygetos, 1000 m, 28.—29. VI. 1982, leg. B. SKULE & S. LANGEMARK. Zool. Mus. DK Copenhagen. Genit.-Präp. Nr. 4824, 4832 und 4837 und 4 ♀ mit gleichen Fundortangaben.

1 ♀ Hellas, Lakonia, 5 km S. Monemvasia, 30 m, 18.—27. VI. 1982, leg. B. SKULE & S. LANGEMARK. Zool. Mus. DK Copenhagen.

1 ♀ mit gleichen Fundortangaben vom 8. VI. 1980, leg. G. CHRISTENSEN.

Weiterhin ein stark veröltes ♀ 7 km SW Monemvasia, 150 m, 23. VI. 1982, leg. B. SKULE & S. LANGEMARK und 1 abgeflogenes ♂ von Paleo Epidauros (Peloponnes), 19.—20. IV. 1983, leg. M. FIBIGER.

Agonopterix subpropinquella STT. var. rhodochrella H.-S.

1 ♀ Hellas, Lakonia, 5 km S. Monemvasia, 30 m, 15.—17. VI. 1982, leg. B. SKULE & S. LANGEMARK. Zool. Mus. DK Copenhagen und 1 ♀ vom gleichen Fundort, 16. V. 1980, leg. G. CHRISTENSEN.

Agonopterix irrorata STGR.

1 ♂ Hellas, Lakonia, Mt. Taygetos, 1000 m, 28.—29. VI. 1982, leg. B. SKULE & S. LANGEMARK. Genit.-Präp. Nr. 4823. Zool. Museum DK Copenhagen.

1 ♂ Hellas, Kerkira, Kommeno, 10 km N. Kerkira (Corfu), 15.—22. V. 1983, leg. P. OLSEN. Genit. Präp. Nr. 4867.

Agonopterix alstroemeriana CL.

1 ♀ Hellas, Lakonia, 5 km S. Monemvasia, 30 m, 18.—27. VI. 1982, leg. B. SKULE & LANGEMARK. Zool. Museum DK Copenhagen.

1 ♂ Hellas, Lakonia, 5 km S. Monemvasia, 24. VI. 1979, leg. CHRISTENSEN. Genit.-Präp. Nr. 4861. Zool. Mus. DK Copenhagen.

Agonopterix rutana F.

1 ♂ Hellas, Lakonia, Mt. Taygetos, 1000 m, 28.—29. VI. 1982, leg. B. SKULE & S. LANGEMARK. Zool. Museum DK Copenhagen. Genit.-Präp. Nr. 4811.

Agonopterix cnicella TR.

1 ♀ Hellas, Lakonia, Mt. Taygetos, 1700 m, 28.—29. VI. 1982, leg. B. SKULE & S. LANGEMARK. Zool. Museum DK Copenhagen.

Agonopterix scopariella HEIN.

Hellas, Lakonia, Mt. Taygetos, 1000 m, 28.—29. VI. 1982, leg. B. SKULE & S. LANGEMARK. Zool. Mus. DK Copenhagen. 12 ♂, 5 ♀, Genit.-Präp. Nr. 4843, 4850, 4827, 4831, 4816, 4825.

Hellas, Lakonia, 7 km SW Monemvasia, 150 m, 2. VIII. 1982, leg. B. SKULE & S. LANGEMARK. Zool. Mus. DK Copenhagen. 5 ♂, 2 ♀, Genit.-Präp. Nr. 4806, 4847, 4860.

Mit gleichen Fundortangaben 5 ♂ und 1 ♀ vom 23. VI. 1982. Genit.-Präp. Nr. 4808, 4814, 4805, 4815.

1 ♂ Hellas, Lakonia, 5. VII. 1982, 20 km SW Gythion (on the Gythion-Areopolis road), 300 m, leg. B. SKULE & S. LANGEMARK. Zool. Mus. DK Copenhagen. Genit.-Präp. Nr. 4807.

3 ♂, 1 ♀ Hellas, Lakonia, 5 km S. Monemvasia, 30 m, 18.—27. VI. 1982, leg. B. SKULE & S. LANGEMARK. Zool. Mus. DK Copenhagen. Genit.-Präp. Nr. 4845, 4846, 4848.

1 ♂♀ mit gleichen Fundortangaben vom 3. VI. 1980, leg. G. CHRISTENSEN und 1 ♂ vom 15.—17. VI. 1982, Genit.-Präp. Nr. 4838, und 1 ♂ vom 16. V. 1980, leg. G. CHRISTENSEN.

5 ♂, 6 ♀ mit gleichen Fundortangaben vom 8. VI. 1980, leg. G. CHRISTENSEN. Genit.-Präp. Nr. 4817, 4821, 4819, 4820.

1 ♂♀ vom 14. VI. 1980, Genit.-Präp. Nr. 4818, 5 km S. Monemvasia, leg. G. CHRISTENSEN.

1 ♂ vom 17. VI. 1980, leg. G. CHRISTENSEN. Genit.-Präp. Nr. 4822.

1 ♂ Hellas, Lakonia, Mt. Taygetos, 1000 m, 16. VIII. 1979, leg. G. CHRISTENSEN. Genit.-Präp. Nr. 4839.

1 ♂ Hellas, Lakonia, 5 km S. Monemvasia, 3. VI. 1981, leg. G. CHRISTENSEN, und 1 ♂ vom 26. VI. 1981.

Agonopterix purpurea HAW.

4 ♂ Hellas, Lakonia, 7 km SW Monemvasia, 150 m, 23. VI. 1982, leg. B. SKULE & S. LANGEMARK. Zool. Mus. DK Copenhagen. Genit.-Präp. Nr. 4849 u. 4851.

4 ♂ mit gleichen Fundortangaben vom 2. VII. 1982. Genit.-Präp. Nr. 4862.

Agonopterix rotundella DOUGL.

4 ♂ und 1 ♀ Hellas, Lakonia, Mt. Taygetos, 1000 m, 28.—29. VI. 1982, leg. B. SKULE & S. LANGEMARK. Zool. Mus. DK Copenhagen. Genit.-Präp. Nr. 4812.

1 ♂ Hellas, Lakonia, Mt. Taygetos, 1000 m, 16. VIII. 1979, leg. G. CHRISTENSEN. Genit.-Präp. Nr. 4842.

Agonopterix thaiensis sp. n.

Vorderflügel gestreckt, braunrot, ein weißer Fleck vor und ein ähnlicher hinter der Flügelmitte. Palpenendglied an der Spitze schwarz.

Die Art steht in der Färbung und Form der Vorderflügel der *Agonopterix impurella* TR. nahe, ist aber durch die zwei weißen Vorderflügelpunkte und den wenig aufgehellten Vorderrand deutlich unterschieden. (Vergl. Tafel 16, Abb. 1).

Kopf bräunlichgrau, Stirn weißlich. Mittelglied der Labialpalpen weißgrau, mit wenigen schwarzen Schuppen besetzt, vor dem Endglied breit schwärzlich. Endglied halb so lang wie das Mittelglied, bräunlichgelb, über der Basis dunkler, die Spitze ist schwarz.

Vorderflügel am Apex gerundet, braunrot, auf den Adern und in der Flügelfalte dunkelbraun bestäubt. Der Vorderrand in der Außenhälfte mit weißlichem Fleck, der mit braunen bis schwarzen Punkten und Strichen versehen ist und sich gegen die Flügelspitze verjüngt. Zwischen dem weißen Fleck hinter der Flügelmitte und dem Außenrand des Flügels erstreckt sich parallel zum Rand ein undeutlicher weißgelber Streifen. Am Flügelaußenrand verläuft dicht an der Basis der braungrauen Fransen eine mehrfach unterbrochene schwarze Linie. Der weiße Fleck hinter der Flügelmitte hat etwa die Form eines Kreuzes und ist von dunklen Schuppen eingefaßt. Der ebenfalls weiße Fleck, der auf gleicher Höhe vor der Flügelmitte liegt, ist punktförmig und nur an seiner Innenseite schwarz begrenzt. Die Vorderflügelbasis ist unterhalb der Costa und am Innenrand mit einigen tiefschwarzen Schuppen versehen. Die Länge eines Vorderflügels, gemessen von der Basis bis zur Flügelspitze, beträgt 8 mm.

Hinterflügel hell bräunlichgrau. Fransen von gleicher Färbung, nahe ihrer Basis eine dunkle Linie, vor den weißlichen Fransenspitzen verläuft eine breite dunkle Linie, die von zwei schmaleren eingefaßt wird.

Der männliche Kopulationsapparat (Abb. 1) zeichnet sich durch die breiten Valven aus, die am Cucullus gleichmäßig gerundet sind. Die Cuiller ist bogig und am Ende gestutzt. Anellus distal tief eingeschnitten, die Transtilla hat die Form eines schmalen Bandes. Die Gnathos ist lang eiförmig. Der kräftige Aedoeagus distal mit scharfer Spitze, Vesica mit zahlreichen feinen Dörnchen.

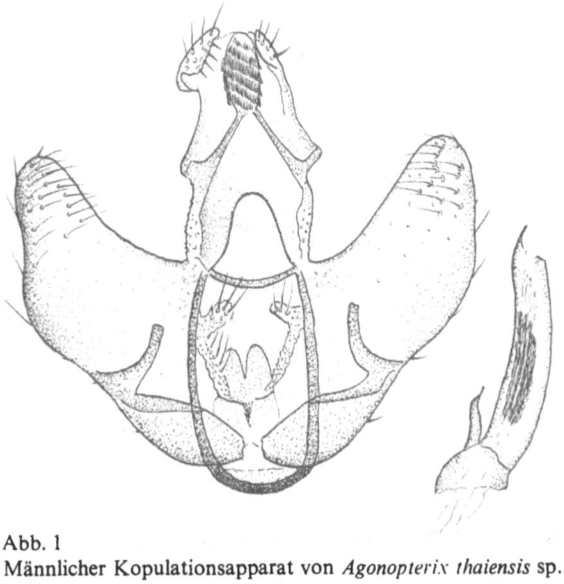

Abb. 1
Männlicher Kopulationsapparat von *Agonopterix thaiensis* sp. n. Genit.-Präp. Nr. 4866.

Holotypus: ein etwas abgeflogenes Männchen mit folgenden Angaben: Thailand, Nakhon Naoyk, Prov. Khao Yai Nat. Park, ca. 700 m, 29. IX.—6. X. 1984. KARLSHOLT, LOMHOLDT & NIELSEN leg. Coll. Zool. Mus. Copenhagen. Gen.-Präp. Nr. 4866, teste HANNEMANN. Der Holotypus befindet sich in der Sammlung des Zoologischen Museums Copenhagen.

Exaeretica conciliatella RBL.

1 ♂ Hellas, Lakonia, 5 km S. Monemvasia, 3. IV. 1980, leg. G. CHRISTENSEN. Zool. Mus. DK Copenhagen. Genit.-Präp. Nr. 4854.

Depressaria marcella RBL.

1 ♂ Greece, Athen, Markopoulo, 22. IV. 1983, leg. M. FIBIGER. Dania, Genit.-Präp. Nr. 4853. Coll. O. KARSHOLT.

1 ♀ Greece, Peleponnes, Paleo Epidauros, 19.—20. IV. 1983, leg. M. FIBIGER. Coll. O. KARSHOLT Dania.

1 ♀ Hellas, Lakonia, 5 km S. Monemvasia, 16. VIII. 1983, leg. G. CHRISTENSEN. (?)

Depressaria ultimella STT.

3 ♂ Hellas, Kerkira Kommeno, 10 km N. Kerkira (Corfu), 15.—22. V. 1983, leg. P. OLSEN. Zool. Mus. DK Copenhagen. Genit.-Präp. Nr. 4833 und 4835 und 1 ♀ mit gleichen Fundortangaben.

1 ♀ Hellas, Lakonia, 7 km SW Monemvasia, 4. VII. 1983, leg. G. CHRISTENSEN. Zool. Mus. DK Copenhagen (?).

Depressaria daucella DEN. & SCHIFFM. (= **neryosa** HAW.)

1 ♂ Hellas, Lakonia, Mt. Taygetos, 1000 m, 28.—29. VI. 1982, leg. B. SKULE & LANGEMARK. Zool. Mus. DK Copenhagen. Genit.-Präp. Nr. 4810.

1 ♂ Hellas, Lakonia, 5 km S. Monemvasia, 26. VI. 1981, leg. G. CHRISTENSEN. Genit.-Präp. Nr. 4865.

Depressaria beckmanni HEIN.

2 ♀ Hellas, Lakonia, Mt. Taygetos, 1000 m, 28.—29. VI. 1982, leg. B. SKULE & S. LANGEMARK. Zool. Mus. DK Copenhagen.

2 ♂ mit gleichen Fundortangaben. Genit.-Präp. Nr. 4844 und 4809.

1 ♂ Hellas, Achaia, Mt. Chelmos, above Kalvrita, 1700 m, 14.—16. VII. 1982, leg. B. SKULE & S. LANGEMARK. Zool. Mus. DK Copenhagen. Genit.-Präp. Nr. 4840.

1 ♀ Hellas, Lakonia, 5 km S. Monemvasia, 30 m, 18.—27. VI. 1982, leg. B. SKULE & S. LANGEMARK. Zool. Mus. DK Copenhagen.

1 ♂ Hellas, Lakonia, 5 km S. Monemvasia, 18. V. 1978, leg. G. CHRISTENSEN. Genit.-Präp. Nr. 4864.

Depressaria albipunctella HBN.

4 ♂ Hellas, Lakonia, Mt. Taygetos, 1000 m, 28.—29. VI. 1982, leg. B. SKULE & S. LANGEMARK. Zool. Mus. DK Copenhagen. Genit.-Präp. Nr. 4828, 4830 und 4836 und 1 ♀ mit gleichen Fundortangaben. Genit.-Präp. Nr. 4826.

1 ♂ Hellas, Achaia, Mt. Chelmos above Kalvrita, 1700 m, 14.—16. VII. 1982, leg. B. SKULE & S. LANGEMARK. Zool. Mus. DK Copenhagen. Genit.-Präp. Nr. 4841.

Depressaria tenebricosa Z.

1 ♂ Hellas, Lakonia, Mt. Taygetos, 1000 m, 28.—29. VI. 1982, leg. B. SKULE & S. LANGEMARK. Zool. Mus. DK Copenhagen. Genit.-Präp. Nr. 4863 und 1 ♀ Hellas, Lakonia, 5 km S. Monemvasia, 1. XI. 1977, leg. G. CHRISTENSEN. Zool. Mus. DK Copenhagen.

Depressaria veneficella Z.

1 ♀ Hellas, Achaia, Mt. Chelmos, above Kalavrita, 1700 m, 14.—16. VII. 1982, leg. B. SKULE & S. LANGEMARK. Zool. Mus. DK Copenhagen.

Depressaria discipunctella H.-S.

1 ♂ Hellas, Lakonia, Mt. Taygetos, 1700 m, 28.—29. VI. 1982, leg. B. SKULE & S. LANGEMARK. Zool. Mus. DK Copenhagen. Genit.-Präp. Nr. 4834.

Depressaria spec.

1 ♀ Hellas, Lakonia, Mt. Taygetos, 1000 m, 28.—29. VI. 1982, leg. B. SKULE & S. LANGEMARK. Zool. Mus. DK Copenhagen.

3 ♀ Hellas, Lakonia, Mt. Taygetos, Monemvasia bzw. Mt. Chelmos, 1977 und 1982 von B. SKULE, S. LANGEMARK und G. CHRISTENSEN gefangen.

Horridopalpus moranellus CHRÉT. (Tafel 16, Abb. 2 u. 3)

3 ♂ und 1 ♀ Libya Gharian, Wadi El Hira, 25. III. 1983, leg. UFFE SENECA. Zool. Mus. DK Copenhagen. Genit.-Präp. Nr. 4855, 4856, 4857.

Mit gleichen Fundortangaben 2 ♀ vom 1. IV. 1983, 2 ♂ vom 7. IV. 1983, 1 ♂ ♀ vom 15. IV. 1983, 1 ♂ und 2 ♀ vom 22. IV. 1983 und 1 ♂ ♀ vom 10. V. 1983.

Abb. 2
Weiblicher Kopulationsapparat von *Horridopalpus moranellus* CHRÉT., Genit.-Präp. Nr. 4869. Links ist die Bursa copulatrix vollständig, rechts nur teilweise dargestellt.

Über die Verbreitung dieser Art ist bisher nur wenig bekannt. In der coll. CHRÉTIEN in Paris befinden sich neben dem Typus (♂) von Biskra in Algerien auch Tiere von Gafsa (Algerien). AMSEL (1972) beschrieb *moranellus* neu unter dem Namen *D. arabica*. Die ihm vorgelegenen Tiere, 1 ♂ und 6 ♀, stammen von Saudi-Arabien aus der Umgebung von Riad. Mit den Funden aus Gharian wird diese Depressarie hiermit auch aus der Libyschen Arabischen Republik nachgewiesen.

Da die Abbildung des ♀ Genitalapparates bei AMSEL (1972, Taf. III, Fig. 5) wenig aussagekräftig ist, wird das Genitale hier noch einmal dargestellt (Abb. 2). Die Abbildung von HANNEMANN (1958, Taf. 10, Fig. 37) bezieht sich sicherlich nicht auf *moranellus* sondern auf eine andere Art.

Die vorderen Apophysen sind etwa zwei Drittel so lang wie die hinteren. Die Bursa ist lang und schlauchförmig, ein Signum fehlt. Sehr charakteristisch ist der Eingang zur Bursa, der von einer sklerotisierten, schmalen, distal offenen Spange eingefaßt wird.

Literatur

AMSEL, H. G. (1972): Depressarien aus Afghanistan, Iran, Irak und Arabien. — Beitr. naturk. Forsch. Südw. Dtl. **31**: 133—144.

CHRÉTIEN, P. (1907): Description de deux espèces nouvelles de *Depressaria* d'Algérie (Lep.). — Bull. Soc. Ent. Fr. **1907**: 276—279.

HANNEMANN, H. J. (1958): Die Gruppierung weiterer Depressarien nach dem Bau ihrer Kopulationsorgane, Teil 1. — Mitt. Zool. Mus. Berlin **34**: 3—47.

Anschrift des Verfassers:

Prof. Dr. H. J. HANNEMANN
Museum für Naturkunde
Bereich Zoologisches Museum
DDR-1044 Berlin, Invalidenstr. 43

Dtsch. ent. Z., N. F. **33** (1986) 3—5, 241—248

Die Köcherfliegen des Sächsischen Bernsteins (II)

(Trichoptera)

Von

Wolfram Mey

Mit 15 Abbildungen im Text

Abstract

The caddisflies *Wormaldia angularia n. sp.*, *W. contigua n. sp.*, *Holocentropus horribilis n. sp.*, *H. castus n. sp.*, *H. operarius n. sp.*, *H. incurvatus n. sp.* and *Erotesis concinnula n. sp.* from the Saxonian amber are described and figured. Their near relatives are species or species groups of the Baltic amber Trichoptera. The article is the second contribution about the investigation on Saxonian amber Trichoptera.

Philopotamidae

Wormaldia angularia n. sp.

Material: 1 ♂, signiert als Holotypus, in coll. Paläontologisches Museum des Museums für Naturkunde Berlin.

Erhaltungszustand: Kopf- und Thoraxoberseite fehlen, desgleichen die linke Antenne, Flügel und Beine eng am Körper anliegend, Hinterflügelgeäder und Taster nicht erkennbar.

Das vorliegende Exemplar ist relativ dunkel gefärbt. Auf Grund der überwiegend braunen, zum Teil abgeriebenen Haare dürfte die ursprüngliche Färbung ähnlich wie die der rezenten *W. pulla* (McL.) gewesen sein. Körper graubraun, Beine noch dunkler, Antennen ebenfalls graubraun, jedoch dicht dunkelbraun behaart. Diese Behaarung fehlt an den Artikulationen. Behaarung des Kopfes braun. Auf der Basis der Vorderflügel befindet sich eine aufrechtstehende, lange und dichte Behaarung, die aus hellgrauen und braunen Haaren besteht. Übrige Flügelfläche kurz braun behaart, Flügelmembran dunkel. Im Vorderflügel sind Gabel 1 und 2 sitzend. Sie reichen nicht an der D-Zelle herunter. Gabel 4 kurz gestielt, Gabel 3 mit etwas längerem Stiel. Die Queradern der Anastomose bilden eine Gerade (s, r—m, m). Die D-Zelle ist kurz, um etwa ein Drittel kleiner als die M-Zelle. Spornzahl 2.4.4. Die Innensporne sind etwas länger als die Außensporne.

Genitalapparat ♂ (Abb. 1): Das erste Glied der unteren Anhänge ist länger als der Harpago. Er ist von lateral gesehen nicht abgerundet oder konvex, sondern eckig vorspringend. Der Harpago besitzt eine fast rechteckige Form und ist am Apex nur schwach abgerundet. Vom 9. Segment ist nur ein kleiner Ausschnitt erkennbar. Er liegt über den unteren Anhängen und ist offensichtlich der Teil eines relativ weit nach distal reichenden 9. Segments. Obere Anhänge und 10. Segment etwa gleichlang. Die oberen Anhänge sind dunkler gefärbt als die anderen Teile des Genitalapparates. Ihre Form entspricht der der rezenten Arten. Sie reichen bis fast zum Apex der sehr kurzen unteren Anhänge. Die oberen Anhänge verdecken das 10. Segment fast vollständig. Nur sein distales Ende ragt unter den Spitzen der oberen Anhänge hervor. Es ist stäbchenförmig, ohne Erweiterung oder Ausschnitt. Das unter dem 10. Segment liegende Organ ist vermutlich der Aedeagus. Es ist ungewöhnlich groß und dunkel gefärbt.

Körperlänge: 4 mm, Vorderflügellänge: 5 mm.

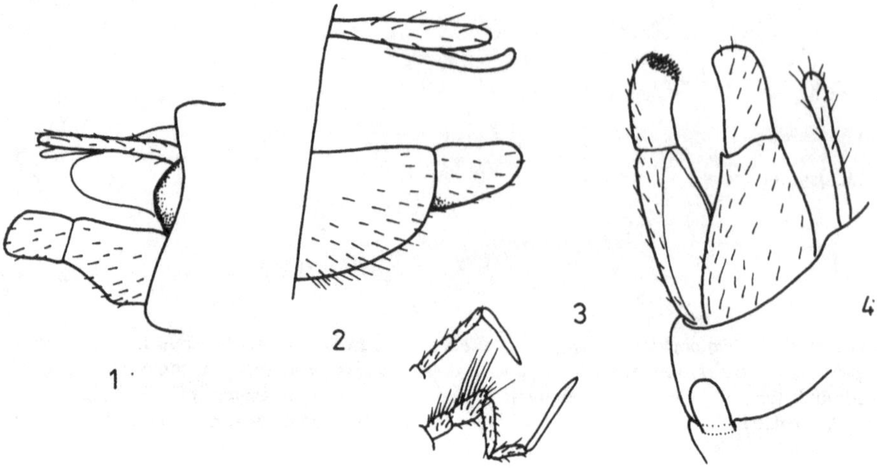

Abb. 1
Wormaldia angularia n. sp. ♂, Genitalapparat, lateral.
Abb. 2—4
Wormaldia contigua n. sp. ♂, 2 — Genitalapparat, lateral, 3 — Maxillar- und Labialtaster, 4 — Genitalapparat, ventrolateral.

Wormaldia contigua n. sp.

Material: 1 ♂, signiert als Holotypus, in coll. Paläontologisches Museum des Museums für Naturkunde Berlin.

Erhaltungszustand: Das Tier ist bis auf das letzte Drittel der linken Antenne vollständig erhalten. Die Flügel sind etwas ausgebreitet. Analfeld des Hinterflügels nicht erkennbar, Beine anliegend.

Körper braun bis dunkelbraun, ebenso Taster und Beine, Antennen fast schwarz und kürzer als Vorderflügel. Die Antennenglieder sind deutlich voneinander abgesetzt. Kopfoberseite, Taster und Antennen mit dichter dunkelbrauner Behaarung, Ocellen vorhanden, Spornzahl 2.4.4. Die beiden ersten Glieder der Maxillartaster sind kürzer und dicker als die folgenden Glieder, das 2. Glied nur wenig länger als das Grundglied, 5. Glied am längsten und am Ende zugespitzt, ebenso wie das Endglied der Labialtaster (Abb. 3). Die D-Zelle ist im Vorderflügel klein, Gabel 1 kurz an der D-Zelle herunterreichend, Gabel 2 und 4 sitzend, Gabel 3 mit kurzem Stiel. Die Queradern bilden keine gerade Linie wie bei *W. angularia n. sp.* Die M-Zelle reicht apikalwärts so weit, wie die D-Zelle. Im Hinterflügel sind Gabel 1 und 3 gestielt, Gabel 4 fehlend. Ventral trägt das 7. Sternit einen flachen, breiten Fortsatz. Er reicht bis zur Mitte des 8. Segments und scheint an seiner Basis nicht eingeschnürt zu sein.

Genitalapparat ♂ (Abb. 2, 4): Die unteren Anhänge sind sehr kurz und wirken plump. Das erste Glied ist an der Basis breit und von lateral gesehen stark konvex gebogen. Das zweite Glied ist kürzer als das erste, apikal sich etwas verschmälernd und abgerundet. Auf seiner Innenseite steht am Apex eine dichte und dunkel gefärbte Haarbürste. Das 10. Segment läuft von lateral gesehen in eine schmale Gräte aus, die am Ende leicht nach dorsal aufgebogen ist. Die oberen Anhänge sind von normaler, fingerförmiger Gestalt, jedoch etwas breiter als bei der vorhergehenden Art.

Körperlänge: 2,8 mm, Vorderflügellänge: ca. 3,5 mm.

W. contigua n. sp. und *W. angularia n. sp.* gehören offensichtlich zur *aequalis*-Gruppe, die bisher nur aus dem Baltischen Bernstein bekannt war (Ross 1956). Beide Arten unterscheiden sich deutlich durch verschiedene Merkmale in der Aderung der Vorderflügel und im Genitalapparat. *W. contigua n. sp.* steht der *W. media* (ULMER) nahe, während *W. angularia n. sp.* auf Grund der ähnlich geformten unteren Anhänge wohl enger mit *W. aequalis* (ULMER) verwandt ist.

Polycentropodidae

Holocentropus horribilis n. sp.

Material: 1 ♂, signiert als Holotypus, in coll. Paläontologisches Museum des Museums für Naturkunde Berlin.

Erhaltungszustand: Das Tier ist vollständig erhalten. Es ist jedoch mit übereinandergelegten Flügeln und eng am Körper anliegenden Beinen eingebettet, so daß der Genitalapparat nur teilweise und die Hinterflügel überhaupt nicht zu erkennen sind.

Antennen, Taster, Kopf, Thorax, Femura und Abdomen dunkelbraun, Tibien und Tarsen braun. Die Flügel sind nur schwach braun behaart. Eine stärkere braune Behaarung ist nur an den Flügelrändern vorhanden. Antennen kürzer als die Vorderflügel, etwa bis zum Ende des Radius reichend. Der Scapus ist kurz und breit, der Pedicellus etwas schmaler. Die Antennenglieder sind bis kurz hinter der Antennenmitte dicht aneinandergefügt und ohne Ringelung. Die folgenden Glieder sind an den Artikulationen verschmälert und heben sich dadurch deutlich voneinander ab. Dieser Abschnitt erscheint somit gesägt, jedoch nicht so ausgeprägt, wie bei rezenten *Cyrnus*-Arten. Von den Maxillartastern sind die beiden ersten Glieder sehr kurz, das 3. ist lang, das 4. wieder kürzer und das 5. Glied ist so lang, wie alle Glieder zusammen. Ocellen fehlend, Spornzahl 3.4.4. Tarsus der Hinterbeine kürzer als die Tibia. Die Aderung des Vorderflügels entspricht der Gattungsdiagnose (vgl. ULMER 1912). Die Gabel 1 ist vorhanden und etwa genausolang wie ihr Stiel.

Genitalapparat ♂ (Abb. 5—6): Der Genitalapparat ist nur partiell sichtbar. Der obere Teil des 9. Segments und das 10. Segment werden durch die Flügel verdeckt und können nur andeutungsweise wiedergegeben werden. Vom 10. Segment ragt eine lange, auffällige und im Querschnitt runde Gräte bis zur Innenseite des rechten, unteren Anhangs. Es kann nicht entschieden werden, wo diese Gräte entspringt. Bei schief, ventraler Sicht unter die Flügel scheint dieser Anhang zu den mittleren Anhängen zu gehören. Da die mittleren Anhänge immer paarig sind, muß in diesem Fall eine zweite Gräte vorhanden sein. Eine zweite Gräte ist jedoch nicht zu erkennen. Die genaue Bestimmung dieser auffälligen Bildung kann nur durch weiteres Material erfolgen. Sehr charakteristisch für *H. horribilis n. sp.* sind die bizzar geformten unteren Anhänge. Sie sind ventral an der Basis tief gespalten. Der innere Teil ist kurz, ungefähr halb so lang wie der äußere und spitz zulaufend. Von lateral gesehen verbreitern sich die unteren Anhänge distalwärts. Dabei bilden sie ventral einen abgerundeten, dreieckigen Vorsprung. Dorsal läuft der untere Anhang in einen weit nach proximal, bis fast zur Basis der unteren Anhänge, gebogenen Fortsatz aus („geweihähnlicher“ Fortsatz nach ULMER, 1912). An seiner Basis entspringt ein nach ventral gerichteter, dreieckiger Zahn, der in Ventralansicht nicht mehr erscheint. (Der dorsale Fortsatz der unteren Anhänge wird im Objekt teilweise durch eine davorliegende Tibia verdeckt.)

Körperlänge: 4 mm, Vorderflügellänge: ca. 5,5 mm.

Die neue Art ist der *H. cornutus* ULMER aus dem Baltischen Bernstein auf Grund der ähnlich geformten unteren Anhänge nahestehend.

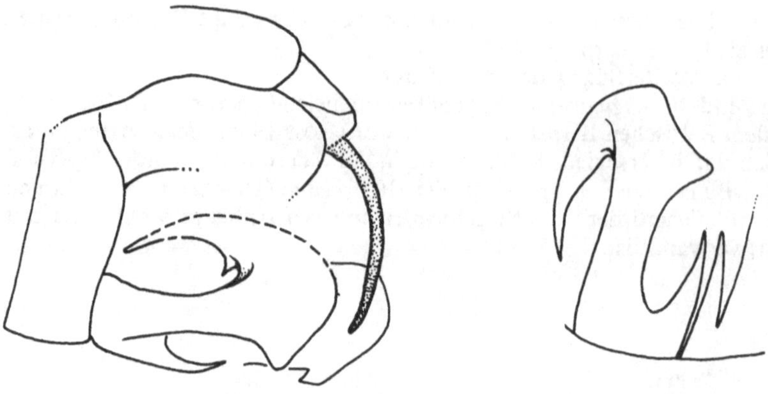

5 6

Abb. 5—6
Holocentropus horribilis n. sp. ♂, Genitalapparat, lateral, 6 — untere Anhänge, ventral.

Holocentropus castus n. sp.

Material: 1 ♂, signiert als Holotypus, in. coll. Paläontologisches Museum des Museums für Naturkunde Berlin.

Erhaltungszustand: Der Holotypus ist vollständig erhalten. Er ist mit zusammengeklappten Flügeln und mit an den Körper angelegten Vorder- und Hinterbeinen eingebettet.

Kopf und Thorax schwarz, Antennen, Taster und Beine braun, Antenne mit geringelten Gliedern, diese sind deutlich voneinander abgesetzt, Vorderflügel mit dunkler Membran und hellbrauner Behaarung, Ocellen fehlend. Im Vorderflügel ist Gabel 1 vorhanden, lang gestielt. Die Gabel 3 ist ebenfalls gestielt, ihr Stiel ist kürzer als die Gabel. Spornzahl 3.4.4., Innensporne länger als Außensporne.

Genitalapparat ♂ (Abb. 7): Es sind nur die unteren Anhänge von ventral gesehen deutlich zu erkennen, da das Abdomen dorsal in Richtung der zusammengelegten Flügel umgebogen ist. Die Anhänge sind einfach gebaut, ohne Gräten, Fortsätze oder Einbuchtungen. Sie stoßen ventral nicht zusammen. Die unteren Anhänge sind an der Basis relativ breit und

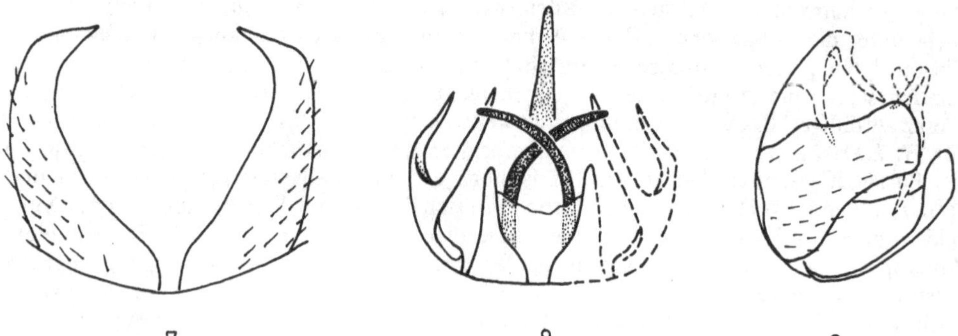

7 8 9

Abb. 7
Holocentropus castus n. sp. ♂, untere Anhänge, ventral.
Abb. 8—9
Holocentropus operarius n. sp. ♂, 8 — Genitalapparat, dorsal, 9 — ventrolateral.

divergieren. Distalwärts verschmälern sie sich beträchtlich. Ihr letztes Viertel ist nach median gebogen und läuft spitz aus. Der von den unteren Anhängen umschlossene Raum hat eine entfernt herzähnliche Form.
Körperlänge: 3 mm, Vorderflügellänge: ca. 6 mm.

Die unteren Anhänge der *Holocentropus*-Arten des Baltischen Bernsteins ebenso wie der des Sächsischen Bernsteins sind sehr vielgestaltig und artspezifisch. Bereits ihre Erfassung allein genügt meist zur eindeutigen Differenzierung und Kennzeichnung der Arten. Die unteren Anhänge von *H. castus n. sp.* sind charakteristisch geformt. Sie haben keine Ähnlichkeit mit denen der anderen *Holocentropus*-Arten. Auch die Arten des Baltischen Bernsteins bieten vorläufig kaum Anhaltspunkte für die Kennzeichnung einer engeren Verwandtschaft mit *H. castus n. sp.*

Holocentropus operarius n. sp.

Material: 1 ♂, signiert als Holotypus, in coll. Paläontologisches Museum des Museums für Naturkunde Berlin.

Erhaltungszustand: Der Apex der Flügel ist hinter der D-Zelle und den Gabelverzweigungen abgeschliffen, ebenfalls die Tarsen der Hinterbeine.

Körperfarbe hellbraun, Flügelmembran hell graubraun, Aderung dunkler, Kopf oberseits kaum behaart. Die Antennen sind relativ dick und kürzer als die Vorderflügel. Die Antennenglieder sind deutlich voneinander abgesetzt und an den Artikulationen aufgehellt. Die Maxillartaster sind relativ dick, das letzte Glied nur so lang wie die ersten 3, Spornzahl 3.4.4., Innensporne länger als Außensporne. Im Vorderflügel ist Gabel 1 vorhanden, länger als ihr Stiel, Gabel 2, 3 und 4 sitzend. Der Cu verläuft bis zu seiner Gabelung nicht gerade, sondern ist an der Querader m—cu nach unten gebogen. D-Zelle im Hinterflügel kurz, Gabel 2 in einem Punkt sitzend.

Genitalapparat ♂ (Abb. 8—9): Das 10. Segment besteht dorsal aus 2 Fortsätzen, die aus einer basalen Verbreiterung heraus sich plötzlich deutlich verschmälern, distal gerade und sich weiter verdünnend auslaufen. Zwischen beiden Teilen scheint eine häutige Membran ausgespannt zu sein, die dann ebenfalls zum 10. Segment gehört. Die mittleren Anhänge sind dünne, gebogene Stäbe. Von dorsal gesehen liegen sie zwischen den Teilen des 10. Segments und überkreuzen sich. Sie sind nicht nach ventral gebogen, sondern liegen in einer horizontalen Ebene. Die oberen Anhänge sind nur undeutlich und vage erkennbar. (Ihr vermutliches Aussehen ist in Abb. 9 gestrichelt eingezeichnet.) Sie sind relativ groß und tief gespalten. Ihr dorsaler und ventraler Teil ist jeweils als langer, schmaler Stab ausgezogen, am Ende zugespitzt. Beide verlaufen etwa nach medioventral, wobei der ventrale Teil noch stärker nach unten gerichtet ist und die Basis der unteren Anhänge erreicht. Die unteren Anhänge sind kompakt, an der Basis breiter als am fast rechteckigem Apex. Dieser ist nach innen leicht umgeschlagen und abgerundet. Die Innenseiten der unteren Anhänge sind ausgehöhlt. Von ventrolateral gesehen ist die Unterkante der unteren Anhänge konkav.

Körperlänge: 4,5 mm, Vorderflügellänge: ca. 6 mm.

H. operarius n. sp. ist verwandt mit *H. consanguineus* Ulmer aus dem Baltischen Bernstein. Er besitzt ebenfalls überkreuzte mittlere Anhänge. Auch die unteren Anhänge weisen eine ähnliche Form auf.

Holocentropus incurvatus n. sp.

Material: 1 ♂, signiert als Holotypus, 4 ♂, signiert als Paratypen, in coll. Paläontologisches Museum des Museums für Naturkunde Berlin.

Erhaltungszustand des Holotypus: Das Tier ist vollständig erhalten. Es ist in fast natürlicher Ruhelage eingebettet. Die Hinterflügel sind nicht sichtbar.

Körper bernsteinfarben, Kopf und Thorax oberseits dunkelbraun, die Beine braun. Die Antennen sind hellbraun, mit dunkler Ringelung auf den Gliedern. Diese sind dicht aneinander gefügt. Die Vorderflügel sind hellbraun, mit helleren Flecken, die über der gesamten Flügelfläche verteilt sind. Ozellen fehlend, Spornzahl 3.4.4. Der Tarsus der Hinterbeine ist sehr lang, fast genausolang wie die Tibia. Im Vorderflügel Gabel 1 vor-

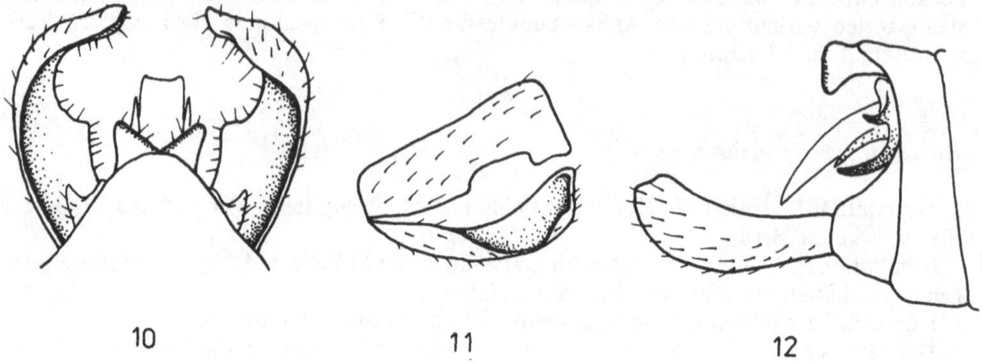

Abb. 10–12
Holocentropus incurvatus n. sp. ♂, 10. — Genitalapparat, dorsal, 11 — untere Anhänge, ventrolateral, 12 — Genitalapparat, lateral.

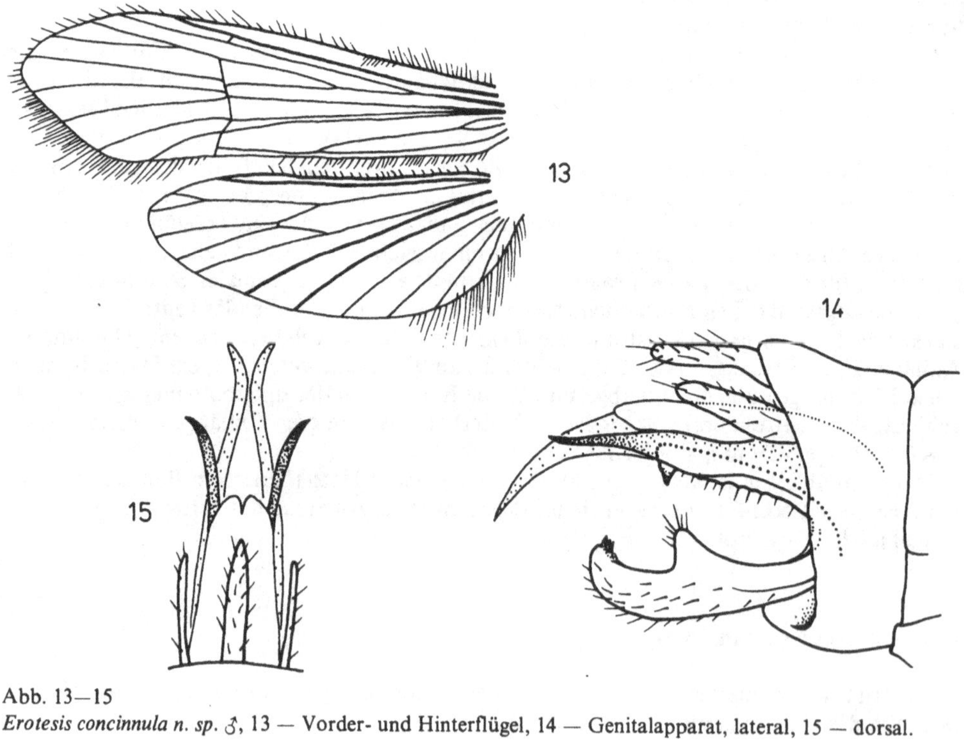

Abb. 13–15
Erotesis concinnula n. sp. ♂, 13 — Vorder- und Hinterflügel, 14 — Genitalapparat, lateral, 15 — dorsal.

handen, kürzer als ihr Stiel, Gabel 2 und 4 sitzend, Gabel 3 kurz gestielt. Im Hinterflügel ist Gabel 2 kurz gestielt.

Genitalapparat ♂ (Abb. 10—12): Das 10. Segment ist von lateral gesehen stempelförmig, dorsal und ventral abgerundet. In Dorsalsicht ist es tief ausgeschnitten. Der Ausschnitt bildet ein stumpfwinkliges Dreieck. Die distalen Innenkanten des 10. Segments sind am Ausschnitt stärker sklerotisiert und erscheinen im Einschluß dunkler als die anderen Organe. Die oberen Anhänge sind ähnlich wie bei *H. operarius n. sp.* tief gespalten, jedoch anders geformt. Aus einer lateral schmalen Basis heraus entspringt ein kurzer, dunkler und leicht gebogener Zahn am Außenrand der oberen Anhänge. Die Unterseite der oberen Anhänge ist in einen langen, fingerförmigen Fortsatz ausgezogen. Er ist ebenfalls leicht nach oben gebogen, dunkel gefärbt und viel länger als der dorsale Fortsatz der oberen Anhänge. Die mittleren Anhänge sind dünne, stäbchenförmige Gräten, die distal zugespitzt sind und schwach gebogen nach ventral verlaufen. Sie sind relativ kurz und erreichen nicht die Oberkante der unteren Anhänge. Die mittleren Anhänge flankieren den Aedeagus, der in Lateralsicht eine dolchartige Form aufweist. Er ist an seinem Ende spitz. Von dorsal gesehen bildet der Aedeagus eine rechteckige Platte, die am Apex breit eingezogen ist. Der Aedeagus liegt in der Mitte, unter dem 10. Segment und ist schmaler als dieses. Die unteren Anhänge entspringen an dem stark nach distal erweiterten Basalteil des 9. Segments. Sie erscheinen deshalb relativ lang und überragen alle anderen Anhänge des Genitalapparates. In Dorsal- und Ventralsicht ist zu erkennen, daß die Unterkante der unteren Anhänge breit und fast rechtwinklig ausgeschnitten ist. Von diesem Ausschnitt an ist das Endteil der unteren Anhänge nach median gekrümmt, so daß die unteren Anhänge zusammen die Form einer Kneifzange ergeben. Der ventrale Ausschnitt ist in Lateralansicht nicht zu erkennen.

Körperlänge: ca. 3—4 mm, Vorderflügellänge: 4,5—5,5 mm.

H. incurvatus n. sp. zeigt eine weitgehende Übereinstimmung im Genitalapparat mit *H. consobrinus* Ulmer aus dem Baltischen Bernstein. Bei *H. incurvatus n. sp.* hat das 10. Segment jedoch von dorsal und lateral gesehen eine andere Form. Weitere, allerdings geringfügige Unterschiede bestehen im Bau der oberen Anhänge.

Leptoceridae

Erotesis concinnula n. sp.

Material: 1 ♂, signiert als Holotypus, in coll. Paläontologisches Museum des Museums für Naturkunde Berlin.

Erhaltungszustand: Das apikale Drittel der rechten Vorder- und Hinterflügel fehlt. Von der linken Antenne ist nur der Scapus vorhanden, von der rechten nur ein basales Stück, ungefähr bis Antennenglied 12. Vom Kopf bis zum Genitalapparat entlang zieht sich ventral eine helle, milchige Trübung.

Thorax braun, Kopf, Abdomen, Taster und Beine hellbraun. Der Scapus ist nicht ganz so breit wie der Kopf, mit langen, schwarzen Haaren dicht besetzt. Antennenglieder einfarbig braun. Die Maxillartaster tragen ebenfalls eine dichte, abstehende und braune Behaarung. Das 1. Glied der Taster ist kurz, das 2. und 3. gleichlang, das 4. kürzer als das 2. und 3., das 5. am längsten. Vorderflügel einfarbig hellbraun, mit etwas dunkler gefärbten Haaren besetzt. Spornzahl 1.2.2. Geäder siehe Abb. 13.

Genitalapparat ♂ (Abb. 14—15): Die oberen Anhänge sind breit und fingerförmig. Von dorsal gesehen erscheinen sie nur als dünne Stäbchen. Das 10. Segment bildet median eine lange Platte, die an ihrem Distalrand eingekerbt ist. Zum 10. Segment gehören vermutlich auch die lateral der Platte liegenden Anhänge, die in Lateralsicht basal sehr breit beginnen, sich allmählich verschmälern und spitz enden. Sie überragen deutlich das Mittelteil des 10. Segments und divergieren leicht. Zum 10. Segment gehört wohl auch der unpaare Fortsatz, der in der Mitte über der medianen Platte liegt und an der distalen Oberkante des 9. Segments beginnt. Er ist vermutlich aus der Verschmelzung eines dorsalen Paares von Anhängen des 10. Segments entstanden, worauf seine bedeutende Länge hinweist. Unter dem Mittelteil des 10. Segments liegt der Aedeagus. Er wird verdeckt von langen, dolchförmig gebogenen und spitzen Gräten, die vermutlich die Parameren darstellen. Sie divergieren ebenfalls distal und überragen die mediane Platte des 10. Segments um die doppelte Länge. Die unteren Anhänge sind tief gespalten und bilden einen dorsalen und ventralen Teil. Der ventrale Teil ist voluminöser und länger als der dorsale. Seine Oberkante ist in der Mitte nach dorsal vorspringend und bildet einen abgerundeten, dreieckigen Fortsatz. Die distale Partie des ventralen Teils der unteren Anhänge ist abgerundet und etwas nach oben gewölbt. Auf seinem Innenrand sind 2 bis 3 spitze Dornen erkennbar, die nach dorsal gerichtet sind. Der dorsale Teil der unteren Anhänge entspringt tief an der Basis der unteren Anhänge und wird teilweise durch das 9. Segment verdeckt. Er verläuft als schmales Band, anfangs nach dorsal und dann distal umgebogen. Durch seine Lage zwischen und unter den Fortsätzen des 10. Segments ist nur seine Unterkante deutlich zu sehen. Sie besitzt eine leicht unregelmäßige Kontur und trägt mehrere abstehende Haare. Am distalen Ende entspringt ein kurzer, dreieckiger Zahn, der ventrolateral gerichtet ist.

Körperlänge: ca. 5 mm, Vorderflügel: ca. 7 mm.

Aus dem Baltischen Bernstein ist nur *E. aequalis* ULMER bekannt. Von dieser Art unterscheidet sich *E. concinnula n. sp.* durch eine völlig verschiedene Genitalmorphologie. Auch im Flügelgeäder bestehen markante Unterschiede. Bei *E. aequalis* ULMER ist die Gabel 5 im Vorderflügel gestielt, während sie bei *E. concinnula n. sp.* wie auch bei den rezenten Arten bis zur Querader m—cu reicht. Sehr auffällig ist das sehr schmale Flügelfeld zwischen Cu 1 und Cu 2 im Vorderflügel der *E. concinnula n. sp.*, das bei keiner anderen *Erotesis*-Art vorkommt. Im Hinterflügel ist der Radius gänzlich mit der Subcosta verschmolzen, so daß die Aderung völlig mit der der rezenten Arten übereinstimmt.

Zusammenfassung

Aus dem Sächsischen Bernstein werden die Köcherfliegen *Wormaldia angularia n. sp.*, *W. contigua n. sp.*, *Holocentropus horribilis n. sp.*, *H. castus n. sp.*, *H. operarius n. sp.*, *H. incurvatus n. sp.* und *Erotesis concinnula n. sp.* beschrieben und abgebildet. Sie sind nahe verwandt mit Arten bzw. Artengruppen des Baltischen Bernsteins. Der Artikel ist der zweite Beitrag über die Bearbeitung der Trichoptera aus dem Sächsischen Bernstein.

Literatur

BARTHEL, M. & HETZER, H. (1982): Bernstein-Inklusen aus dem Miozän des Bitterfelder Raumes. — Z. angew. Geol. **28**: 314—336.

MEY, W. (1985): Die Köcherfliegen des Sächsischen Bernsteins (I). — Dtsch. ent. Z., N. F. **32**: 275—278.

ROSS, H. H. (1956): Evolution and classification of the mountain caddisflies. — University of Illinois Press, Urbana, 1—213.

ULMER, G. (1912): Die Trichopteren des Baltischen Bernsteins. — Beiträge zur Naturkunde Preußens **10**: 1—380.

Anschrift des Verfassers:

Dr. W. MEY
DDR-1500 Potsdam
Franz-Brüning-Straße 25

Dtsch. ent. Z., N. F. 33 (1986) 3—5, 249—252

Taxonomische Bemerkungen zur Gattung Selandria LEACH, 1817[1])

(Hymenoptera)

Von

FRANK KOCH

Mit 4 Abbildungen im Text

Abstract

Three species of sawflygenus *Selandria* was investigated. *Selandria excisa* KONOW is a new synonym of *S. serva* (F.).

Selandria LEACH

Aus der Gattung *Selandria* kennt man bisher 4 paläarktische Arten. Davon sind *Selandria serva* (F.) und *S. sixii* VOLLENHOVEN von Europa bis Sibirien verbreitet. Als ausschließlich zentraleuropäische Art gilt *S. excisa* KONOW, während *S. konoi* TAKEUCHI aus Sachalin, den Kurilen und aus Japan gemeldet wird. Für die nearktische Region sind bisher keine Arten dieser Gattung verzeichnet.

Selandria serva (F., 1793)

Die 7,0—8,0 mm große *S. serva* gilt zeifellos als häufigste und am weitesten verbreitete Art dieser Gattung. Folgende Synonyme sind beschrieben: *Tenthredo socia* KLUG, 1814; *T. lepida* LEPELETIER, 1823; *Selandria dorsalis* STEPHENS, 1835. Darüberhinaus gibt es die Unterart *S. serva fuscitarsis* BENSON, 1954, bei der die Mittelbeine und die Apikalglieder der Hintertarsen gebräunt sind. Desweiteren sind die nachfolgenden Varietäten *mascula* FALLÉN, 1807; *mediocris* LEPELETIER, 1825; *interstitialis* KONOW, 1885 und *punctatus* ZIRNGIEBL, 1956 bekannt.

Die var. *mediocris* unterscheidet sich von der Stammform nur dadurch, daß die 2. Cubitalkreuzvene und die 2. Medialkreuzvene des Vorderflügels interstitial sind. Ebenso, nur mit einer deutlich scharf ausgeprägten, weitstehenden Punktur auf den oberen Mesopleuren ist die var. *punctatus* gestaltet. Durch einen völlig schwarzen Thorax ist die var. *mascula* gekennzeichnet. Bei der var. *interstitialis* ist das Flügelgeäder wie bei der var. *mediocris* ausgebildet und außerdem ist der Thorax hier völlig schwarz.

Über die Variabilität des Flügelgeäders und dessen Wert für die taxonomische Beurteilung einer Art ist hinreichend geschrieben worden. Diese Varietäten wurden außerdem genitalmorphologisch untersucht, um damit deutlichere, vielleicht artspezifische Unterscheidungsmerkmale zu finden, die jedoch nicht nachweisbar waren.

Bei der Auswertung einer fast 200 Individuen umfassenden Kollektion von *S. serva* vom Norden der DDR (KOCH, 1985) fiel auf, daß bei den Männchen das $Sternum_9$ (Genitalplatte) zwischen abgerundet, abgestutzt und schwach ausgeschnitten variiert (Abb. 1).

---

[1]) W. HEINZ MUCHE zum 75. Geburtstag in Verehrung gewidmet.

Es lag dabei die Vermutung nahe, daß es sich bei den Tieren mit ausgerandetem $Sternum_9$ um *S. excisa* handeln könnte.

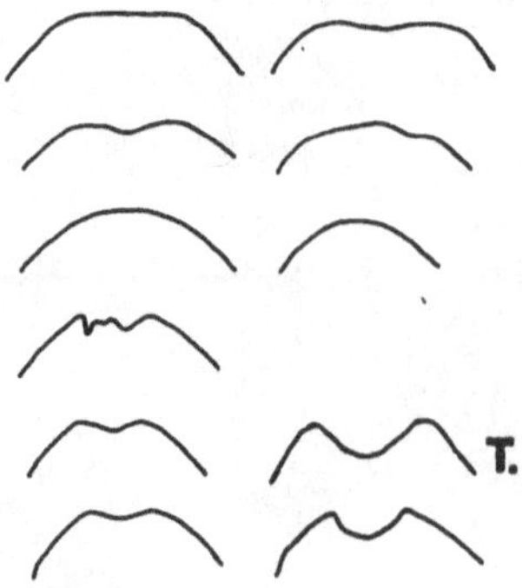

Abb. 1
Die Variationsbreite des $Sternums_9$. T.: Typus von *Selandria excisa*; darunter: Konows zweites Exemplar von *S. excisa*

Selandria excisa Konow, **1885; syn. nov.**

Die genitalmorphologische Untersuchung des fraglichen Materials ergab keine Unterschiede zu den als eindeutig erkannten *S. serva* (Abb. 2). Aber auch bei den von Reichert (1933) und Zirngiebl (1954) erwähnten Tieren, die hierfür nachträglich kontrolliert wurden, wiesen keine von *S. serva* auffallend abweichenden Merkmale auf. Da nach der Bestimmungsliteratur (Enslin 1918 und Muche 1969) die Männchen von *S. excisa* nur anhand des ausgeschnittenen $Sternums_9$ von *S. serva* abgegrenzt werden und da über diesen Ausschnitt keine objektiven Vorstellungen bestanden, war die Beurteilung des Typus notwendig.

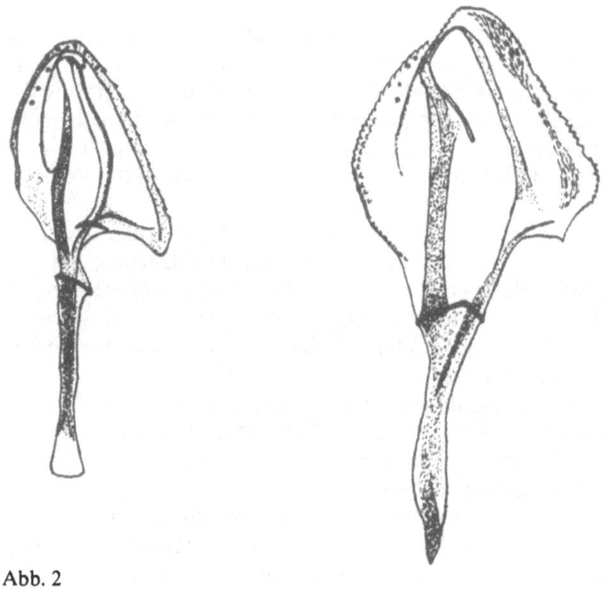

Abb. 2
Links: Penisvalve von *Selandria serva*
Rechts: Penisvalve von *Selandria sixii*

S. excisa beschrieb KONOW (1885) nach einem Männchen, daß er im Mai 1884 in Fürstenberg (Havel) gefangen hatte. Farbmäßig entspricht dieses Tier völlig einer *S. serva* var. *mascula* und im Hinterflügel sind die Cubital- und die Medialkreuzvene interstitial. Das $Sternum_9$ ist breit und tief ausgeschnitten, so wie es auch der Originalbeschreibung zu entnehmen ist (Abb. 1). In der Sammlung des Institutes für Pflanzenschutzforschung, Abt. Taxonomie der Insekten befand sich noch ein zweites von KONOW als *S. excisa* determiniertes Männchen aus Leipzig vom 6. Mai 1885. Bei ihm waren das $Sternum_9$ nicht ganz so kräftig ausgeschnitten und die Cubital- mit der Medialkreuzvene nicht interstitial. Die Untersuchung der Genitalien erbrachte keine Unterschiede zu *S. serva*. Fast alle herangezogenen Männchen besaßen schwarze Mesopleuren, jedoch war das Postspiracularsclerit teilweise gelb. Bei allen Tieren waren die $Terga_{1/7}$, bei einem Großteil davon aber auch die $Terga_{2/6/8}$ schwarz gezeichnet.

Im weiblichen Geschlecht sollen bei *S. excisa* die Mesopleuren bis auf einen kleinen Fleck, das Pronotum, außer den Ecken und die $Coxae_{1/2}$ schwarz sein. Insgesamt lagen 10 derartiger Weibchen, die teilweise in der Färbung variierten zur genitalmorphologischen Bewertung vor. Auch dabei ergaben sich keine Unterschiede zu *S. serva*.

Anhand der vorausgegangenen Betrachtungen muß *Selandria excisa* als Art eingezogen und als neues Synonym zu *S. serva* gestellt werden. Diese taxonomische Korrektur hielten der Autor selbst, später auch ENSLIN (1918) und schließlich ZHELOCHOVTSEV (1951) für möglich.

Selandria sixii VOLLENHOVEN, 1858

Der Vollständigkeit halber soll *S. sixii* in diesem Rahmen ebenfalls diskutiert werden. *S. sixii* unterscheidet sich nicht nur in der Körpergröße (9,0—11,0 mm) von *S. serva*, sondern auch durch die deutlich verschieden gestaltete Penisvalve (Abb. 2). Im weiblichen Geschlecht weichen die Formen der Sägevalven nicht voneinander ab (Abb. 3), jedoch besitzt *S. sixii* eine extrem verbreiterte Sägescheide (Abb. 4). Die entsprechende graphische Darstellung bei ZHELOCHOVTSEV (1951) muß deshalb als falsch angesehen werden. Das in der Literatur herangezogene Unterscheidungsmerkmal, daß bei *S. serva* das 3. Antennenglied deutlich

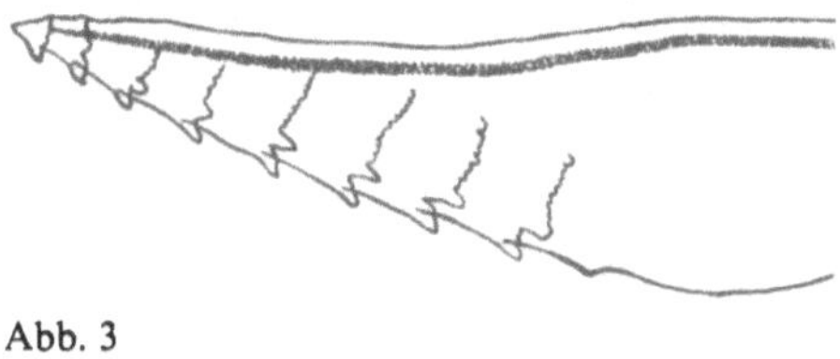

Abb. 3
Die Sägevalve von *Selandria serva* und *S. sixii*

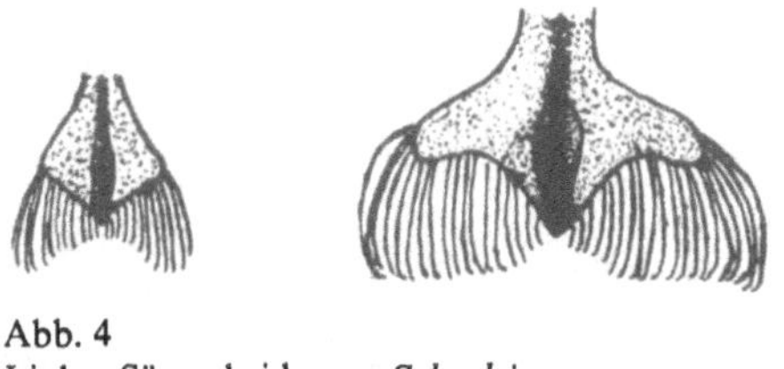

Abb. 4
Links: Sägescheide von *Selandria serva*
Rechts: Sägescheide von *Selandria sixii*

kürzer als die drei letzten zusammen sein soll, während bei *S. sixii* dieses Verhältnis genau umgekehrt liegt, ist sehr subjektiv und nicht eindeutig zu erkennen. Farblich differieren beide Arten kaum voneinander.

Danksagung

Für die freundliche Bereitstellung von Typen- und Vergleichsmaterial sei den Herren E. Diller, Zoologische Staatssammlung München; W. H. Muche, Radeberg; Dr. J. Oehlke und A. Taeger, Institut für Pflanzenschutzforschung Eberswalde sowie R. Schiller, Naturwissenschaftliches Museum Leipzig herzlich gedankt.

Literatur

Enslin, E. (1918): Die Tenthredinoidea Mitteleuropas. — Beihefte Dt. Entom. Z., 1912—1917.

Koch, F. (1985): Phänologische und ökologische Bemerkungen zur Symphytenfauna der küstennahen Landschaft. — Dt. Entom. Z., N. F. **32**, 251—263.

Konow, F. W. (1885): Über die Blattwespengattungen *Strongylogaster* Dahlb. und *Selandria* Klg. — Wiener Entom. Z. **4**, 19—26.

Muche, W. H. (1969): Die Blattwespen Deutschlands, II. Selandriinae (Hym.). — Ent. Abh. Mus. Tierk. Dresden **36**, 61—96.

Reichert, A. (1933): Die Tenthredinoidea von Leipzig und Umgebung. — Sitzungsber. Naturforsch. Ges. Leipzig Jg. 56—59, 1—38.

Zhelochovtsev, A. N. (1951): Obsor palearktitschesskich pililschtschikow podssemejntwa Selandriinae (Hym., Tenthr.). Sporn. Trud zool. Mus. MGU **7**, 123—153.

Zirngiebl, L. (1954): Zur Wespenfauna der Pfaltz. Mitt. Pollichia Bad Dürkheim **2**, 119—194.

Anschrift des Verfassers:

Dr. Frank Koch
Museum für Naturkunde
an der Humboldt-Universität zu Berlin
Bereich Zoologisches Museum
DDR-1040 Berlin
Invalidenstraße 43

Dtsch. ent. Z., N. F. 33 (1986) 3—5, 253—255

Hyphydrus hiekei n. sp., and notes on the genus in Africa
(Coleoptera, Dytiscidae)[1])

By

OLOF BISTRÖM

With 1 figure in the text

Abstract

Hyphydrus hiekei n. sp. belonging to the species group *H. schoutedeni* is described from Equatorial Guinea, based on seven specimens. New faunistic records are *H. caryerus* GUIGNOT from Togo and *H. maculatus* BABINGTON from Guinea Bissau.

Due to an agreement of cooperation between the Zoological Museum of the HUMBOLDT University in Berlin and the Zoological Museum of Helsinki University, I recently had a chance to visit the museum in Berlin. This resulted in the detection of a few new faunistic records and a new species, the description of which is given below.

Hyphydrus hiekei n. sp.

Type locality: Nkolentangan, Equatorial Guinea.

Type material: Holotype, ♂: Span. Guinea, Nkolentangan XI. 07.—V. 08. G. TESSMANN S. G. (in Zool. Mus. Berlin). Paratypes: same as holotype (4 ex. in Zool. Mus. Berlin; 2 ex. in Zool. Mus. Helsinki).

Diagnosis: The new species belong to the species group *H. schoutedeni*. It is closest to *H. ater*, recently described by BILARDO (1982), from wich *H. hiekei* is distinguished by the distinct pale markings on elytra, by the entirely shiny, not microsculptured pronotum and elytra and by the penis in which the frontal incision is shallow and the sides are almost parallel in dorsal view. Concerning characteristics of the other species belonging to the species group *H. schoutedeni*, see BISTRÖM (1982).

Description

Body globular. Angle between pronotum and elytra indistinct (Fig. 1a).

Length 3.0—3.3 mm, breadth 2.1—2.2 mm.

Head: Pale ferrugineous. Anterior margin of head rounded, medially somewhat straightened and finely bordered. Punctation fairly coarse, except posteriorly where head impunctate and frontally where head is broadly and densely microsculptured. Head anteriorly at eyes with rather shallow depressions. Antennae and palpi pale ferrugineous.

Pronotum: Pale ferrugineous to ferrugineous. Basally narrowly to rather narrowly blackish

[1]) Contribution to the study of Dytiscidae 33.

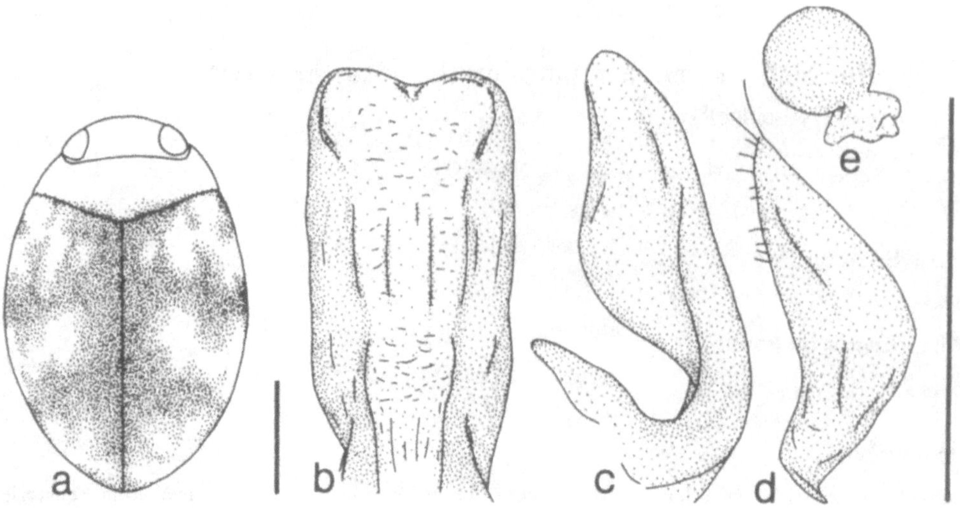

Fig. 1
H. hiekei n. sp. — a, habitus. — b, penis, dorsal view. — c, penis, lateral view. — d, paramere. — e, spermatheca. Left scale 1 mm, habitus; right scale 0.5 mm, genitalia.

to blackish ferrugineous (Fig. 1a). Punctation fairly coarse to rather fine, fairly dense, except discally on each side, with a narrow impunctate area. Shiny, totally lacking microsculpture. Pronotum broadest at posterior corners. Sides of pronotum slightly and evenly rounded.

Elytra: Backish to dark ferrugineous, with sometimes slightly vague pale ferrugineous to testaceous markings (Fig. 1a). Punctation dense and almost evenly distributed. Close to epipleura, elytra almost impunctate to impunctate. Size of punctures variable, roughly of two different kinds, but difference between them rather small. Each elytron with a somewhat indistinct discal row of punctures, which disappears posteriorly and with a lateral row of punctures, which is sparse and rather indistinct. Shiny, microsculpture lacking. Epipleura ferrugineous to dark ferrugineous, shiny and not microsculptured and sparsely and finely punctured.

Ventral side: Ferrugineous to dark ferrugineous. Metathorax and metacoxal plates fairly coarsely to coarsely punctate. Abdomen with distinctly finer punctation. Metathorax and metacoxal plates shiny, almost totally lacking microsculpture while abdomen slightly mat and fairly distinctly microsculptured.

Legs: Pale ferrugineous to ferrugineous. Pro- and mesotarsi narrow. Pro- and mesotrochanters with dense hairtufts. Metatibia externally with evenly distributed punctation.

Male genitalia: Fig. 1b—d.

Female: Pro- and mesotrochanters with a few hairs. Spermatheca as in Fig. 1e.

Biology: Unknown.

Distribution: Equatorial Guinea.

In the unsorted material I also found one specimen of *H. caryerus* GUIGNOT (labelled: Togo: Bismarckburg) and one specimen of *H. maculatus* BABINGTON (labelled: Guinea Bissau: 30. V. 1927).

These species have not previously been reported from the respective country.

Acknowledgements: I express my sincere thanks to Dr. FRITZ HIEKE, curator of the Coleoptera collection in the Berlin museum and the other museum staff, who ensured that my visit to Berlin was successful.

References

BILARDO, A. (1982): Contributo alla conoscenza dei Dytiscidae del Cameroun (Coleoptera). — Atti Soc. ital. Sci. nat. Mus. civ. Stor. nat. Milano **123**: 441—461.

BISTRÖM, O. (1982): A revision of the genus *Hyphydrus* ILLIGER (Coleoptera, Dytiscidae). — Acta Zool. Fennica **165**: 1—121.

Zusammenfassung

Hyphydrus hiekei n. sp. wird aus Equatorial Guinea beschrieben. Neue faunistische Funde sind *H. caryeus* GUIGNOT aus Togo und *H. maculatus* BABINGTON aus Guinea Bissau.

Author's address:

OLOF BISTRÖM
Zool. Mus., Ent. Dept.
N. Järnvägsg. 13
SF — 00100 Helsingfors 10
Finland

Dtsch. ent. Z., N. F. **33** (1986) 3—5, 256

Buchbesprechung

OTOKAR KUDRNA (Edit.): **Butterflies of Europe.** Vol. 1, Concise Bibliography of European Butterflies. 1. Aufl. 1985. 447 Seiten. Preis: 248.— DM. AULA-Verlag Wiesbaden. ISBN 3-89104-032-6

Vor und nach der Jahrhundertwende erschienen in Deutschland mehrere Handbücher über Schmetterlinge, wie z. B. der „Catalog der Lepidopteren des Palaearktischen Faunengebietes" von STAUDINGER & REBEL (1901), das dreibändige Werk von SPULER „Schmetterlinge Europas" (1908—1910) (eine Fortsetzung und die 3. Auflage des bekannten Buches von HOFMANN „Die Großschmetterlinge Europas"), das mehrbändige Handbuch von SEITZ „Die Großschmetterlinge der Erde" (ab 1910) und das von REBEL bearbeitete, in der 9. Auflage verlegte „FR. BERGE's Schmetterlingsbuch" (1910). Alle diese Standardwerke sind in vielen Dingen inhaltlich überholt und nur noch antiquarisch erhältlich. Aus den 40iger Jahren liegen das fünfbändige Werk von VERITY „Le Farfalle Diurne d'Italia" (1940—1953) und das Buch von NORDSTRÖM & WAHLGREN „Svenska Fjärilar" (1941) vor, in denen die Tagfalter Italiens beziehungsweise Skandinaviens behandelt werden. Darüber hinaus existieren viele Bestimmungsbücher und Faunenwerke, die aber nur die Falter des jeweiligen Staates beschreiben (Fauna Dänemarks, Polens, Ungarns, Fauna SSSR usw.). 1970 erschien von HIGGINS & RILEY „A Field Guide to the Butterflies of Britain and Europe" (Deutsche Übersetzung von FORSTER, 1971. PAREY-Verlag, 2. Auflage 1978). Neben diesem Exkursionsführer gibt es zur Zeit kein modernes, die europäischen Tagfalter insgesamt erfassendes Handbuch. Es liegt demnach ein echter Bedarf an einem die wissenschaftlichen Ergebnisse der letzten Jahrzehnte berücksichtigenden Werk vor. Mit dem Erscheinen des obengenannten Titels wird begonnen, diese Bedarfslücke zu schließen. Wichtige Forderungen, die man an solch ein Werk stellt, werden berücksichtigt. Ein Autorenkollektiv international anerkannter Lepidopterologen wird das auf 8 Bände konzipierte Werk bearbeiten, das umfangreiche Angaben, angefangen von der Geschichte der Lepidopterologie, über Morphologie, Biologie, Verbreitung, Ökologie, Ethologie, Taxonomie, Phylogenie bis zu Fragen des Artenschutzes vermitteln soll.

Alle zwei Jahre wird ein weiterer Band erscheinen. Für den 2. Band ist eine Einführung in die Geschichte und Biologie der Lepidopteren geplant. In den Bänden 3—6 werden die verschiedenen Familien, Genera und Arten dargestellt. Bestimmungstabellen ermöglichen die Artbestimmung. Für jede Spezies sind ausführliche biologische und ökologische Angaben und zu Band 1 ergänzende Literaturnachweise vorgesehen.

Der 7. Band beinhaltet ausschließlich die Ökologie der Tagfalter während der 8. den vielfältigen Fragen des Artenrückgangs und -schutzes vorbehalten bleibt. Vorgesehen ist eine reiche und zum großen Teil farbige Illustrierung. Das Buch erscheint in englischer Sprache, wodurch eine weite Verbreitung in allen europäischen Staaten gesichert ist.

Der vorliegende 1. Band bringt eine knappe Auswahl der wichtigsten Literatur im Zeitraum von 1901—1985. Fast 6000 Titel sind erfaßt, nach Autoren alphabetisch geordnet und durchnumeriert (schätzungsweise existieren weit über 50000 Publikationen über Tagfalter). Da in vielen europäischen Sprachen verschiedene Formen von diakritischen Zeichen verwendet werden (z. B. im Tschechischen, Französischen, Spanischen und Polnischen), werden diese grundsätzlich weggelassen, das „ü", „ä" und „ö" im Deutschen wird durch das in der Schweiz verwendete „ue", „ae" und „oe" ersetzt. Im Register findet man die Autoren und ihre Arbeiten noch einmal zusammengefaßt unter bestimmten Stichworten, wie z. B. Ländernamen, geographische Gebiete, systematische Kategorien und biologische Disziplinen.

HANNEMANN

Dtsch. ent. Z., N. F. 33 (1986) 3—5, 257—262

Beitrag zur vergleichenden Morphologie und Bionomie von Aphis evonymi F.

(Homoptera: Aphididae)

Von

FRITZ PAUL MÜLLER und HANNA STEINER

Mit 2 Abbildungen im Text

Abstract

Aphis evonymi FABRICIUS, 1775, is treated as a subspecies of *A. fabae* SCOPOLI, 1763, because of the high-grade morphological conformity and hybridization capability with other members of the *A. fabae* complex. Being a monoecious holocyclic aphid, the gynoparae in pure lineages are apterous. For the most part the aphid is restricted to Evonymus europaea as its marking host. However, sometimes it colonizes other plants too, e. g. Valeriana officinalis. Distinguishing morphological characters to *A. fabae* SCOPOLI, *A. cirsiiacanthoidis* SCOPOLI and *A. solanella* THEOBALD are the higher number (4 or 5) hairs on the VIIIth abdominal tergite, and on the abdominal marginal sclerites the stronger and more numerous spinules which are only faintly developed in the other three aphids.

1. Bionomische Merkmale

Aphis evonymi FABRICIUS, 1775, gehört zu der Gruppe der „Schwarzen Blattläuse" *Aphis fabae* sensu latiore. Die vier wichtigsten Aphiden dieses Komplexes, sämtlich mit Evonymus europaea als Primärwirt (Winterwirt), zeigt die folgende Zusammenstellung.

Bestandteile der Gruppe *Aphis fabae* mit Überwinterung im Eistadium an Evonymus europaea

gültiger Name	Bezeichnung bei BÖRNER 1952	Differenzierungs- und Kennwert
Aphis fabae fabae SCOPOLI, 1763	*A. (Doralis) fabae* SCOP., 1763 Nr. 194, partim	Vicia faba
A. fabae cirsiiacanthoidis SCOPOLI, 1763	*A. (D.) acanthi* SCHRANK, 1801, Nr. 193	Cirsium arvense
A. fabae solanella THEOBALD, 1914	*A. (D.) evonymi* F., 1775, Nr. 195, partim	Solanum nigrum
A. fabae evonymi FABRICIUS, 1775	*A. (D.) cognatella* JONES, 1943, Nr. 196	ohne Wirtswechsel

Wir geben den vier Aphiden den Rang von Subspecies mit Begründung durch zwei Fakten.

1. wegen der hochgradigen morphologischen Ähnlichkeit. „Die Schwierigkeiten der Artdiagnose durch die hochgradige Merkmalsarmut" (IGLISCH 1975, S. 31) hat zu der Feststellung von IGLISCH (1970a, S. 304) geführt: „Geeignete Tabellen zur Bestimmung der „Schwarzen Blattlausarten" nach morphologischen Merkmalen stehen nicht zur Verfü-

gung". 2. Es ist möglich, die vier Formen miteinander zu bastardieren (IGLISCH 1968, F. P. MÜLLER 1982).

Biologische Tests, wie sie in der obigen Tabelle angedeutet sind, dienen nach unseren Erfahrungen (F. P. MÜLLER 1982) zur Erkennung, welche der vier Formen auf einer in der natürlichen Umgebung befallenen Pflanze vorliegt. Die vier Aphiden werden von IGLISCH (1972) mit Benutzung der BÖRNERschen Benennung als selbständige Arten aufgefaßt und außerdem auf Grund des jeweiligen Kennwirts mit deutschen Namen belegt: „Schwarze Bohnen- oder Rübenblattlaus" für *Aphis fabae* sensu stricto, „Distelblattlaus" für *A. fabae cirsiiacanthoidis*, „Nachtschattenblattlaus" für *A. fabae solanella* und „Pfaffenhutblattlaus" für *A. fabae evonymi.*

Selbst neuere Arbeiten erscheinen in Bezug auf Angaben über Blattläuse der *A. fabae*-Gruppe nicht zuverlässig. Das gilt insbesondere für faunistische Arbeiten. HOLMAN und PINTERA (1981) kennen von Evonymus europaea nur *Aphis evonymi* und *A. fabae*, bezeichnen aber die Aphiden an Solanum nigrum als *A. fabae*, obwohl mit größter Wahrscheinlichkeit *solanella* vorgelegen hat, und führen ebenfalls als *A. fabae* die schwarzen Blattläuse an Cirsium arvense und Philadelphus coronarius bei denen es sich um *cirsiiacanthoidis* bzw. um die bis jetzt noch nicht geprüfte *Aphis philadelphi* BÖRNER, 1921, handelt. NIETO NAFRIA et al. (1984) erwähnen von Euonymus europaeus von den Schwarzen Blattläusen nur *A. fabae solanella*, von Solanum nigrum außer *solanella* auch *fabae*, von Cirsium arvense *solanella* und *fabae*, von Philadelphus coronarius nur *fabae*. In beiden Fällen sind die Erkenntnisse IGLISCHs nicht berücksichtigt worden.

2. Morphologische Untersuchungen

Aphis fabae SCOP. sensu stricto ist in weiten Gebieten Europas der wichtigste Schädling an Ackerbohne (Vicia faba) sowie an Zucker- und Futterrübe (Beta vulgaris). Die Prognose des Massenauftretens beruht vorwiegend auf Zählungen der Geflügelten, die man mit Gelbschalen oder Saugfallen erbeutet. Diese allgemein angewandten Methoden haben eine eminente praktische Bedeutung erlangt. Die wenigen bisher vorliegenden Literaturangaben über morphologische Einzelheiten der Glieder des *A. fabae*-Komplexes beziehen sich vorwiegend auf die Geflügelten. Wir entschlossen uns deshalb zunächst zur vergleichend-morphologischen Untersuchung der Geflügelten (F. P. MÜLLER und H. STEINER 1986, im Druck). Die verglichenen Geflügelten entstammten genau definierten, isoliert gehaltenen Zuchten, welche das Material, auch für die vorliegenden Untersuchungen lieferten. Zwei *evonymi*-Herkünfte wurden untersucht: 2136 von Valeriana officinalis, Rostock 13. Juli 1972 dunkelbraun, und Nr. 2137 von Evonymus europaea, Bad Doberan (Bezirk Rostock) Mitte Juli 1972 braun.

Zur sicheren Erkennung der *evonymi*-Geflügelten ist mikroskopische Untersuchung erforderlich. Die Vorbehandlung geschieht mit dem für kleine weichhäutige Insekten üblichen Verfahren (Mazerieren mit starker Kalilauge, danach Auswaschen mit destilliertem Wasser und Überführen in ein FAURE-BERLESE- oder Polyvinylalkohol-Gemisch.

Die *evonymi*-Geflügelten sind durch folgende Merkmale charakterisiert:

1. Auf dem VIII. Abdominaltergit befinden sich 4 (Abb. 2), manchmal sogar 5 Haare. Die Geflügelten von *fabae* s. str., *cirsiiacanthoidis* und *solanella* dagegen tragen an dieser Stelle meist 2 (Abb. 1), manchmal 3, sehr selten 4 Haare.

2. Die abdominalen Marginalsklerite weisen bei *evonymi* ziemlich große und zahlreiche, in Reihen angeordnete Spinulae auf, während solche bei den anderen drei Unterarten viel spärlicher und schwächer ausgebildet sind. Die beigegebenen Abbildungen zeigen diese sowie die unter 1. angegebenen Verhältnisse.

Unter den vier Gliedern des *A. fabae*-Komplexes haben die Geflügelten von *solanella*

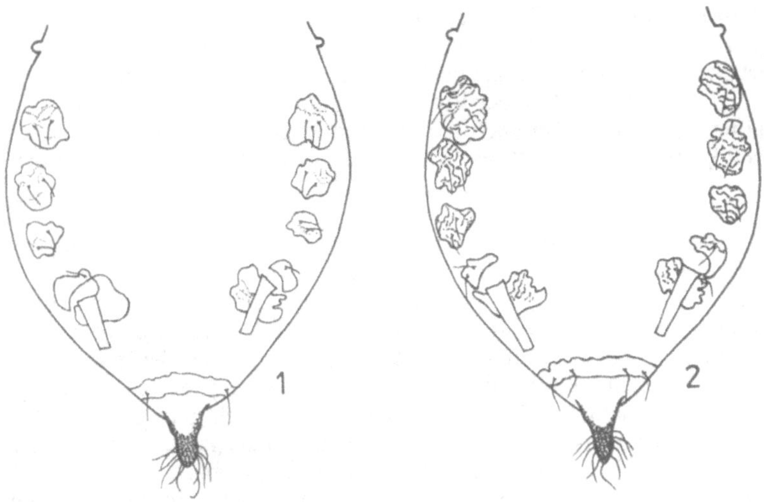

Abb. 1 und 2
Abdominales Dorsum der Geflügelten, Vergrößerung 60 ×
1. *Aphis fabae* s. str., 2. *A. fabae evonymi*. Zeichnung HANNA STEINER

die kürzesten, die Geflügelten von *evonymi* die längsten Haare. Die Haare auf den Marginalskleriten des III. Abdominalsegments sind bei *evonymi* 28—56 μ lang und 2 bis 5mal so lang wie der Durchmesser des Stigma-Porus des gleichen Segments. Die entsprechenden Zahlen für *solanella* lauten 12—31 und 1,0—2,2. Auch aus den Angaben und Abbildungen bei JONES (1943) ist erkennbar, daß es sich bei *evonymi* (= *cognatella*) um eine langhaarige Form des *A. fabae*-Komplexes handelt.

Wir untersuchten auch die übrigen Morphen von *evonymi* und fanden die Zahl von 4 Haaren auf dem VIII. Abdominaltergit ebenso bei den ungeflügelten Virgines (bei denen von *fabae*, *cirsiiacanthoidis* und *solanella* dagegen fast immer 2) sowie bei den ♂♂ und den oviparen ♀♀. Die letzteren besitzen am VIII. Hinterleibssegment außerdem mehrere akzessorische marginale Haare, die auch von JONES (1943, fig. 4C) gesehen wurden. Die Spinulae auf den abdominalen Marginalskleriten sind bei den ♂♂ schwächer ausgebildet. JONES (1943, fig. 2P) hat auf der Abbildung des ungeflügelten viviparen Weibchens ihrer *cognatella* deutlich 4 Haare auf dem VIII. Abdominaltergit eingezeichnet.

IGLISCH (1975, p. 26) bringt eine Zeichnung, die das geflügelte ♂ von *A. evonymi* darstellen soll. Es sind auf dem VIII. Abdominalaltergit nur 2 Haare eingezeichnet, wie es der *evonymi* sensu BÖRNER entsprechen würde; es fehlen aber die Marginaltuberkel am II., III. und IV. Hinterleibssegment, welche für *solanella* (= *evonymi* sensu BÖRNER partim) charakteristisch sind (F. P. MÜLLER und H. STEINER 1986, im Druck). Auch damit wird die Notwendigkeit der morphologischen Untersuchungen des *A. fabae*-Komplexes vor Augen geführt.

JONES schreibt, die Hinterschienen der oviparen ♀♀ von *cognatella* „are never as swollen as are those of *A. fabae*" und zeigt das auch auf einer beigegebenen Zeichnung (fig. 4C, D). Wir können das nicht bestätigen; die Hinterschienen der oviparen ♀♀ sowohl von 2136 wie von 2137 sind ebenso verdickt und mit zahlreichen Pseudosensorien versehen wie bei *fabae*.

JONES (p. 218) weist ausdrücklich darauf hin, daß „the sexuparae are apterous" bei *cognatella*, wohingegen „the gynoparous sexuparae of *A. fabae* are alate", womit allgemein die wirtswechselnden Formen des *A. fabae*-Komplexes gemeint sind. Das wird durch unsere langjährigen Beobachtungen und Versuche bestätigt. Sowohl bei 2136 wie bei 2137 sind die oviparen ♀♀ ausschließlich die Töchter von Ungeflügelten. IGLISCH (1970a u. b) schreibt dagegen von geflügelten *cognatella*-Gynoparen und bezeichnet *A. cognatella* — wie alle nichtwirtswechselnden Aphiden mit geflügelten Gynoparen — als „Subheterözier". Diese Diskrepanz kann auf Kontamination der Versuchskultur beruhen, wenn die Isolation nicht genügend streng war, es könnte aber auch eine Bastard-Population vorgelegen haben. Das Merkmal „ungeflügelte Gynoparen" wird dominant vererbt, denn die Bastarde *cirsiiacanthoidis* ♀ × *evonymi* ♂, *evonymi* ♀ × *cirsiiacanthoidis* ♂, *solanella* ♀ × *evonymi* ♂, *evonymi* ♀ × *solanella* ♂ und *evonymi* ♀ × *fabae* ♂ hatten in der F_1 ausschließlich ungeflügelte Gynoparen (F. P. MÜLLER 1982). In der F_2 sind aber neben ungeflügelten auch geflügelte Gynoparen aufgetreten, wie es dem MENDELschen Schema entspricht.

Solche Bastarde zeigen in der Wirtswahl eine Bevorzugung für Evonymus europaea und treffen dort mit *evonymi* und den anderen Gliedern des *A. fabae*-Komplexes zusammen, die auf diesem Strauch, sogar während der gesamten Saison, in großer Individuenzahl leben können. Die Vorbedingungen für Rückkreuzungen sind deshalb günstig. Die im Freiland-Insektarium erhaltenen Bastarde hatten eine deutlich geringere Fruchtbarkeit als die Elternformen. STEBBINS (1968) weist darauf hin, daß die große Fertilität von Elternindividuen, im Vergleich mit der geringeren der Hybriden, eine viel größere Anzahl an elterlichen Gameten für die Befruchtung der Hybriden bereitstellt, und damit sei die Möglichkeit von Introgression gegeben, d. h. daß Genotypen entstehen, die vorwiegend die Gene von einer einzigen Art, aber einige Chromosomensegmente von einer fremden Art besitzen. Solche genetische Introgression könnte nach unserer Meinung die Ursache sein für das Auftreten von *evonymi*-Linien mit geflügelten Gynoparen. Bastarde zwischen *evonymi* (= *cognatella*) und anderen *A. fabae*-Formen wurden erhalten (IGLISCH 1968, F. P. MÜLLER 1982).

Obwohl *A. evonymi* (= *cognatella*) stark vorwiegend als monophag in Erscheinung tritt, fand der Seniorautor die Blattlaus in der braunen Form wie der Stamm 2137 im Freien auch an Dahlia und Sedum maximum. Übertragung gelang JONES auf Rumex obtusifolius, IGLISCH (1970a) auf Rumex crispus. Das Vorkommen auf diesen Pflanzen hat den Charakter der Xenophagie im Sinne von HERING (1955), steht jedenfalls nicht in Verbindung mit einem Wirtswechsel, weil die Aphide im Regelfall ungeflügelte Gynoparen besitzt. IGLISCH (1968) ist der Meinung, daß durch Bastardierungen innerhalb des *A. fabae*-Komplexes neue biologische Rassen entstehen können. Die oben erwähnte auf Valeriana angetroffene dunkelbraune Form (Nr. 2136) verdient die Bezeichnung biologische Rasse, denn es waren keine morphologischen Unterschiede zu der typischen *evonymi* nachweisbar. Sie kann auf Valeriana officinalis den vollständigen Jahreszyklus durchführen, jedoch die Entwicklung der Fundatrix auf dieser Pflanze erwies sich als stark verzögert und mit hoher Sterblichkeit verbunden (F. P. MÜLLER 1975). Das Vorkommen von *A. evonymi* auf anderen Pflanzen außer Evonymus unterstreicht die Bedeutung der morphologischen Unterscheidung gegenüber den anderen Formen des *A. fabae*-Komplexes.

Ein Teil der für die Untersuchung benötigten mikroskopischen Präparate ist von Frau INGRID JENNERJAHN in guter Qualität angefertigt worden. Wir danken ihr dafür sowie für die Wartung der Zuchten und Versuchspflanzen.

Zusammenfassung

Zwei Herkünfte von *Aphis fabae evonymi* FABRICIUS, eine braune von Evonymus europaea und eine dunkelbraune von Valeriana officinalis, wurden in streng isolierten Zuchten gehalten. Alle Morphen wurden gezüchtet und präpariert. Vergleiche mit den anderen Gliedern der Gruppe *Aphis fabae* SCOP. haben Unterscheidungsmerkmale erkennen lassen. Das VIII. Abdominaltergit trägt bei *A. evonymi* (= *A. cognatella* JONES) 4 Haare im Vergleich zu *fabae* s. str., *cirsiiacanthoidis* SCOP. und *solanella* THEOBALD, welche im allgemeinen an dieser Stelle nur 2 Haare aufweisen. Bei den geflügelten viviparen Weibchen sind die abdominalen Marginalsklerite mit kräftigen und zahlreichen Spinulae versehen, die bei den anderen in Betracht kommenden Aphiden schwach und in geringerer Anzahl vorhanden sind. *A. evonymi* gehört zu den langhaarigen Gliedern des *A. fabae*-Komplexes. Wegen der Bastardierbarkeit und der hochgradigen morphologischen Übereinstimmung mit den anderen Aphiden der Gruppe *Aphis fabae* sollte sie nur den Rang einer Subspezies zugesprochen bekommen. Die Blattlaus besiedelt manchmal andere Pflanzen außer Evonymus. Aber dieses Vorkommen bedeutet keinen Wirtswechsel, weil die Gynoparen ungeflügelt sind.

Summary

Two sources of *Aphis fabae evonymi* FABRICIUS, a brown one from Evonymus europaea and a darkbrown one from Valeriana officinalis, were kept in strictly isolated cultures. All morphs were reared and mounted. Comparisons with the other members of the *Aphis fabae* group have revealed distinguishing characters. The VIIIth abdominal tergite in *A. evonymi* (=*cognatella* JONES) bears 4 hairs compared with *fabae* SCOP., *cirsiiacanthoidis* SCOP. and *solanella* THEOBALD which generally show 2 hairs on that place. In the alate viviparous females of *evonymi* the abdominal marginal sclerites are adorned with noticeable and numerous spinules which are faint and fewer in the other aphids in question. *A. evonymi* belongs to the long-haired members of the *A. fabae* complex. Because of hybridization capability and high-grade morphological conformity with the other aphids of the *A. fabae* group it should receive only the subspecies rank. The aphid colonizes sometimes plants other than Evonymus. However, such presence does not reflect host-alternation because the gynoparae are apterous.

Literatur

BÖRNER, C. (1952): Europae centralis Aphides. — Mitt. Thür. Bot. Ges., Beiheft 3, Weimar.

HERING, E. M. (1955): Die Nahrungswahl phytophager Insekten. — Verh. Deutsch. Ges. Angew. Entom., 13. Mitgliederversammlung: 29—38. Verlag PAUL PAREY Berlin und Hamburg.

HOLMAN, J. und PINTERA, A. (1981): Übersicht der Blattläuse (Homoptera, Aphidoidea) der Rumänischen Sozialistischen Republik, 125 Seiten — Verlag der Tschechoslowakischen Akademie der Wissenschaften, Prag.

IGLISCH, I. (1968): Über die Entstehung der Rassen der „Schwarzen Blattläuse" (*Aphis fabae* SCOP. und verwandte Arten), über ihre phytopathologische Bedeutung und über die Aussichten für erfolgversprechende Bekämpfungsmaßnahmen (Honoptera: Aphididae). — Mitt. Biol. Bundesanst. f. Land- u. Forstwirtschaft. Berlin-Dahlem Heft 131, 34 Seiten.

— (1970a): Zur Aufstellung eines Verwandtschaftsbildes der „Schwarzen Blattläuse", *Aphis fabae* SCOP. und verwandte Arten, nach biologischen Merkmalen (Homoptera: Aphididae). — Z. ang. Ent. **65**, Heft 3: 304—308.

— (1970b): Zur Morphologie von *Aphis tripolii* LAING 1920 (Homoptera: Aphididae). — Z. ang. Zool. **57**, Heft 2: 229—235.

— (1972): Zum Verhalten der „Schwarzen Blattläuse" (Arten und Rassen der *Aphis-fabae*-Gruppe sensu stricto) auf ihren Primärwirten im Laufe der Vegatationsperiode (Homoptera: Aphididae). — Z. ang. Zool. **59**, Heft 2: 153—160.

— (1975): Zur Artabgrenzung nahe verwandter Blattlausarten innerhalb der *Aphis-fabae*-Gruppe mit Hilfe morphologischer Merkmale des männlichen Geschlechtstieres (Aphidoidea: Aphididae). — Z. ang. Zool. **62**, Heft 1: 23—34.

JONES, M. G. (1943): A brown aphid, *Aphis (Doralis) cognatella*, sp. n., found on spindle tree. — Bull. ent. Res. **34**: 213—224.

MÜLLER, F. P. (1975): Untersuchungen zur Biologie von *Aphis evonymi* F. (Homoptera: Aphididae) im Freiland-Insektarium. — Arch. Freunde Naturgesch. Mecklenb. **15**: 90—99.

— (1982): Das Problem *Aphis fabae*. — Z. ang. Ent. **94**, Heft 5: 432—446.

MÜLLER, F. P. und STEINER, H. (1986): Morphologische Unterschiede und Variation der Geflügelten im Formenkreis *Aphis fabae* (Homoptera: Aphididae). — Beitr. Ent. Berlin, im Druck.
NIETO NAFRIA, J. M., DIAZ GONZALEZ, T. E. & MIER DURANTE, M. P. (1984): Catalogo de los Pulgones (Homoptera Aphidoidea) de España y de sus Plantas Hospedadoras, 174pp. — Universidad de León, Servicio de Publicaciones.
STEBBINS, G. L. (1968): Evolutionsprozesse, aus dem Amerikanischen übersetzt von J. QUERNER, 128 Seiten. — VEB GUSTAV FISCHER Verlag Jena.

Anschrift der Verfasser:

Prof. Dr. sc. phil. F. P. MÜLLER
HANNA STEINER
WILHELM-PIECK-Universität Rostock
Sektion Biologie
DDR-2500 Rostock, Wismarsche Str. 8

Dtsch. ent. Z., N. F. 33 (1986) 3—5, 263—267

Palaeopatasson gen. nov. grollei spec. nov. aus dominikanischem Bernstein

(Hymenoptera, Mymaridae)

Von

WERNER WITSACK

Mit 4 Abbildungen und 1 Tabelle im Text

Abstract

A new genus and a new species Palaeopatasson gen. nov. grollei spec. nov. in Dominican amber (Oligocene) with the following combination of characteristics is described:

Tarsi with 4 segments; without petiola; antenna with 10 segments, clava with 2 segments, 1. antennal funicle as long as 2.; ovipositor clearly longer than the gaster.

Einleitung

Obwohl die Zahl der bisher gefundenen Bernsteininklusen relativ hoch ist (vgl. KEILBACH 1982a, b), sind Funde von Mymariden in Bernstein wohl wegen ihrer geringen Körpergröße meist zufällig. Dennoch wurden eine Reihe von Arten beschrieben, die aus baltischem, kanadischem oder mexikanischem Bernstein stammen.

Aus dominikanischem Bernstein (Oberoligozän) sind Mymaridenfunde jedoch bisher nicht bekannt. Das hier beschriebene, von Dr. GROLLE, einem Spezialisten fossiler Moose, neben einem Lebermoos aufgefundene Tier ist somit die erste darin gefundene Mymaride und wurde nach ihm benannt.

Beschreibung des ♀:

Körperfärbung (im Auflicht): Grundfärbung gelbbraun; etwas dunkler gefärbt sind:

— Fühler zur Spitze hin dunkler werdend, besonders Fühlerkeule
— Kopf zwischen Komplexaugen
— Mesonotum, Postscutellum, Mittelcoxen
— von Abdomenunterseite die lateralen Gonapophysen und seitlich davon
— von Abdomenoberseite die letzten Tergite teilweise.

Körperfärbung im Durchlicht jedoch schwarzbraun bis schwarz.

Caput: breiter als lang, schmaler als Thorax, Augen relativ groß. Fühler: 10gliedrig, mit Scapus, Pedicellus, 6gliedriger Geißel und zweiteiliger Fühlerkeule.

Scapus (1 Fühlerglied) kräftig, längstes und breitestes Einzelglied, ohne Kämme und Leisten, aber — wie übrige Fühlerglieder — mit Borsten; in Nähe des unteren Augeninnenrandes inserierend; Pedicellus (2. Fühlerglied) breit, am Scapus gekniet sitzend. 3. Glied lang und schlank, fast so lang und stark wie das 4. (dadurch von ähnlichen Gattungen verschieden!); 5. deutlich kürzer als 3. bzw. 4., aber etwa gleich stark; 6., 7. und 8. kürzer als 5., vom 6. zum 8. an Stärke zunehmend, 6. und 7. symmetrisch, 8. am Ende abgeschrägt, dadurch asymmetrisch erscheinend.

9. und 10. Glied als Keule ausgebildet, vereint, Grenze abgeschrägt, Keule länger als 4 vorherige Glieder zusammen (5.—8. Gl.), etwa doppelt so stark wie die Glieder 6—8, knapp dreimal so stark wie 3.—5., 10. (End-)Glied mit 1 längeren und kürzeren Sensillen-Grube.

Thorax: Thorax etwa so lang wie Abdomen; Mesothorax breiter als Abdomen, Mesonotum etwas länger als breit, vorn abgerundet, im 1. Drittel größte Breite, hinten fast parallel, hier deutlich schmaler als vorn. Scutum: am Vorderrand am breitesten, um etwa $^1/_3$ breiter als Mesonotum, zur Mitte gerundet verschmälert, hier am schmalsten, dann wieder leicht ausgeschweift, am Ende etwa so breit wie maximale Breite des Mesonotums. Postscutellum: mit Mittelnaht, vorn etwa von der Breite des Scutellum-Hinterrandes, von Basis aus nach hinten abgerundet verschmälert, insgesamt etwas länger als breit, länger als Scutellum, aber kürzer als Mesonotum.

Flügel: Flügelfläche das Abdomenende deutlich überragend, bis zum Ende des Legebohrers reichend. Vorderflügel: breiter als Hinterflügel, mit zweimal gebogener Marginalader, welche sich distal verschmälert; am Ende elliptisch abgerundet, maximale Breite im apikalen Drittel des Flügels, zum Nodus hin verschmälert, vor Nodus nur noch etwa $^2/_3$ der maximalen Breite, zum Nodus durch Ausschweifen des Vorder- und Hinterrandes erneut verbreitert, ab Nodus zur Basis hin stark verschmälert, an Basis nur noch etwa $^1/_4$ der maximalen Breite, Hinterrand in Nodusnähe mit membranöser Fläche. Beborstung: Randbeborstung am Vorderrand vom Nodus bis zum apikalen Pol fast gleichlang beborstet, am Ende etwas kürzer werdend, am Hinterrand vom Nodusbeginn zum apikalen Pol hin zunächst stärkere Zunahme der Borstenlänge, etwas hinter der maximalen Breite des Flügels Borstenlänge wieder abnehmend, am apikalen Pol Borsten etwa so lang wie in Nodusnähe. Im Nodusbereich 5 längere (schräg nach vorn weisend) und 1 kürzere Borste (nach hinten weisend). Flächenbeborstung: bedeutend kürzer als Randborsten, mehr unregelmäßig stehend, zum apikalen Pol hin (meist etwa parallel) zum Seitenrand des Flügels weisend, apikale Hälfte flächendeckend beborstet, distale Hälfte mit wenigen borstenfreien Fluren, nur noch $\pm$ reihig gestellte Borstenfluren (am Flügelvorderrand) und einzelne Borsten sowie Borstenpunkten (am Hinterrand). Hinterflügel: etwas kürzer als Vorderflügel, schmal, von Basis zum Nodus hin zunächst verbreitert, dann stark verschmälert, größter Teil des Flügels dann fast parallel, zum apikalen Pol hin abgerundet, Flügel leicht nach vorn gebogen. Randbeborstung: am Vorderrand an Basis und am Nodus Einzelborsten; es folgt eine kurze borstenfreie Zone, danach eine apikalziehende, fast gleichlange Beborstung, Borstenlänge entspricht etwa der Flügelbreite; Beborstung am Hinterrand nur etwas länger als am Vorderrand, zum letzten (apikalen) Viertel an Länge zunehmend, danach wieder zum apikalen Pol hin Längenabnahme auf reichlich Flügelbreite.

Extremitäten: Tarsen aller Extremitäten 4-gliedrig.

Vorderextremitäten: Femur und Tibia stark verdickt, Tibia kürzer als Femur und Tarsen, am apikalen Ende abgeschrägt, mit Zahnborste von etwa 1 Tarsenlänge, Tarsen kürzer als die der anderen Extremitäten; 1. und 2. Tarsus am längsten, gleichlang, 3. kürzer als 2., 4. kürzer als 3. Mittelextremitäten: Femur stark, Tibia schwach verdickt, Tibia etwas kürzer als Tarsen, am apikalen Ende mit 1 längeren (unbezahnten) Borste, Tibia und Tarsen fast über $^1/_3$ länger als die der Vorderextremitäten, Tarsenlänge nimmt in Reihenfolge ab: $1 > 4 > 2 > 3$. Hinterextremitäten: Tibia lang und schlank, um etwa $^1/_3$ länger als Mitteltibia bzw. doppelt so lang wie Vordertibia, apikale Endborste der Tibia ohne Zahn, Tarsen etwas länger als die der Mittelextremität, Tibia um $^1/_3$ länger als Tarsen, 2. Tarsenglied am längsten, 3. etwas kürzer $2 > 3 > 1 = 4$), Breite von 1. bis 4. Tarsus zunehmend.

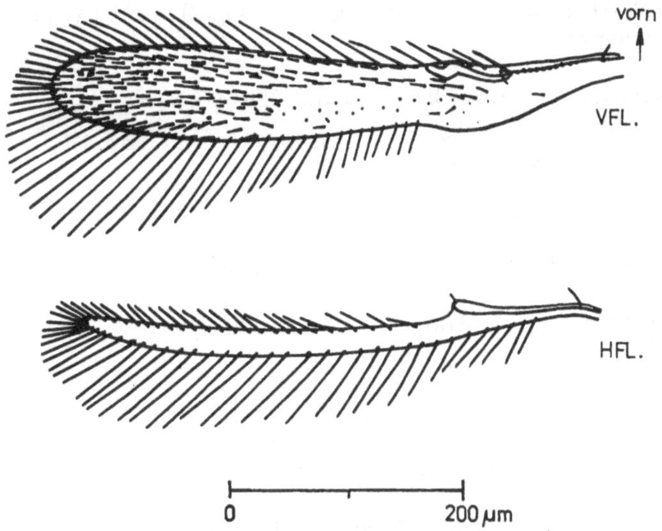

2

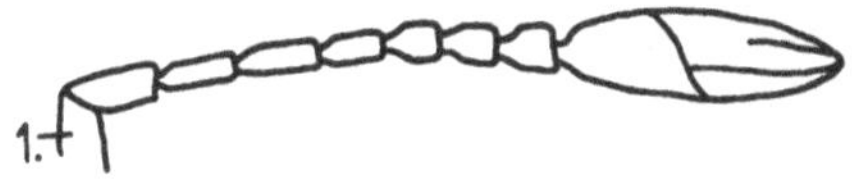

3

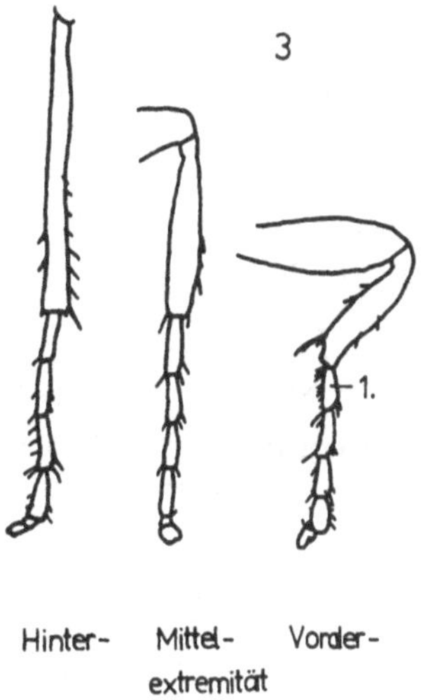

4

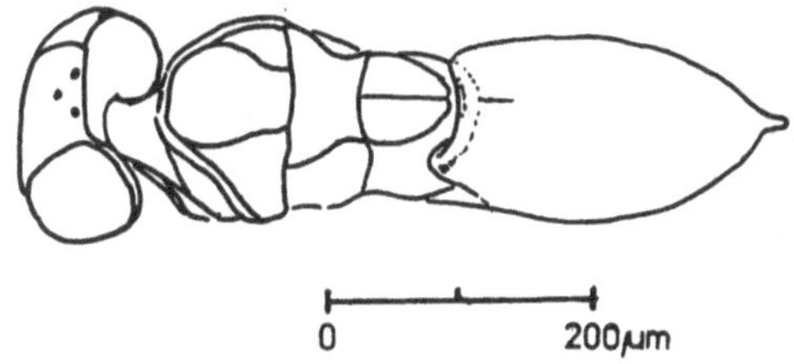

Abb. 1
Vorder- (=VFL.) und Hinterflügel (=HFL.) von *Palaeopatasson grollei*
Abb. 2
Fühler (1. = 1. Fühlerglied; Maßstab wie Abb. 1)
Abb. 3
Vorder-, Mittel- und Hinterextremitäten (1. = 1. Tarsenglied; Maßstab wie Abb. 1)
Abb. 4
Gliederung des Thorax und Ansatz des Abdomens

Abdomen: fast so lang wie und etwas schmaler als Thorax, am Thorax gerundet sitzend, letztes Segment zugespitzt; Legebohrer und seine Scheide etwa gleichlang, das Abdomen um etwa die Hälfte überragend, beiderseits des letzten Abdominalsegmentes eine Gruppe von 3 längeren relativ dünnen Borsten. Der Legebohrer in ganzer Länge frei, nicht von den lateralen Gonapophysen eingeschlossen.

Männchen unbekannt.

Standort: Museum für Naturkunde Berlin: BHU — Paläo 1981/908b.

Zur Stellung der Gattung Palaeopatasson gen. nov.

Die neu beschriebene Mymariden-Gattung *Palaeopatasson* zeichnet sich durch folgende Merkmalskombination aus:

- gerundeter Ansatz des Abdomens, aber Fehlen eines abdominalen Stielgliedes (Petiolus)
- viergliedrige Tarsen
- Antennen der Weibchen 10gliedrig, mit 2gliedriger Keule; 1. Geißelglied der Antenne sehr lang, so lang wie 2.
- stark verlängerter Ovipositor.

Bei Zugrundelegung des von ANNECKE und DOUTT erarbeiteten Systems (vgl. ANNECKE and DOUTT 1961) gehört die neu beschriebene Gattung wegen des Ansatzes des Abdomens am Thorax zur Unterfamilie Mymarinae und wegen der Viergliedrigkeit der Tarsen zum Tribus Anaphini.

Zweigliedrige Fühlerkeule bei 10gliedriger Antenne, 4gliedrige Tarsen und das Fehlen des Petiolus sind zwar auch bei den Mymaridengattungen *Platypatasson* OGLOBLIN, *Patasson* WALKER und *Paranaphoidea* GIRAULT vorkommende Merkmale. *Platypatasson* unterscheidet

Tabelle
Meßwerte ausgewählter Körpermerkmale von *Palaeopatasson grollei* (in µm)

Kopflänge:	62
Thoraxlänge:	265
Abdomenlänge:	251
Gesamtlänge:	578

Fühlerlänge/Breite:
1. (Scapus): ca. 53/ca. 24; 2. (Pedicellus): 39/17; 3.: 34/12; 4.: 34/12; 5.: 29/12; 6.: 25/16; 7.: 24/17; 8.: 24/19; 9.: 53—74/34; 10.: 63—42/34. 2.—8. Glied: 209; 9. und 10. (Keule): 116.

Extremitäten (Länge/Breite):

	Vorderextr.	Mittelextr.	Hinterextr.
Tibia:	85/20	105/19,5	170/16
Tarsus 1:	27/9	34/10	29/6
Tarsus 2:	27/7	27/7	32/7
Tarsus 3:	24/8,5	26/8	31/9
Tarsus 4:	21/10	28/7	29/10

Flügel:

	Vorderflügel	Hinterflügel
Basis bis Nodus	310	305
Nodus bis Ende	176	124
Gesamtlänge	486	429
Max. Breite	76	21
Breite in Flügelmitte	59	20
Breite am Nodus	56	28
Breite vor Nodus	51	18
Noduslänge	73	124

Länge des Legebohrers: 414
Länge der lateralen Gonapophysen: 437
Legebohrer überragt das Abdomen um: 124

sich von *Palaeopatasson* u. a. durch kurze breite Fühlergeißelglieder der Weibchen, stark dorsoventral abgeflachtem Körper sowie breiterem Ansatz des Abdomens am Thorax. Alle drei Gattungen unterscheiden sich von *Palaeopatasson* durch ein stark verkürztes erstes Fühlergeißelglied und z. T. durch einen bedeutend kürzeren Ovipositor.

Einen das Abdomen so weit überragenden Ovipositor weisen im Tribus Anaphini nur die Gattungen *Australomymar* GIRAULT und *Sclenaeus* WATERHOUSE sowie einige Arten der Gattung *Polynemoidea* GIRAULT noch auf, die sich aber durch andere Merkmale von *Palaeopatasson* deutlich unterscheiden. So besitzt *Australomymar* eine einfache, *Polynemoidea* dagegen eine 3geteilte Fühlerkeule.
Die bisher in Bernstein gefundenen Mymariden gehören folgenden Gattungen an: *Alaptus* WESTWOOD, *Litus* HALIDAY, *Malfattia* MEUNIER, *Arescon* WALKER, *Lymaenon* WALKER, *Palaeomymar* MEUNIER (=*Mymaromma* GIRAULT), *Anaphes* HALIDAY, *Polynemoidea* GIRAULT, *Archaeromma* YOSHIMOTO, *Triadomerus* YOSHIMOTO, *Carpenteriana* YOSHIMOTO, *Protooctonus* YOSHIMOTO (Vgl. MEUNIER 1901, 1905, DOUTT 1973, YOSHIMOTO 1975). Alle Gattungen unterscheiden sich durch eine Reihe von Merkmalen von *Palaeopatasson*, z. B. *Arescon* u. a. durch einen Petiolus und 5gliedrige Tarsen, *Lymaenon* durch einfache Fühlerkeule und 5gliedrige Tarsen, *Palaeomymar* durch zweigliedrigen Petiolus und ebenfalls 5gliedrige Tarsen, *Litus* durch einen breiten Ansatz des Abdomens, 5gliedrige Tarsen und eingliedrige Fühlerkeule, *Anaphes* durch einfache Fühlerkeule und kurzen Opipositor, *Polynemoidea* durch 3gliedrige und *Malfattia* durch eingliedrige Fühlerkeule, *Archaeromma* und *Protooctonus* durch 4gliedrige Fühlerkeule, alle 4 von YOSHIMOTO beschriebenen Gattungen (*Archaeromma*, *Protooctonus*, *Triadomerus*, *Carpenteriana*) durch 1—2gliedrigen Petiolus und 5gliedrige Tarsen.

Zusammenfassung

Es wurde eine neue Mymaride aus dominikanischem Bernstein (Oberoligozän) — *Palaeopatasson* gen. nov. *grollei* spec. nov. — beschrieben. Charakteristisch für die neue Gattung ist folgende Merkmalskombination:

4gliedrige Tarsen; ohne Petiolus; Fühler des Weibchens 10gliedrig, Keule 2gliedrig, 1. Fühlergeißelglied so lang wie 2., Ovipositor das Abdomen um mindestens die Hälfte überragend.

Literatur

ANNECKE, D. P. and R. L. DOUTT (1961): The genera of the Mymaridae. — Entomol. Mem. **5**: 1—71.

DOUTT, R. L. (1973): The fossil Mymaridae (Hymenoptera: Chalcidoidea). — Pan.-Pac. Ent. **49**: 221—228.

KEILBACH, R. (1982a): Bibliographie und Liste der Arten tierischer Einschlüsse in fossilen Harzen sowie ihrer Aufbewahrungsorte. Teil I. — Dt. Entom. Z., N. F. **29**: 129—286.

— (1982b): Bibliographie und Liste der Arten tierischer Einschlüsse in fossilen Harzen sowie ihrer Aufbewahrungsorte. Teil II. — Dt. Entom. Z., N. F. **29**: 301—491.

MEUNIER, F. (1901): Contribution à la faune Mymaridae "ou atomes ailes" de l'ambre. — Annls. soc. sci. Bruxelles **25**: 1—12.

— (1905): Sur deux Mymaridae de l'ambre de la Baltique. — Misc. ent. **13**: 1—4.

YOSHIMOTO, C. M. (1975): Cretaceous chalcidoid fossils from Canadian amber. — Can. ent. **107**: 499—528.

Anschrift des Verfassers:

Doz. Dr. sc. nat. WERNER WITSACK
Pädagogische Hochschule, WB Zoologie
Lohmannstr. 23
DDR 4370 Köthen

Dtsch. ent. Z., N. F. **33** (1986) 3—5, 268

Buchbesprechung

HIEPE, TH. (Hg.): **Lehrbuch der Parasitologie.** — Bd. 3: HIEPE, TH., & BUCHWALDER, R., & NICKEL, S. (1985): Veterinärmedizinische Helminthologie. — Jena (VEB GUSTAV FISCHER Verlag); 419 S., 114 (teils farbige) Abb., 9 Tab.; Ln. 58.— M. —

Mit diesem 3. Band, der als letzter erschien und die Helminthen behandelt, ist das vierbändige Werk abgeschlossen; die übrigen 3 Bände sind bereits früher in dieser Zeitschrift besprochen worden (siehe Dt. Ent. Z. **29**: 298 und **31**: 72. Damit liegt nun ein umfassendes „Lehrbuch der Parasitologie" in deutscher Sprache vor — wenngleich der Obertitel insofern irreführend ist, als das Werk nur die veterinärmedizinische Parasitologie beinhaltet (die Parasitologie ist aber in ihrem Kern keine angewandte Wissenschaft, sondern eine ausgesprochen biologische Disziplin wie viele andere auch). Innerhalb der (gewiß praktisch sehr wichtigen) veterinärmedizinischen Parasitologie stellt aber gerade die Helminthologie mit Recht den Anspruch auf Vorrang. Wir können also die 3 Autoren (von denen zwei Zoologen sind) zu diesem gut gelungenen Wurf vollauf beglückwünschen. Der Text ist didaktisch klar dargestellt, die Farbaufnahmen sind sehr gut und meist original — die Aufnahmen der Eier sind alle original. Positiv hervorzuheben sind auch die jeweiligen Passagen über Epizootiologie, Pathogenese, Diagnostik und Therapie — ferner die jeweilige Differenzierung der einzelnen Arten als Bio- oder Geohelminthen. Bedauerlich ist das Fehlen einer Wirt-Parasit-Liste sowie die Zersplitterung des Literaturverzeichnisses; die Literatur steht jeweils am Ende einzelner Gruppen (was den kritischen Beurteiler stören muß): mal ist es die Klasse, mal die Unterklasse, mal die Überfamilie, mal die Familie — und im Inhaltsverzeichnis findet man nicht angemerkt, wo ein Literaturkapitel jeweils gefunden werden könnte. In der Anordnung des Textes stört mitunter eine etwas ungeschickte Reihenfolge — z. B. sollten S. 255ff. die Arten jeweils zu den Gattungen gesellt werden. Die gewählte Klassifikation möchte Rezensent hier nicht diskutieren, da die Verff. sie betont „unter dem vorrangigen Aspekt der übersichtlichen Darstellungsweise" verteidigen. Bedauerlich ist, daß z. B. der Terminus „Rinderbandwurm" nicht einmal als Synonym erwähnt wird (auch nicht im Sachregister erscheint!). Den zoologischen Nomenklaturregeln ist nicht immer konsequent Rechnung getragen worden — und orthographische Schnitzer wie Askaridose oder Kapillariosen sind in einem wissenschaftlichen Werk recht störend. Der Terminus Morphe wird falsch angewandt. An kritischen Anmerkungen, die bei der gewiß bald fälligen Neuauflage ausgewertet werden sollten, seien des weiteren noch einige Details herausgegriffen, z. B. gelten die Abb. 50b für Rhabditida und 53 für Strongylida, sind aber nicht typisch für Nematoden allgemein — das hätte Erwähnung verdient. Abb. 72b ist schlecht gezeichnet und bei Abb. 92 paßt die Vergrößerung nicht zu den Größenangaben auf S. 324. Die Aufnahme Abb. 93 ist recht gut, die Situation des ausgestülpten Eischlauches ist aber so nicht die Regel, was erwähnt hätte werden sollen. Auch die Abb. 106a könnte mißverständlich wirken, da die (hier ziemlich kräftig gezeichneten) Querstreifen von *Echinuria uncinata* in Wirklichkeit ganz zart, kaum sichtbar sind. *Porrocaecum crassum* fehlt (S. 335), ist aber eine wichtige und häufige Art; analog hätten (S. 219) auch *Capillaria anatis* und *C. columbae* aufgenommen werden sollen. „*Syngamus bronchialis*" (S. 264) müßte jetzt *Cyathostoma bronchialis* heißen. Zum Schluß noch einige Druckfehlerberichtigungen: S. 6 Mitte „Dilepididosen"; S. 220 u. „bursata"; S. 257 u. „caninum"; S. 266 „Strongyloidea"; S. 328 o. „obvelata".

Wd. EICHLER (Berlin).

Dtsch. ent. Z., N. F. 33 (1986) 3—5, 269—275

Beschreibung von neuen Köcherfliegen aus Armenien

(Insecta, Trichoptera)

Von

WOLFRAM MEY und RUDOLF JUNG

Mit 19 Abbildungen im Text

Abstract

Three new caddisfly species from Armenia are described and figured. *Plectrocnemia hajastanica* n. sp. and *Adicella hakopi* n. sp. are inhabiting the brooks of the wooded Ardschots-area of the Abojanski region of Armenia. *Hydropsyche anachoreta* n. sp. was collected from the Rasdan river. The specimens of *Lepidostoma hirtum orientalis* n. ssp. come from 3 different sites of Armenia.

Im Verlaufe einer Exkursion von R. JUNG durch Armenien 1985 konnten verschiedene Gebiete bereist werden. Das dabei gesammelte Trichoptera-Material enthielt 2 bisher unbekannte Arten und eine neue Subspezies, die nachfolgend beschrieben werden. Wir benutzen die Gelegenheit und fügen die Beschreibung einer neuen *Hydropsyche*-Art hinzu, die bereits 1980 von R. JUNG in Armenien gesammelt wurde. Eine Zusammenfassung und Auswertung des gesamten, bisher vorliegenden Datenmaterials über die Köcherfliegenfauna Armeniens befindet sich in Vorbereitung.

Plectrocnemia hajastanica n. sp.

Antennen, Taster und Beine gelbbraun. Auf der Stirn, zwischen den Basalgliedern der Antennen steht eine dichte, gelbe Behaarung. Die Hinterkopfwarzen sind schwarz behaart. Das 2. Glied der Maxillartaster ist etwas verdickt und am Ende leicht vorgezogen. Es trägt eine stärkere Behaarung als die anderen Glieder. Das 3. und 4. Glied sind gemeinsam ungefähr so lang wie das 5.
Körperlänge: 10—12 mm.

Genitalapparat ♂ (Abb. 1—6): Der Genitalapparat ist sehr ähnlich dem der *P. abraracourcix* MALICKY. Die Unterschiede zu dieser Art bestehen in folgenden Merkmalen: Der dorsale, kaum sklerotisierte Teil des 10. Segments ist nur wenig länger als die unteren Anhänge. Er besitzt dorsal, kurz hinter der Mitte, eine ebenfalls weichhäutige Wölbung, die distal eingeschnitten ist. Das darunter liegende, stark sklerotisierte, ventrale Teil weist von lateral gesehen keine gerade Oberkante auf, sondern ist subapikal lang ausgeschnitten. Es ist schmaler als bei *P. abraracourcix*. Die mittleren Anhänge sind relativ dick. Ihr ventral gerichteter Fortsatz ist apikal abgerundet. Die Innenkante der unteren Anhänge, die den oberen und unteren Teil miteinander verbindet ist in 2 Fortsätze ausgezogen. Der dorsal liegende ist kurz und zapfenförmig. Auf der Dorsalkante des unteren Fortsatzes steht eine Reihe kurzer, spitzer Dornen. Ventral ist das 9. Segment tief rechtwinklig und bis kurz vor die Mitte reichend ausgeschnitten. Der Aedeagus ist distal beiderseits flügelartig erweitert.

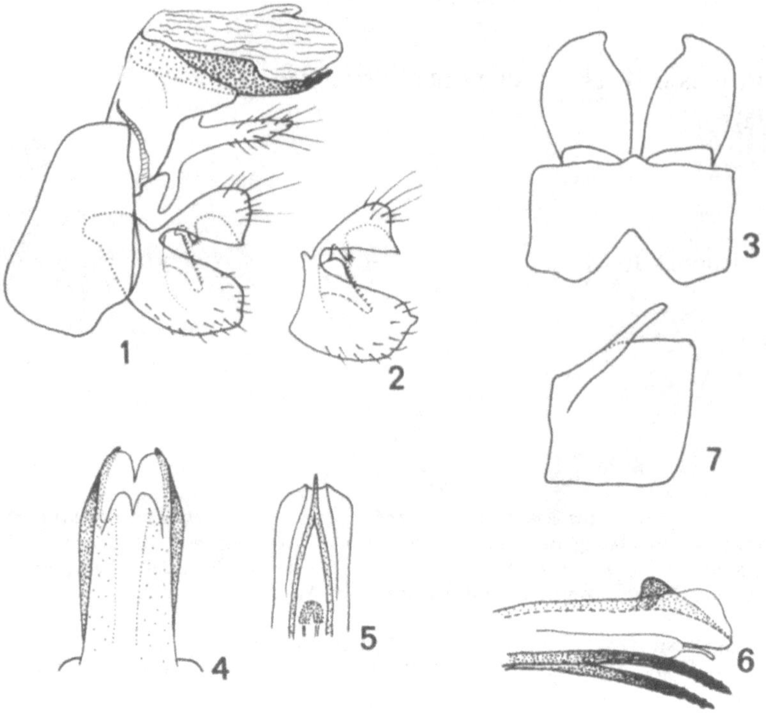

Abb. 1—7
Plectrocnemia hajastanica n. sp., 1 — Genitalapparat ♂ lateral, 2 — unterer Anhang von einem Paratypus, lateral, 3 — untere Anhänge, ventral, 4—10. Segment, dorsal, 5 — Aedeagusspitze, dorsal, 6 — Aedeagus, lateral, 7 — 5. Sternit, lateral.

Die dazwischen liegende, stärker sklerotisierte Leiste verbreitert sich plötzlich im letzten Drittel und bildet einen Dorsalkiel. Die Parameren sind paarig und nicht basal miteinander verwachsen.

♀ unbekannt.

Holotypus ♂: Armenien, Abojanski rayon, Asat bei Chuts, Weg von Garni, 3. 7. 85, leg. JUNG.

1 ♂ Paratypus vom selben Ort (in coll. Museum der Natur Gotha) und 3 ♂ Paratypen von Ardschots, 4. 7. 85, alle leg. JUNG (1 ♂ in coll. MALICKY, die übrigen Typen in coll. MEY).

P. hajastanica n. sp. ist die Schwesterart von *P. abraracourcix* MALICKY, die aus dem Iran beschrieben wurde. Obwohl die neue Art in ihrer Genitalmorphologie etwas variiert, sind aber die angegebenen Differentialmerkmale bei allen untersuchten Exemplaren deutlich ausgebildet.

Hydropsyche anachoreta n. sp.

Antennen, Taster und Beine hellbraun; Behaarung auf dem Kopf und dem Pronotum hellgrau. Das Meso- und Metanotum ist dunkelbraun gefärbt, das Skutellum heller. Das Femur der Hinterbeine ist an der Basis aufgehellt. Die Augenwölbung beträgt 1,7, der Augenabstand 1,16.
Körperlänge: 9—10 mm.

Genitalapparat ♂ (Abb. 8—10): 9. Segment kurz und schmal, 10. Segment nur wenig breiter. Zwischen dem 9. und 10. Segment ist kein dorsaler Sattel ausgebildet, so daß die Oberkante des 9. und 10. Segments fast eine gerade Linie bildet. Dorsalgruben sind an beiden Segmenten nicht zu erkennen, so daß auch der Dorsalkiel des 9. Segments fehlt. Das 10. Segment ist dorsal beiderseits in einen breiten, etwa viereckigen Lappen ausgezogen, der die Oberkante überragt. Auf ihm liegt das kleine Dornenfeld des 10. Segments. Der von dorsal sichtbare apikale Einschnitt des 10. Segments reicht bis zwischen diese Fortsätze. Seine Ränder sind gewölbt, behaart und schräg nach hinten verlaufend. Sie bilden jeweils einen von lateral, und noch deutlicher von ventrolateral sichtbaren fingerförmigen, kurzen Anhang. Die unteren Anhänge sind relativ schmal. Das 1. Glied ist distal nur schwach verdickt, das 2. Glied dünner, nach innen gebogen, ohne Verdickungen und am Ende gleichmäßig abgerundet. Der Aedeagus ist in seiner basalen Hälfte gleichmäßig gekrümmt. Er ist am Apex ventral schwach und dorsal stärker verbreitert und distal schräg abgestutzt. Von ventral gesehen verdickt sich der Aedeagus kurz hinter der Mitte. Seine Seitenränder verlaufen gleichmäßig abgerundet. Hinter der Verdickung ist eine kurze, deutliche Einschnürung zu erkennen. Von dieser Einschnürung ab verbreitert sich der Aedeagus allmählich bis zur Spitze.

Holotypus ♂ und Allotypus ♀: Armenien, Rasdan, 23. 5. 80, leg. Jung (in coll. Mey).

H. anachoreta n. sp. gehört zur *guttata*-Gruppe. Auf Grund des fehlenden Dorsalkiels und der eigenartigen Form des 10. Segments ist die Art leicht von anderen *Hydropsyche*-Arten zu unterscheiden. Sie steht innerhalb der *guttata*-Gruppe etwas isoliert, läßt sich aber in die weitere Verwandtschaft von *H. sciligra* Malicky einordnen. Mit ihr hat sie den Augenabstand gemeinsam, während die viel stärkere Augenwölbung an *H. integrata* Mey erinnert.

Lepidostoma hirtum orientalis n. ssp.

Bei ♀ ist auf der Oberseite des Kopfes kein langer, dreieckiger, zwischen den Grundgliedern der Antennen liegender Fortsatz ausgebildet. Falls ein Fortsatz vorkommt, ist er sehr kurz, breit und distal eingeschnitten.

Genitalapparat ♂ (Abb. 11—12): Der subapikale Fortsatz der unteren Anhänge ist sehr breit und am Ende stumpf abgerundet. Der von ventral sichtbare, basale Fortsatz der unteren Anhänge ist mit mehr als seiner halben Länge mit den unteren Anhängen verwachsen. Der freie Teil ist bei den meisten Tieren klein und zapfenförmig. Eine deutliche Naht ist nicht zu erkennen. Die unteren Anhänge erscheinen deshalb von ventral gesehen mehr oder weniger tief und schmal eingeschnitten.

Genitalapparat ♀ (Abb. 13): Das 10. Segment läuft von dorsal gesehen in zwei breite und gleichmäßig abgerundete Wölbungen aus. Sie überragen den Hinterrand des 10. Segments nur wenig. Die Lateralseiten des 10. Segments verlaufen als breites Band bis zur Basis. Sie sind distal abgerundet und tragen dort eine stärkere Behaarung.

Holotypus ♂ und Allotypus ♀: Armenien, Abojanski rayon, Asat bei Chuts, 3. 7. 85, leg. Jung (in coll. Mey).

6 ♂- und 8 ♀ Paratypen vom selben Ort, (1 ♂ und 1 ♀ in coll. Museum der Natur Gotha, die übrigen in coll. Mey).

L. hirtum orientalis n. ssp. läßt sich durch die angegebenen Differentialmerkmale gut von *L. hirtum hirtum* (Fabricius) unterscheiden. Die dorsale Form des 10. Segments ist bei den ♀♀ relativ konstant. Dagegen zeigt die Verschmelzung des basalen Fortsatzes mit den unteren Anhängen bei den ♂♂ einen unterschiedlichen Ausprägungsgrad (Abb. 12). Die Verwachsung ist jedoch immer deutlich zu erkennen. Sie kann bei einem Tier links und rechts auch unterschiedlich ausgebildet sein.

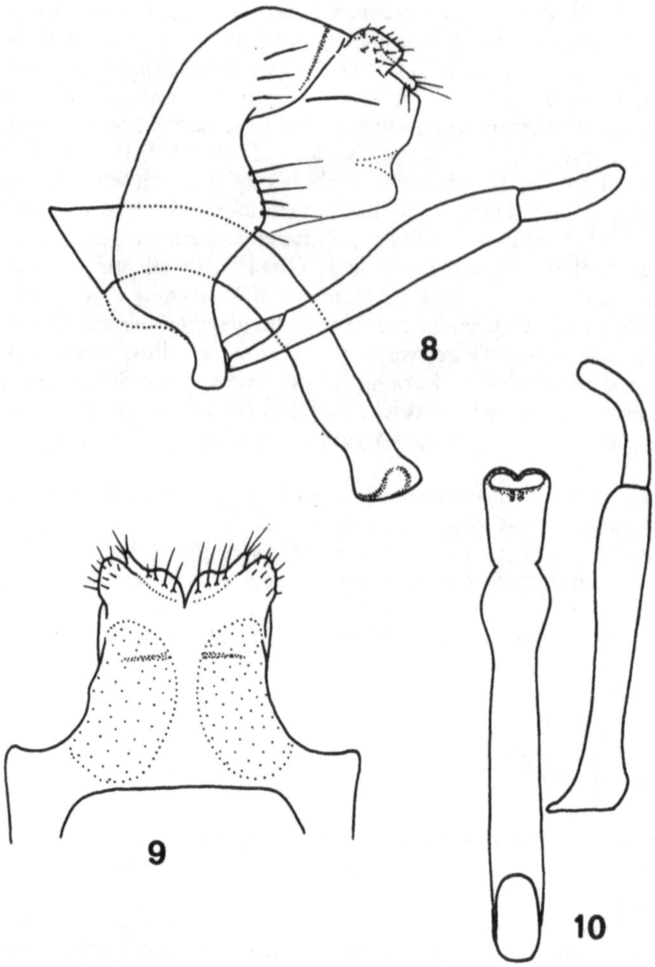

Abb. 8—10
Hydropsyche anachoreta n. sp., 8 — Genitalapparat ♂, lateral, 9 — 10. Segment, dorsal, 10 — Aedeagus und untere Anhänge, ventral.

L. hirtum orientalis n. ssp. ist eine sehr helle, gelbbraune Unterart. Außer der terra typica sind uns 2 weitere, weit voneinander getrennte Fundorte in Armenien bekannt. Wahrscheinlich kommt die Unterart nicht nur in Armenien vor, sondern ist auch in den angrenzenden Gebieten zu erwarten (Grusinien, Aserbaidshan, Türkei).

Adicella hakopi n. sp.

Antennen gelb, an den Artikulationen schmal schwarz geringelt. Die Maxillartaster sind braun, mit dichter brauner Behaarung. Labialtaster und Beine hellbraun. Kopf und Thorax oberseits braun, Tergite dunkelbraun, Sternite heller. Im Vorderflügel ist Gabel 1 gestielt, Stiel kürzer als Gabel. Die Queradern r und m bilden eine Gerade, m—cu biegt

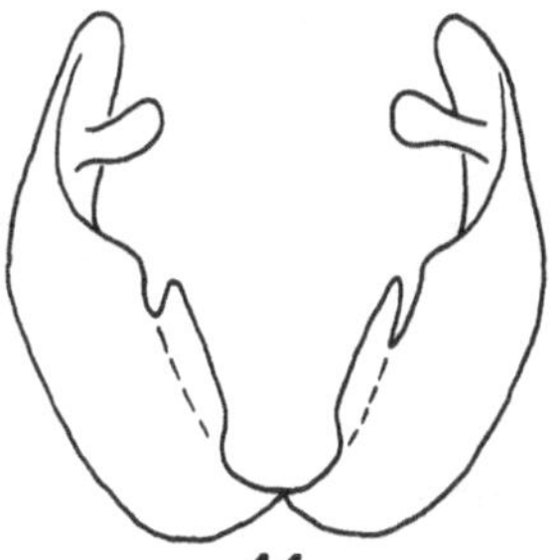

11

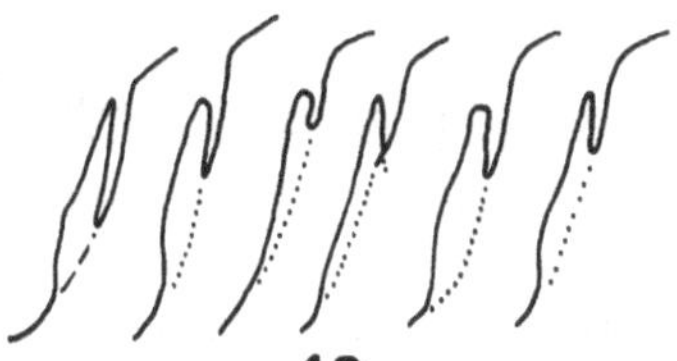

12

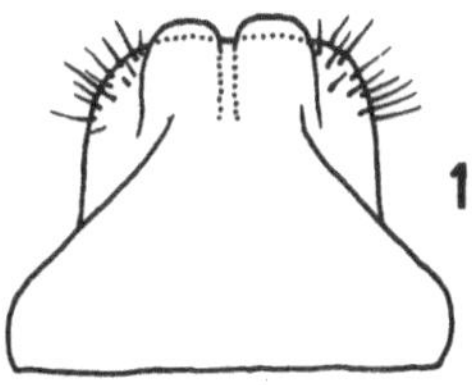

13

Abb. 11—13
Lepidostoma hirtum orientalis n. ssp., 11 — untere Anhänge ♂, ventral, 12 — Variation des basalen Fortsatzes der unteren Anhänge, 13 — 10. Segment ♀, dorsal.

davon zum Körper hin ab. Das Pronotum ist dorsal ausgehöhlt. Auf der Innenseite des Scapus des ♂ verläuft als schmales schwarzes Band ein Feld von starren, aufgerichteten Stiftborsten. Es reicht vom Pedicellus bis in das basale Viertel des Scapus (Abb. 14). Körperlänge: 5—6 mm.

Genitalapparat ♂ (Abb. 15—17): Die oberen Anhänge sind relativ groß und von abgerundet dreieckiger Form. Ihr Außenrand verläuft von lateral gesehen gerade. Das 10. Segment bildet eine breite, dreieckige Platte, die nach distal spitz ausläuft. Sie ist dorsal tief ausgeschnitten, so daß das 10. Segment aus dieser Sicht in zwei getrennte, spitze Zipfel ausläuft. Lateral auf dem 10. Segment ist eine kleinere Fläche durch eine starke Behaarung hervorgehoben. Der Fortsatz auf der Dorsalkante des 10. Segments ist unpaar, relativ lang und schmal, am Ende abgerundet. Die unteren Anhänge verlaufen als breite Bänder nach dorsal. Sie sind bereits kurz hinter der Insertion am 9. Segment stumpfwinklig umgebogen. Ihr Apex ist abgerundet. Von kaudal gesehen sind sie kurz vor der Mitte eingeschnürt. Diese Einschnürung bildet ungefähr einen rechten Winkel. Der obere Teil ist länglich und median keulenförmig verdickt. An der Basis stoßen die unteren Anhänge breit zusammen. Der Aedeagus ist stark gebogen. Kurz vor dem Apex ist er dorsal eingezogen und hier auch etwas stärker sklerotisiert. Parameren fehlen.

Genitalapparat ♀ (Abb. 18—19): Die oberen Anhänge sind von länglich abgerundeter Form. Auf ihnen entspringen zahlreiche Haare, die länger als die oberen Anhänge sind. Das 10. Segment ist breit dreieckig vorgezogen und bildet von lateral gesehen am Apex einen rechten Winkel. Von dorsal gesehen liegt es zwischen den oberen Anhängen und ist distal abgestutzt und abgerundet. Die Valven sind zweilappig. Der obere Teil ist etwa ein Viertel so breit wie der untere. Zwischen beiden Teilen verläuft vor der Einschnürung eine kurze Naht.

Holotypus ♂ und Allotypus ♀: Armenien, Abojanski rayon, Ardschots, 4. 7. 85, leg. JUNG (in coll. MEY).

2 ♂ und 5 ♀ Paratypen vom selben Ort, 1 ♂, Nebenbach des Asat bei Chuts, 3. 7. 85, alle

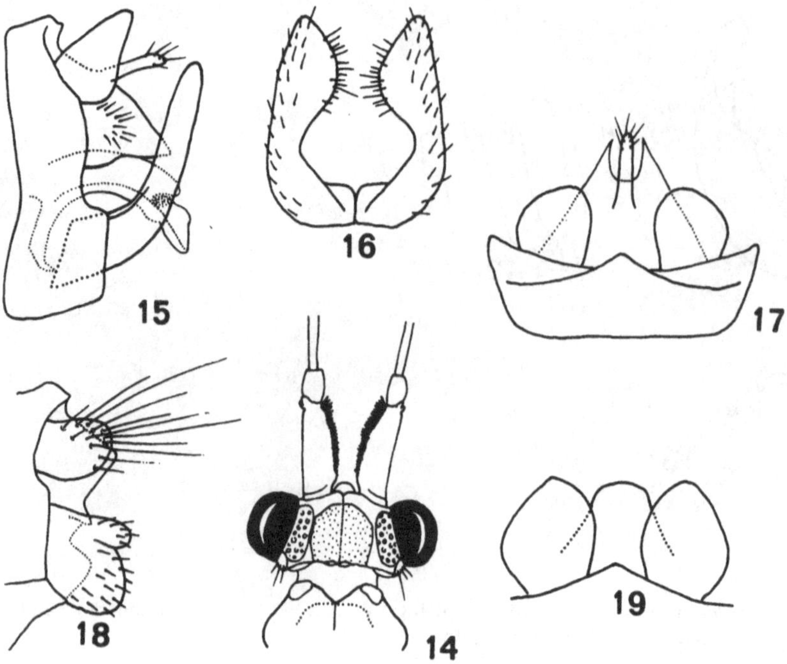

Abb. 14—19
Adicella hakopi n. sp., 14 — Kopf des ♂, dorsal, 15 — Genitalapparat ♂, lateral, 16 — untere Anhänge ♂, kaudal, 17 — Genitalapparat ♂, dorsal, 18 — Genitalapparat ♀, lateral, 19 — Genitalapparat ♀, dorsal.

leg. JUNG (1 ♂ in coll. MALICKY, 1 ♀ in coll. Museum der Natur Gotha, die übrigen in coll. MEY).

Derivatio nominis: Die neue Art ist dem armenischen Chemiker Dr. HAKOP gewidmet, der durch seine freundschaftliche Hilfe die entomologische Exkursion von R. JUNG in Armenien gefördert hat.

A. hakopi n. sp. gehört nach der charakteristischen Struktur auf dem Scapus der ♂♂ in die *dionisos*-Gruppe. Diese Bildung ist wahrscheinlich ein Rezeptororgan, das der intraspezifischen Chemokommunikation dient. Innerhalb der Gruppe steht die neue Art der *A. dionisos* MALICKY und *A. androconifera* SCHMID am nächsten.

Zusammenfassung

Es werden 3 neue Arten und eine neue Unterart von Köcherfliegen aus Armenien beschrieben. *Plectrocnemia hajastanica* n. sp. und *Adicella hakopi* n. sp. leben in den Bächen von Ardschots, einer bewaldeten Region des Abojanski rayon. *Hydropsyche anachoreta* n. sp. wurde am Rasdan gesammelt. Die Exemplare von *Lepidostoma hirtum orientalis* n. ssp. stammen von 3 verschiedenen Fundorten in Armenien.

Literatur

MALICKY, H. (1977): Weitere neue und wenig bekannte mediterrane Köcherfliegen (Trichoptera). — Nachrichtenbl. Bayer. Ent. **26**: 65—77.

— (1979): Notes on some caddisflies (Trichoptera) from Europe and Iran. Aquatic Insects **1**: 3—16.
Martynov, A. V. (1909): Die Trichopteren des Kaukasus. — Zool. Jb. Syst. **27**: 509—558.
Schmid, F. (1959): Trichoptères d' Iran. — Beitr. Ent. **9**: 200—219, 376—412, 684—698, 760—799.

Anschrift der Verfasser:

Dr. Wolfram Mey, DDR — 1500 Potsdam,
Franz-Brüning-Straße 25
Dr. Rudolf Jung, DDR — 4325 Gatersleben,
Erwin-Baur-Platz 2

Dtsch. ent. Z., N. F. 33 (1986) 3—5, 276

Buchbesprechungen

NUÑEZ, J. L., MUÑOZ-COBEÑAS, M. E. u. MOLTEDO, H. L.: **Boophilus microplus. The Comman Cattle Tick.** (Translated by BAILIE, H., MICHELSOHN, C. u. PARIS, C.). 1985. 92 figs. XIV, 204pp. 540g. Hard cover DM 196. — Berlin—Heidelberg—New York—Tokyo: SPRINGER-Verlag. ISBN 3-540-15146-X.

Der vorliegende Band enthält eine umfassende Monographie der gemeinen Rinderzecke *Boophilus microplus* CAN. Der Parasit ist über große Teile Südamerikas und Afrikas, über Mittelamerika, Mexiko, Südasien und Nordaustralien verbreitet. Der ökonomische Schaden, den die Milbe verursacht, ist beträchtlich, da nicht selten Hunderte von Exemplaren, ja sogar z. T. Tausende ein Rind befallen. Durch die Saugtätigkeit der Parasiten verlieren die Tiere 50 l Blut und mehr pro Jahr. Die Einstiche der Zecke in die Haut und die damit verbundenen Infekte mindern weiterhin den Wert der Felle für die Lederindustrie.

Diese ökonomische Bedeutung förderte die Untersuchung der Milbenart. Ausgehend von eigenen Untersuchungen, werteten die Autoren eine umfangreiche Menge an Arbeiten aus verschiedenen Fachgebieten aus, die die Lebensweise und die Bekämpfung von *Boophilus microplus* behandeln bzw. dafür bedeutsam sind. Fast die Hälfte des Bandes ist den Bekämpfungsmethoden der Zecke gewidmet.

In einer kurzen Einführung zur Taxonomie werden die wichtigsten Gattungen und Familien der Überfamilie Ixodoidea (Zecken) charakterisiert. Es folgt eine fundierte Darstellung zur Morphologie und Physiologie. Zahlreiche brillante Aufnahmen mit dem Rasterelektronenmikroskop und instruktive Strichzeichnungen illustrieren die Ausführungen.

Als wichtige Grundlage zur Bekämpfung des Parasiten schließt sich eine exakte Darstellung des Lebensablaufs an. Morphologie, Entwicklung und Verhalten der einzelnen Stadien werden beschrieben. Tabellen und Graphiken erläutern die Bionomie.

Das Kapitel zur Bekämpfung des Parasiten gliedert sich in Abschnitte über Bekämpfungsprinzipien, Applikationsmethoden und Bekämpfungsmittel.

Sehr ausführlich wird auf Strukturformel, Wirkungsweise, Toxizität, Rückstände und praktische Einsatzmöglichkeit chemischer Mittel eingegangen. Die wichtigsten Gruppen sind chlorierte Kohlenwasserstoffe, organische Phosphorinsektizide, Pyrethroide und Spezialakarizide. Die von anderen Milben bekannte Ausbildung resistenter Populationen führte auch bei der Bekämpfung der Rinderzecke zu großen Schwierigkeiten, die eingehend besprochen werden. Einige kurze Ausführungen sind biologischen Bekämpfungsmethoden gewidmet, die z. Z. noch keine Praxisreife erkennen lassen. Aussichtsreich erscheint eine Züchtung resistenter Rinderrassen. Die Reaktion verschiedener Rinderrassen und die Resistenzfaktoren werden eingehend analysiert.

Für den Entomologen sind die ausgezeichneten Darstellungen zur Morphologie, Physiologie und Bionomie der Zecke besonders instruktiv.

W. KARG

DOBLER, G.: **VIII. Abundanzdynamik und Entwicklungszyklen von Zikaden (Homoptera, Auchenorrhyncha) im zentralpinen Hochgebirge.** In: Ökologische Untersuchungen an Wirbellosen des zentralalpinen Hochgebirges (Obergurgl, Tirol), herausgegeben von J. JANETSCHEK. Veröffentlichungen der Universität Innsbruck. 148. Alpin-biologische Studien, geleitet von H. JANETSCHEK. XVIII. 113 S., 27 Abb., 12 Tab., 2 Fotos, Preis: 270,— öS. Innsbruck, 1985.

In der vorliegenden Publikation werden Abundanzdynamik und Entwicklungszyklen der Fauna der Bodenoberfläche des zentralalpinen Hochgebirges bei Obergurgl (Tirol) in den Jahren 1980 und 1981 untersucht unter besonderer Berücksichtigung der Zikaden. Die Arbeit stellt eine gute Ergänzung zu den 1977 von LEISING in diesem Gebiet durchgeführten qualitativen Beobachtungen über die Zikadenfauna dar und kann allen, die sich mit ökologischen Fragen beschäftigen, sehr empfohlen werden.

Die Untersuchungsgebiete in zwei verschiedenen Höhenstufen, eine Mähwiese in 1960 m und eine Grasheide in 2600 m Höhe, werden kurz charakterisiert, dann wird auf die Fangmethoden (quantitative Saugmethode, Keschern) sowie auf die zur Ergänzung der Freilandbeobachtungen durchgeführten Laborzuchten eingegangen. Den Hauptteil der Arbeit (S. 23—105) nehmen die Untersuchungsergebnisse ein, den Abschluß bildet das Literaturverzeichnis. Der Anteil der Zikaden an den ermittelten Tieren ist, bedingt durch die Höhenlage mit 7,1 (1980) bzw. 2,9% (1981) in der Mähwiese (insgesamt 16 Arten) und mit 4,8 (1980) bzw. 12,1% (1981) in der Grasheide (insgesamt 7 Arten) nicht hoch. Ermittelt wurden die mittlere Abundanz, die dominanten Arten, ferner die Diversität und Biomasse der Zikaden, auch wird eine Analyse der Entwicklung der dominanten Arten gegeben. An Hand des Imaginalauftretens wurde ein phänologischer Kalender erstellt und Zeit- und Temperatursummenbedarf für die Entwicklung der dominanten Arten berechnet.

U. GÖLLNER

Dtsch. ent. Z., N. F. 33 (1986) 3—5, 277—281

Ergebnisse aus Fallenfängen von Staphylinidae im Forst von Kühlenhagen bei Wolgast (NO der DDR)

(Coleoptera, Staphylinidae)

Von

ROLF KEILBACH

Mit 3 Tabellen im Text

Abstract

From a forest in NE of GDR in detail data on the Staphylinid fauna are given and the annual activities of some species referred. Some rar or new species are mentioned.

Im Forst von Kühlenhagen bei Wolgast im NO der DDR wurden von MÜLLER-MOTZFELD im Mai—Dezember 1981 40 Bodenfallen (Äthylenglykol) aufgestellt, um den Bestand an semiedaphischen Coleopteren und ihre Aktivität zu erfassen in einem Gebiet, für welches wesentliche Eingriffe in seine jetzige Natur zu erwarten waren.

Die Fallen waren so verteilt, daß 5 verschiedene Biotope erfaßt wurden: Bachufer (0), Forstgarten (1), Feuchtwiese (2), Moor (3a), trockene Kiefernschonung (3b), in 0—2 je 5 Fallen, in 3a 4 Fallen, in 3b 21 Fallen. Dazu kamen noch einige Fänge von Hand ohne Biotopangabe (X).

Der Verfasser bearbeitete von den Coleopterenfängen die Staphyliniden (ohne Aleocharinae).

Die Gesamt-Individuen- und Artenzahlen sowie die Dominanz-% ergaben für die 10 in den 40 Fallen vertretenen Unterfamilien folgendes Bild:

Tabelle 1

	Exemplare	Arten	Indiv. %	Arten %
Metopsiinae	3	1	0,17	1,64
Proteininae	1	1	0,06	1,64
Omaliinae	220	9	12,19	14,75
Oxytelinae	90	2	5,00	3,28
Steninae	9	4	0,50	6,56
Paederinae	31	4	1,72	6,56
Xantholininae	118	6	6,54	9,84
Staphylininae	1017	19	56,34	31,15
Habrocerinae	1	1	0,06	1,64
Tachyporinae	315	14	17,45	22,95
	1805	61		

In Tab. 2 sind die in den 6 Fanggruppen enthaltenen Individuenzahlen für die 61 Arten mit ihren Dominanz % zusammengestellt:

Tabelle 2

	0	1	2	3a	3b	X	Σ	Dom. %
Metopsia clypeata (Müll.)					3		3	0,17
Proteinus macropterus (Gyll.)	1						1	0,06
Oxytelus rugosus (Grav.)	55	1	25		1	6	88	4,88
Oxytelus sculpturatus Grav.		1	1				2	0,11
Omalium rivulare (Payk.)	11		3				14	0,78
Omalium caesum Grav.			1				1	0,06
Lathrimaeum atrocephalum (Gyll.)	76	30	6	1	4		117	6,48
Lathrimaeum unicolor (Marsh.)	19		8		2		29	1,61
Olophrum piceum (Gyll.)	2		2	3	3		10	0,55
Olophrum fuscum Grav.	4		2	1	1	2	10	0,55
Olophrum assimile (Payk.)	5		1				6	0,33
Acidota cruentata Mannh.		1		1	1		3	0,17
Lesteva longelytrata (Goeze)	28		2				30	1,66
Stenus clavicornis (Scop.)	1		4		1		6	0,33
Stenus cicindeloides Schall.			1				1	0,06
Stenus fulvicornis Steph.			1				1	0,06
Stenus juno Payk.	1						1	0,06
Stilicus rufipes (Germ.)	1	4	2				7	0,39
Stilicus erichsoni Fauv.			17				17	0,94
Lathrobium brunnipes (F.)	2	3		1			6	0,33
Cryptobium fracticorne (Payk.)				1			1	0,06
Gyrohypnus angustatus F.	1		7		14		22	1,22
Xantholinus linearis (Ol.)	4		8	3	10		25	1,39
Xantholinus longiventris (Heer)					4		4	0,22
Othius punctulatus Goeze	6	17	7		3		33	1,83
Othius melanocephalus (Grav.)					5		5	0,28
Othius myrmecophilus Kiesw.	5	16	4	1	3		29	1,61
Philonthus laminatus Creutz	1		1				2	0,11
Philonthus decorus (Grav.)	435	450	41			3	929	51,47
Philonthus fuscipennis Mannh.				2	2	1	5	0,28
Philonthus varius (Gyll.)	1		6	3	20	1	31	1,61
Philonthus concinnus (Grav.)			4				4	0,22
Philonthus marginatus Stroem			1	1			2	0,11
Gabrius pennatus Sharp.			2				2	0,11
Platydracus fulvipes (Scop.)				1			1	0,06
Staphylinus erythropterus L.			3	13			16	0,89
Heterothops quadripunctulus (Grav.)					2		2	0,11
Heterothops dissimilis (Grav.)					1		1	0,06
Quedius lateralis (Grav.)		2					2	0,11
Quedius fuliginosus (Grav.)			5				5	0,28
Quedius curtipennis Bernh.			2				2	0,11
Quedius tristis (Grav.)					1		1	0,06
Quedius molochinus (Grav.)			1		5		6	0,33
Quedius scintillans (Grav.)	1						1	0,06
Quedius picipes Mannh.	1						1	0,06
Quedius boops (Grav.)			1		3		4	0,22

Tab. 2 (Fortsetzung)

	0	1	2	3a	3b	X	Σ	Dom. %
Habrocerus capillaricornis (GRAV.)						1	1	0,06
Mycetoporus brunneus MARSH.		5	1		3		9	0,50
Mycetoporus rufescens STEPH.		2					2	0,11
Mycetoporus clavicornis STEPH.			1	1			2	0,11
Bryocharis cingulata MANNH.			1				1	0,06
Bryocharis inclinans (GRAV.)		3					3	0,17
Conosoma pedicularium (GRAV.)					1		1	0,06
Tachyporus obtusus (L.)	4	1					5	0,28
Tachyporus chrysomelinus (L.)	2	3	1		3	1	10	0,55
Tachyporus hypnorum (L.)		2	1	6	1		10	0,55
Tachyporus pusillus GRAV.			1			1	2	0,11
Tachinus rufipes (DEG.)	68	56	32			3	159	8,81
Tachinus corticinus (GRAV.)	3		1				4	0,22
Tachinus laticollis (GRAV.)	26	5	1				32	1,77
Tachinus marginellus (F.)	26		49				75	4,16
	790	602	258	39	97	19	1805	

Die Tabelle 3 zeigt, daß das Bachufer und der Forstgarten die höchsten Ø Aktivitäts-Individuendichten (15,49 und 13,08) aufweisen. (Das ist bedingt durch die hohen Individuenzahlen bei *Philonthus decorus* von 435 und 450.) Kaum halb so hoch liegen diese in der Feuchtwiese und der trockenen Kiefernschonung (6,00 und 5,39), am niedrigsten im Moor (1,95).

Klammert man *Philonthus decorus* aus der Berechnung aus, so zeigen das Bachufer die höchste (6,96), die Kiefernschonung und die Feuchtwiese eine fast gleich hohe (5,39 und 5,05) durchschnittliche Aktivitäts-Individuendichte. Beim Forstgarten ergibt sich eine solche von 3,30.

Die arten- und individuenreichste Unterfamilie sind die **Staphylininae** (19 und 1017) mit dem schon erwähnten *Philonthus decorus* (Dominanz 51,47%), gefolgt von den **Tachyporinae** (14 und 315); bei ihnen führt *Tachinus rufipes* mit 8,81 Dom. % vor *T. marginellus* mit 4,16 Dom. % und *T. laticollis* mit 1,77 Dom. %.

An dritter Stelle stehen die **Omaliinae** (9 und 220) mit *Lathrimaeum atrocephalum* (6,48 Dom. %), *Lesteva longelytrata* (1,66 Dom. %) und *Lathrimaeum unicolor* (1,61 Dom. %). Die **Xantholininae** (6 und 118) zeigen keine so hohen Spitzen in den Dominanzprozenten einzelner Arten wie die bisher genannten Unterfamilien.

Tabelle 3

Gruppe	Fallen-		Arten-	Individuen-	Ø Aktivitäts-Individuendichte
	zahl	fänge	zahl		
0	5	51	28	790	15,49
1	5	46	18	602	13,08
2	5	43	40	258	6,00
3a	4	20	15	39	1,95
3b	21	18	25	97	5,39
X			9	19	
	40	178		1805	

Oxytelus rugosus (4,88 Dom. %) vertritt fast allein die Unterfamilie der **Oxytelinae** (2 und 90). Unter den **Paederinae** (4 und 31) nimmt *Stilichus erichsoni* die Spitze ein (0,94 Dom. %). *Stenus clavicornis* (0,33 Dom.;) ist die führende Art unter den **Steninae** (4 und 9).

Mit nur je 1 Art sind die **Metopsiinae** (1 und 3), die **Proteininae** und die **Habrocerinae** (je 1 und 1) vertreten.

Am **Bachufer** (28 Arten) dominieren: *Philonthus decorus* (55,06 %), *Lathrimaeum atrocephalum* (10,0 %), *Tachinus rufipes* (8,60 %) und *Oxytelus rugosus* (7,24 %); subdominant sind: *Lesteva longelytrata* (3,45 %), *Tachinus laticollis* (3,25 %). *T. marginellus* (3,25 %) und *Lathrimaeum unicolor* (2,5 %). Nur am Bachufer waren aktiv: *Proteinus macropterus*, *Quedius scintillans* und *Qu. picipes*, 2 seltene, für das Gebiet neue Arten.

Auf der **Feuchtwiese** (40 Arten) dominieren: *Philonthus decorus* (15,89 %), *Tachinus rufipes* (12,4 %), *T. marginellus* (19,0 %), *Oxytelus rugosus* (9,69 %), und *Stilicus erichsoni* (6,59 %); subdominant sind: *Xantholinus linearis* (3,1 %), *Gyrohypnus angustatus* (2,71 %), *Othius punctulatus* (2,71 %), *Lathrimaeum unicolor* (3,1 %), *L. atrocephalum* (2,33 %) und *Philonthus varius* (2,33 %). Die hygrophilen Arten *Stilicus erichsoni*, *Stenus cicindeloides*, *St. fulvicornis*, *Philonthus concinnus*, *Quedius fuliginosus*, *Qu. curtipennis*, *Qu. molochinus*, *Qu. boops*, *Bryocharis cingulata* und *Tachyporus pusillus* fanden sich nur auf der Feuchtwiese.

Im **Forstgarten** (18 Arten) dominieren: *Philonthus decorus* (74,75 %) und *Tachinus rufipes* (8,6 %). 3 Arten sind subdominant: *Lathrimaeum atrocephalum* (4,98 %), *Othius punctulatus* (2,82 %), *Oth. myrmecophilus* (2,66 %).

Die auch anderen Ortes nicht häufigen Waldbewohner *Quedius lateralis*, *Bryocharis inclinans* und *Mycetoporus rufescens* fanden sich nur im Forstgarten in den Fallen.

Die trockene **Kiefernschonung** (25 Arten) erbrachte dominant: *Philonthus varius*, (20,61 %), *Gyrohypnus angustatus* (14,43 %), *Xantholinus linearis* (10,30 %), *Othius melanocephalus* (5,15 %), *Quedius molochinus* (5,15 %); subdominant traten auf: *Lathrimaeum atrocephalum* (4,12 %), *Metopsia clypeata* (3,09 %), *Xantholinus longiventris* (4,12 %), *Othius punctulatus* (3,09 %), *O. myrmecophilus*, *Olophrum piceum*, *Quedius boops*, *Mycetoporus brunneus*, *Tachyporus chrysomelinus* (alle 3,09 %) und mit 2,06 % *Lathrimaeum unicolor*, *Philonthus fuscipennis*, *Heterothops quadripunctulus*.

Nur in der Kiefernschonung wurden gefangen: die xerophile *Metopsia clypeata*, (3 Ex.), *Xantholinus longiventris* (4 Ex.), *Othius melanocephalus* (5 Ex.), *Heterothops dissimilis* (1 Ex.), *H. quadripunctulus* (2 Ex.), der xerophile, nicht häufige, für das Gebiet neue *Quedius tristis* (1 Ex.) und *Conosoma pedicularium* (1 Ex.)

Im **Moor** (15 Arten) dominierten: *Staphylinus erythropterus* (33,33 %), der sonst nur noch auf der Feuchtwiese auftrat, *Tachyporus hypnorum* (15,38 %), *Olophrum piceum*, *Xantholinus linearis*, *Philonthus varius* mit je 7,6 %, und Philonthus fuscipennis (5,13 %).

Nur im Moor fing sich der typische Moorbewohner *Cryptobium fracticorne* und *Platydracus fulvipes*, eine seltene, für das Gebiet neue Art.

Eine 2-gipflige Jahres-Bewegungsaktivitätskurve, wie sie für die Omaliinae auf Rügen für das Jahr 1974 festgestellt wurde (Keilbach 1984), läßt sich auch für Kühlenhagen bestätigen. Für *Xantholinus linearis* wurde der starke Anstieg zum Winter wie auf Rügen ebenfalls festgestellt. Bei *Philonthus decorus* zeigte sich eine nur 2-gipflige Kurve (Mai, August—September). Für *Tachinus rufipes* ergab sich wie auf Rügen 1974 ein Gipfel im Juli. Die Aktivität von *Quedius molochinus* in Kühlenhagen beschränkte sich auf August—September; wie Kleinsteuber (1969) angibt, ist seine Aktivitätsperiode allgemein eng auf Juli, optimal August—September begrenzt.

Zusammenfassung

In verschiedenen Biotopen des Kühlenhagener Forstes bei Wolgast (NO der DDR) wurden 1805 Staphyliniden in Bodenfallen gefangen. Sie gehörten 41 in der Mehrzahl hygrophilen Arten an; an xerophilen waren *Metopsia clypeata* und *Quedius tristis* vertreten, als typischer Moorbewohner *Cryptobium fracticorne*. An seltenen und für den Bereich neuen Arten fingen sich außer dem schon genannten *Quedius tristis* noch *Qu. scintillans*, *Qu. picipes* und *Platydracus fulvipes*.

Literatur

KEILBACH, R. (1984): Faunistisch-ökologische Untersuchungen über die Staphyliniden eines südlichen Küstenstreifens der Insel Rügen (Coleoptera). — Dtsch. ent. Z. N. F. **31**: 225—236.

— (1985): Staphyliniden (Coleoptera) aus dem NSG „Peenetalmoor“. Naturschutzarbeit in Mecklenburg. **28**: 32—35.

KLEINSTEUBER, E. (1969): Faunistisch-ökologische Untersuchungen an Coleopteren eines Hochmoores im Oberen Westerzgebirge. — Veröff. Mus. Naturk. Karl-Marx-Stadt. **4**: 1—76

Anschrift des Autors:
Prof. em. Dr. sc. nat. ROLF KEILBACH
ERNST-MORITZ-ARNDT-Universität
WB Zoologie
DDR-2200 Greifswald
Johann-Sebastian-Bachstr. 11/12

Buchbesprechungen

GRIMM, UTE: **Die Gnaphosidae Mitteleuropas** (Arachnida, Araneae). Abhandlungen des Naturwissenschaftl. Ver. zu Hamburg, N. F. Bd. 26. 1985. 318 S., 2 Farbtaf., 476 Zeichn., 51 Fotos, davon 4 farbig, 6 Tabellen u. 76 Verbreitungskarten. 24,5 × 17 cm, kartoniert. Preis DM 78.— Hamburg u. Berlin, PAUL PAREY. ISBN 3-490-14 296—9.

Die biotaxonomische Erforschung der Webespinnen Mitteleuropas hat einen Kenntnisstand erreicht, der die Neubearbeitung verschiedener Gruppen der Echten Webespinnen im Hinblick auf ihre praktische Bedeutung für ökologische Untersuchungen nach wie vor angezeigt sein läßt, da die verfügbaren älteren Monographien bei weitem nicht mehr den heutigen vielseitigen Anforderungen entsprechen können. Die Familie Gnaphosidae ist von REIMOSER 1937 im „DAHL, F., Die Tierwelt Deutschlands und der angrenzenden Meeresteile Bd. 33" auf 41 Seiten (45 Arten) bearbeitet worden. Demgegenüber nennt die vorliegende Monographie 83 Arten für Mitteleuropa (begrenzt auf Benelux-Staaten, BRD, DDR, Schweiz, Österreich, ausgeschlossen sind die skandinavischen Länder, dafür sind einige südeuropäische Arten mit einbezogen). Präzise Bestimmungstabellen, Artbeschreibungen und sehr sorgfältig ausgeführte Abbildungen der taxonomisch wichtigen Kopulationsorgane ermöglichen zusammen mit einer Aufarbeitung der neuesten Synonyme eine sehr sichere Artbestimmung. Kurze Kapitel über Biologie und Verbreitung entsprechen dem derzeitigen Kenntnisstand. Bearbeitung und drucktechnische Ausführung sind beispielgebend.

M. MORITZ

EICHLER, W.: **Grundzüge der veterinärmedizinischen Entomologie.** 184 S., 41 Abb., 38,— M. — VEB GUSTAV FISCHER Verlag Jena, 1980.

Dieses Lehrbuch, welches insbesondere für Studenten, Tierärzte, Ärzte und Biologen gedacht ist, weicht in seinem Aufbau sehr von der üblichen Darstellung der Erkenntnisse eines Spezialgebietes ab. Der Verfasser versucht nicht, in diesem Grundriß das Gesamtgebiet der veterinärmedizinischen Entomologie vollständig zu erfassen, sondern bespricht sehr eingehend und umfassend ausgewählte Arten. Dabei bemüht er sich, aus jeder Parasitengruppe einen typischen Vertreter zu behandeln. Dieses Vorhaben birgt die Gefahr in sich, daß die dargestellten Parasiten „Modellartfunktionen" besitzen und der Benutzer Morphologie, Bionomie, Pathenogenese, Epidemiologie und Bekämpfung zwangsläufig auf andere Arten der gleichen systematischen Einheit überträgt. Hinzu kommt, daß die einzelnen Arthropodengruppen nicht immer durch die markantesten oder wichtigsten Arten vertreten werden. Neben den 23 Kapiteln, in welchen die Arten oder Gattungen besprochen werden, finden sich noch eine technische Anleitung, ein Glossarium, ein Literaturverweiser, das Literaturverzeichnis und ein Register. Die einzelnen Kapitel zeigen eine gleichartige Gliederung. Nach einem einführenden Abschnitt, in welchem auch die systematische Stellung der behandelten Art angegeben wird, folgen die Darstellung der Entwicklung und Lebensweise, der Erkennung und des Nachweises, der Pathenogenese und Überträgerrolle, der Epidemiologie und Ansteckung, der Behandlung und Bekämpfung sowie die Gefährdung des Menschen. Außerdem werden auch auf Nachbargruppen hingewiesen und spezielle Literaturhinweise gegeben. Die Besprechung der einzelnen Parasiten vermittelt, ähnlich wie in den Merkblättern über angewandte Parasitenkunde und Schädlingsbekämpfung, einen guten Überblick über die betreffenden Schädlinge. Irreführend ist zum Teil die deutsche Namensgebung, wie beispielsweise Fischgoldfliege für *Lucilia sericata* (hier *Phaenicia sericata*). In einer nächsten Auflage sollten auch bei den Artnamen Autorenname und Jahreszahl der Erstbeschreibung angegeben werden. Wünschenswert wäre auch eine Erklärung der Abbildungen. Trotz dieser Einschränkungen ist das Buch eine wertvolle Bereicherung der Literatur auf dem veterinärmedizinischen Sektor und vermag in vielen Fällen auftretende Fragen erschöpfend zu beantworten.

H. SCHUMANN

Dtsch. ent. Z., N. F. 33 (1986) 3—5, 283—292

Zur Kenntnis der Spinnenfauna des Berliner Raums III. Spinnen auf dem Gelände des Tierparks Berlin

(Araneae)

Von

BODO V. BROEN

Abstract

Studies have been started to obtain knowledge of the composition of spider communities in Berlin. An interesting part of the remaining natural habitats in the town is the Tierpark Berlin-Friedrichsfelde. There are areas staying more or less undisturbed for years. In the present paper preliminary data are introduced on the spiders of typical habitats on the fields of the Tierpark. The main habitats are

— a dry and sandy plain sparsely covered by Corynephorus canescens. In places grow Oenothera biennis and Echium vulgare;
— an elevated area (as compared to the forementioned plain) tightly covered by Solidago gigantea, Tanacetum vulgare, and Artemisia vulgaris, in the northern part mingled with grassland;
— a mesophilic grove.

The animals have been caught by continuous pitfall trapping from the beginning of May 1984 to the end of May 1985, complemented by manual collecting. 1998 spiders belonging to 83 species are listed. A number of the species are estimated with respect to habitat selection and/or phenology. That refers to *Dysdera erythrina* WALCKENAER, *Harpactea rubicunda* (C. L. KOCH), *Zelotes pusillus* (C. L. KOCH), *Alopecosa cuneata* (CLERCK), *Alopecosa pulverulenta* (CLERCK), *Pardosa agrestis* (WESTRING), *Pardosa palustris* (LINNAEUS), *Tapinocyba biscissa* (O. P.-CAMBRIDGE), and *Lepthyphantes insignis* (O. P.-CAMBRIDGE).

Zodarion rubidum SIMON and *Zelotes aeneus* (SIMON), two rarely recorded species, deserve interest because of disjunction.

1. Einleitung

Im Stadtgebiet von Berlin finden sich trotz der extremen anthropogenen Verfremdung der Landschaft noch größere unbebaute Flächen, die zeitweilig, günstigenfalls über Jahre hinweg, weitgehend ungestört bleiben. In derartigen Biotopen erhalten sich Organismen, die im urbanen Ökosystem sonst kaum noch zusagende Lebensbedingungen finden. Das gilt nicht nur für Pflanzen mit spezifischen Standortansprüchen, sondern auch für zahlreiche wirbellose Tiere und einige Vertebraten. Biologisch besonders interessant sind durch menschlichen Einfluß verödete Flächen (z. B. nach Aufschlußarbeiten, Bodenabhub), auf denen sich beim Ausbleiben weiterer Störungen eine charakteristische Sukzession pflanzlicher und tierischer Neubesiedler einstellen kann. Unter ihnen sind neben ubiquitären Arten mit großer ökologischer Potenz mitunter Spezies, deren Vertreter auf eine ganz bestimmte Konstellation abiotischer und/oder biotischer Umweltfaktoren angewiesen sind. Sie gewinnen damit erheblichen Indikatorwert für landschaftsgestalterische Maßnahmen. Arten dieser Kategorie fallen chorologisch oft durch ausgeprägte Arealdisjunktion auf, da ihr Präferenzbiotop in der Kulturlandschaft immer seltener wird. Damit gewinnt ihr Nachweis auch tiergeographisch Bedeutung.

Der Verfasser hatte Gelegenheit, bei Erhebungen über die Spinnenfauna des Berliner Stadtgebiets auch Untersuchungen auf dem Gelände des Tierparks Berlin zu beginnen. Im tiergärtnerisch noch nicht genutzten Teil des Parks gibt es reich strukturierte Biotope, auf die das einleitend Gesagte zutrifft. Die nach einjähriger Untersuchungszeit vorliegenden Ergebnisse sind faunistisch und ökologisch hinreichend interessant, um eine erste Mitteilung zu rechtfertigen. Eine Synopsis der Spinnenfauna auf dem Gelände des Tierparks Berlin erfolgt zu einem späteren Zeitpunkt.

Es ist mir eine angenehme Pflicht, dem Direktor des Tierparks, Herrn Prof. Dr. Dr. H. DATHE, für die Förderung dieser Arbeit, für seine liebenswürdige Hilfsbereitschaft und die erwiesene Unterstützung herzlich zu danken.

2. Untersuchungsgebiet und Methodik

Das untersuchte Areal befindet sich nördlich des Alfred-Brehm-Hauses zwischen einem durch Trümmeraufschüttung entstandenen Kippengelände und Huftiergehegen. Das Gelände verdankt sein heutiges Aussehen offensichtlich länger zurückliegenden Baumaßnahmen für den Tierpark. Nach Bodenstruktur und Pflanzenbewuchs lassen sich folgende Teilbiotope unterscheiden:

1. eine etwa 600 qm große ebene Fläche, auf der nach Abhub des Oberbodens der diluviale Schwemmsand des Untergrundes deutlich zutage tritt. Hier dominiert als pflanzlicher Primärbesiedler das Silbergras (Corynephorus canescens), stellenweise in Gesellschaft mit Oenothera biennis und Echium vulgare.
2. humose Bodenaufhäufungen mit welligem Profil, die reich mit Solidago gigantea, Tanacetum vulgare und Artemisia vulgaris bewachsen sind. Sie haben am Südrande zerklüftete Abbruchkanten, wodurch am Übergang zum Corynephoretum (s. o.) stellenweise dünenähnliche Bedingungen entstehen.
3. Wiesengelände, in das die unter 2. beschriebenen Bodenbildungen übergehen. Das baumlose Gelände wird im Norden durch ein frischgründiges Laubmischgehölz mit starkem Holunderunterwuchs und Beständen von Urtica dioica abgeschlossen, das in die Untersuchung einbezogen wurde.

Auf diesem Gelände wurden ab Mai 1984 die Bodenspinnen mittels Barberfallen (Äthylenglykol) und durch Handaufsammlung erfaßt. Sechs Barberfallen wurden in Nord—Süd-Richtung in gerader Linie so gestellt, daß der Artenbesatz der wechselnden Geländeanteile mit ihrem starken Faktorengefälle wenigstens näherungsweise ermittelt werden konnte. Die Gläser wurden in drei- bis vierwöchigem Abstand gewechselt (Ausnahme die starke Frostperiode vom 1. 12. 1984 bis 2. 2. 1985). Die vorliegende Auswertung fußt auf 14 Fallenleerungen zwischen dem 24. 5. 1984 und dem 31. 5. 1985.

Die Nomenklatur für den Artennachweis folgt dem Standardwerk von LOCKET, MILLIDGE & MERRETT (1974). Das Belegmaterial befindet sich in der Sammlung des Verfassers.

3. Ergebnisse

3.1. Artennachweis

Zur Auswertung kamen 1998 Tiere, die 83 Arten zugeordnet werden konnten. Die Spezies sind in Tabelle 1 nach Familien aufgeschlüsselt nachgewiesen. Gattungen und Arten sind innerhalb der Familien alphabetisch geordnet. Für jede Art ist neben der Gesamtzahl gefangener Tiere die Anzahl adulter Tiere beider Geschlechter sowie die Anzahl inadulter Exemplare aufgelistet

3.2. Zur Autökologie und Phänologie ausgewählter Arten

Einige der nachgewiesenen Spezies beanspruchen faunistisches Interesse. Bei anderen kann das lückenhafte Wissen über die Biotopansprüche und/oder die Aktivitätszeit im Jahresablauf ergänzt werden. Diese Arten werden im folgenden näher betrachtet.

Tabelle 1
Artennachweis und Individuenzahlen

Spezies	Individuenzahl	♂,	♀	inad.
Dictynidae:				
Dictyna				
arundinacea (LINNAEUS)	9	1,	8	–
Dysderidae:				
Dysdera				
erythrina (WALCKENAER)	1	0,	1	–
Harpactea				
rubicunda (C. L. KOCH)	1	1,	0	–
Zodariidae:				
Zodarion				
rubidum SIMON	2	1,	1	–
Gnaphosidae:				
Drassodes				
lapidosus (WALCKENAER)	4	1,	0	3
pubescens (THORELL)	2	1,	1	–
Haplodrassus				
signifer (C. L. KOCH)	1	1,	0	–
Zelotes				
aeneus (SIMON)	2	1,	1	–
latreillei (SIMON)	1	1,	0	–
pusillus (C. L. KOCH)	36	26,	9	1
subterraneus (C. L. KOCH)	1	1,	0	–
Clubionidae:				
Agroeca				
brunnea (BLACKWALL)	6	4,	2	–
proxima (O. P.-CAMBRIDGE)	5	5,	0	–
Clubiona				
lutescens WESTRING	3	1,	2	–
neglecta O. P. CAMBRIDGE	2	2,	0	–
terrestris WESTRING	1	1,	0	–
Micaria				
pulicaria (SUNDEVALL)	6	4,	2	–
Phrurolithus				
festivus (C. L. KOCH)	21	6,	13	2
Thomisidae:				
Oxyptila				
praticola (C. L. KOCH)	23	22,	0	1
Tibellus				
oblongus (WALCKENAER)	2	1,	0	1
Xysticus				
cristatus (CLERCK)	9	7,	2	–
kochi THORELL	11	10,	1	–
Salticidae:				
Bianor				
aenescens (SIMON)	5	2,	3	–
Euophrys				
aequipes (O. P.-CAMBRIDGE)	1	1,	0	–
frontalis (WALCKENAER)	1	1,	0	–
Heliophanus				
flavipes C. L. KOCH	3	1,	2	–
Sitticus				
helveolus (SIMON)	1	0,	1	–

Tabelle 1 (Fortsetzung)

Spezies	Individuenzahl	♂,	♀	inad.
Lycosidae:				
Alopecosa				
cuneata (Clerck)	34	23,	4	7
pulverulenta (Clerck)	4	4,	0	—
Pardosa				
agrestis (Westring)	303	193,	103	7
lugubris (Walckenaer)	1	1,	0	—
palustris (Linnaeus)	38	23,	15	—
prativaga (L. Koch)	61	40,	17	4
pullata (Clerck)	2	0,	2	—
Trochosa				
ruricola (Degeer)	137	114,	9	14
Xerolycosa				
miniata (C. L. Koch)	29	18,	8	3
Pisauridae:				
Pisaura				
mirabilis (Clerck)	1	0,	1	—
Agelenidae:				
Hahnia				
nava (Blackwall)	22	19,	3	—
Tegenaria				
agrestis (Walckenaer)	12	2,	1	9
domestica (Clerck)	1	1,	0	—
Theridiidae:				
Enoplognatha				
thoracica (Hahn)	9	7,	2	—
Robertus				
lividus (Blackwall)	2	1,	1	—
neglectus (O. P.-Cambridge)	1	1,	0	—
Steatoda				
bipunctata (Linnaeus)	1	1,	0	—
Tetragnathidae:				
Pachygnatha				
degeeri Sundevall	48	22,	26	—
Erigonidae:				
Araeoncus				
humilis (Blackwall)	8	8,	0	—
Cnephalocotes				
obscurus (Blackwall)	2	1,	1	—
Dicymbium				
nigrum (Blackwall)	5	5,	0	—
Diplocephalus				
cristatus (Blackwall)	1	1,	0	—
latifrons (O. P.-Cambridge)	11	8,	3	—
picinus (Blackwall)	7	7,	0	—
Erigone				
atra (Blackwall)	23	20,	2	1
dentipalpis (Wider)	9	7,	2	—
Erigonella				
hiemalis (Blackwall)	2	2,	0	—
Oedothorax				
apicatus (Blackwall)	5	2,	3	—
Pelecopsis				
parallela (Wider)	2	1,	1	—

Tabelle 1 (Fortsetzung)

Spezies	Individuenzahl	♂,	♀	inad.
Silometopus				
reussi (THORELL)	11	8,	3	–
Tapinocyba				
biscissa (O. P. -CAMBRIDGE)	38	33,	5	–
praecox (O. P.-CAMBRIDGE)	7	3,	4	–
Tiso				
vagans (BLACKWALL)	19	15,	4	–
Troxochrus				
scabriculus (WESTRING)	100	88,	12	–
scabr. forma *cirrifrons* (CAMBR.)	1	1,	0	–
Typhocrestus				
digitatus (O. P.-CAMBRIDGE)	3	2,	1	–
Walckenaeria				
acuminata BLACKWALL	4	2,	2	–
antica (WIDER)	16	14,	2	–
unicornis O. P.-CAMBRIDGE	4	3,	1	–
Linyphiidae:				
Bathyphantes				
gracilis (BLACKWALL)	14	11,	3	–
parvulus (WESTRING)	4	3,	1	–
Centromerita				
bicolor (BLACKWALL)	402	262,	140	–
Centromerus				
pabulator (O. P.-CAMBRIDGE)	16	14,	2	–
sylvaticus (BLACKWALL)	185	156,	29	–
Diplostyla				
concolor (WIDER)	105	53,	51	1
Lepthyphantes				
angulipalpis (WESTRING)	3	3,	0	–
insignis O. P.-CAMBRIDGE	8	6,	2	–
pallidus (O. P.-CAMBRIDGE)	2	2,	0	–
tenuis (BLACKWALL)	29	16,	13	–
Macrargus				
rufus (WIDER)	3	3,	0	–
Meioneta				
beata (O. P.-CAMBRIDGE)	2	2,	0	–
fuscipalpis (C. L. KOCH)	3	3,	0	–
rurestris (C. L. KOCH)	9	4,	5	–
Microneta				
viaria (BLACKWALL)	1	1,	0	–
Stemonyphantes				
lineatus (LINNAEUS)	67	30,	36	1
Syedra				
gracilis (MENGE)	1	0,	1	–

Dysderidae

Dysdera erythrina (WALCKENAER) — Diese stattliche Spinne wird, wahrscheinlich aufgrund ihrer nächtlichen Lebensweise, nicht häufig gefunden. Ein genaues Bild über ihre Verbreitung in Mitteleuropa gibt es nicht. CASEMIR (1975), der sie in nennenswerter Zahl (6,4) in der Vulkaneifel fand, betont, daß sie in den Mittelgebirgen wesentlich häufiger als in der Ebene anzutreffen ist. BREINL (1979) nennt 5 Tiere von Trockenbiotopen bei Gera, BAEHR und BAEHR (1984) 3 Exemplare aus dem Lautertal in Baden-Württemberg. Die neueren Angaben weisen auf eine Thermophilie der Art hin.

Die Hauptaktivitätszeit liegt nach MERRETT (1967) in den Monaten April bis Juni, doch sind reife Tiere auch im Herbst gefangen worden.

Harpactea rubicunda (C. L. KOCH) — An geeigneten sonnenexponierten Standorten des weiteren Untersuchungsgebiets dürfte das Tier keineswegs selten sein. WUNDERLICH (1971) nennt das Vorkommen in Kiefern — Eichenmischwäldern der Pfaueninsel (Berlin-West), HERZOG (1974) ihr Auftreten an Trockenstandorten der Niederlausitz und benachbarter Gebiete. Auf einem Trockenhang in Thüringen (Heerberg bei Gera) wurden 6 Exemplare gefangen (BREINL 1979). SACHER (1983) führt sie unter den sogenannten hemisynanthropen Spinnenarten auf.

Eine Hauptaktivitätszeit ist aus den verfügbaren Daten nicht ablesbar. Reife Tiere wurden in den meisten Monaten gefangen.

Zodariidae

Zodarion rubidum SIMON — Das Vorkommen dieser südeuropäisch verbreiteten Art im Berliner Raum ist an anderer Stelle eingehender behandelt (v. BROEN und MORITZ 1986). Das hiesige Vorkommen ist nach bisheriger Kenntnis das nördlichste in Europa. *Z. rubidum* zeigt wahrscheinlich eine ausgeprägte Arealdisjunktion.

Gnaphosidae

Zelotes aeneus (SIMON) — Der Fund ergänzt den Nachweis der Art im Berliner Gebiet durch PLATEN (zit. nach GRIMM 1985). GRIMM (1985) verweist in ihrer profunden Gnaphosiden — Revision anhand der Verbreitungskarte auf das disjunkte Vorkommen dieser Art. Der Nachweis in Berlin unterstreicht erneut den spezifischen Charakter des hiesigen Untersuchungsgebiets, das zahlreiche Faunenelemente trockener Heide- und Sandgrasfluren aufweist. *Z. aeneus* ist spätsommerreif (VIII bis X).

Zelotes pusillus (C. L. KOCH) — *Z. pusillus* wird nach Synopsis der verfügbaren Funddaten von GRIMM (1985) als eurytope Art eingestuft. Bei aller Berechtigung dieser Ansicht bleibt unklar, ob die Spinne euryök ist. Denn vergleichende Untersuchungen in Feuchtbiotopen (ALMQUIST 1984), Befunde von BAEHR u. BAEHR (1984) sowie die eigenen Beobachtungen sprechen für eine Bevorzugung trockener Standorte. Zumindest Moorgebiete und grundwassernahe Wiesenflächen werden gemieden. Daß diese häufige Art keineswegs gleichmäßig in Europa verbreitet ist, zeigt die Verbreitungskarte für Großbritannien (LOCKET, MILLIDGE & MERRETT 1974). Das Gros der vorliegenden 35 adulten Tiere wurde im Mai gefangen, einzelne Tiere auch noch im Juni und Juli. In den Herbstmonaten wurde die Art nicht nachgewiesen. Das deckt sich gut mit den Angaben von TRETZEL (1954) und CASEMIER (1975), nicht aber mit denen von MILLER (1967), der eine herbstliche Aktivitätsphase der Männchen nachwies.

Salticidae

Bianor aenescens (SIMON) — Aus den Angaben der einzelnen Autoren über die Verbreitung und Biotopansprüche dieser Art läßt sich eine Vorliebe für sonnige Standorte mit niedriger Vegetation ableiten (LOCKET & MILLIDGE 1951, MARTIN 1983). Der Verfasser teilt die Auffassung, daß die Spinne thermophil ist (cf. MARTIN 1983), auch wenn der exakte Beweis dafür aussteht. Für Großbritannien (LOCKET, MILLIDGE & MERRETT 1974) wird ein inselartiges Vorkommen verzeichnet. Reife Männchen werden gehäuft in den Monaten April bis Juni gefunden.

Euophrys aequipes (O. PICKARD—CAMBRIDGE) — Das winzige Tier (2—3 mm Körperlänge) ist ein typischer Trockenrasenbewohner mit hohem Wärmeanspruch. Wir werden ihm auf xerothermen Sandflächen mit dürftiger Vegetation und auf Dünen am ehesten begegnen. Es strahlt an entsprechenden Standorten auch in feuchteres Gelände wie Feuchtheiden aus (HIEBSCH 1984), wurde aber in jüngerer Zeit vor allem von trockenen Untersuchungsflächen gemeldet (z. B. ALMQUIST 1973, BAEHR u. BAEHR 1984).

Euophrys frontalis (WALCKENAER) — Die häufigste einheimische Art des Genus *Euophrys* wird von den meisten Autoren genannt. Nach aller Erfahrung scheint das Tier erhebliche Schwankungen der Feuchtigkeit und des Lichteinfalls zu tolerieren. Es ist in Nordeuropa auf Dünengelände verbreitet und dort ungleich häufiger als die Schwesterart *E. aequipes* (ALMQUIST 1973). *E. frontalis* ist stenochron — frühsommerreif (BRAUN & RABELER 1969).

Heliophanus flavipes (C. L. KOCH) — *H. flavipes* gehört zu den in offenem Gelände weit verbreiteten Arten, scheint aber nackten oder kurzrasigen Boden zu meiden. CASEMIR (1982) meldet das Vorkommen auf Trockenrasen der Eifel, PALMGREN (1977) verweist auf das Auftreten in Wiesen. Ein Präferenzbiotoptyp ist derzeit nicht klar abzugrenzen.

Reife Tiere sind ab April zu finden. Die Art ist wahrscheinlich frühsommerreif.

Sitticus helveolus (SIMON) — HARM (1973), der wir die grundlegende Revision der einheimischen Sitticus-Arten verdanken, verweist auf das Vorkommen von *S. helveolus* im Dünengelände der west- und nordeuropäischen Küsten sowie in adäquaten Biotopen des Binnenlandes. Eigene Nachweise (unveröff.) liegen vom Darß und der Greifswalder Oie vor. Im Binnenland Mecklenburgs meldet MARTIN (1983) die Art von zwei Standorten (Müritzgebiet und Faule Ort). DAHL (1926) vermerkt bereits den Nachweis der Spinne in den Rehbergen bei Berlin, die noch heute stellenweise offene Sandflächen aufweisen. Die Tiere sind bei warmem Wetter im Mai und Juni relativ sicher an Abbruchkanten des Dünenbewuchses zu finden, allerdings infolge der unauffälligen Färbung leicht zu übersehen.

S. helveolus wird von SCHÄFER (1971) als stenochron (Mai bis Juli) eingestuft. Die Aussage fußt auf dem Fang von 7,5 Tieren. Da MARTIN (1983) den Fang reifer Männchen im Monat August vermerkt, muß eine ausgedehntere Aktivitätsphase im Sommerhalbjahr angenommen werden.

Lycosidae

Alopecosa cuneata (CLERCK) und *A. pulverulenta* (CLERCK) — Beide Arten bevorzugen baumloses Gelände. Sie kommen vielerorts nebeneinander vor, wenn auch nicht in gleicher Dichte. Am untersuchten Standort dominiert eindeutig *A. cuneata.* Den Ausschlag dafür gibt nach aller Erfahrung wahrscheinlich die zeitweilige Austrocknung des Oberbodens, die das Vorkommen von *A. pulverulenta* einschränkt. Bei Durchsicht des Schrifttums finden sich reichlich Hinweise darauf, daß *A. pulverulenta* z. B. Wiesenstandorte mittlerer Feuchtigkeit präferiert, *A. cuneata* dagegen bodentrockenere Biotope. Beispiele geben die Arbeiten von BUCHAR (1968), SCHÄFER (1971), CASEMIR (1975) und PALMGREN (1977). Besonders aussagekräftig sind Ergebnisse von BAEHR u. BAEHR (1984), wonach *A. cuneata* und *A. pulverulenta* an Wacholderheidestandorten Baden-Württembergs zwar gemeinsam vorkommen, *A. cuneata* aber in weit höherer Abundanz auftritt als die Schwesterart. Dagegen fehlt *A. cuneata* auf benachbarten Riedwiesen des untersuchten Gebiets gänzlich, auf denen *A. pulverulenta* eine beachtliche Aktivitätsdichte erreicht. Diese Befunde bekräftigen das oben Gesagte nachdrücklich. Die von MARTIN (1983) für *A. cuneata* angenommene Thermophilie drückt indirekt den gleichen Sachverhalt aus.

Pardosa agrestis (WESTRING) — Von den neun nachgewiesenen Wolfspinnenarten ist P. agrestis mit 303 Individuen das mit Abstand dominierende Element im vorliegenden Material. Die Habitatansprüche der Art sind auf dem untersuchten Gelände offenbar erfüllt. MARTIN (1983) nennt für *P. agrestis* sonnige, spärlich bewachsene, meist trockene oder stark austrocknende Standorte als Vorzugsbiotop.

Die Hauptaktivitätszeit wird von den deutschen Autoren überwiegend mit Mai bis Juli angegeben. Die zeitliche Verteilung der 1984 gefangenen Tiere bestätigt diese Aussage.

Es wurde darauf verzichtet, die Tiere im Sinne von LOCKET & MILLIDGE (1951) nach

Farbvarietäten und anderen variablen Merkmalen aufzuschlüsseln. Die Zuordnung zu *P. agrestis* gründet sich bei der vorliegenden Untersuchung neben der Struktur der männlichen Taster vor allem auf die regelmäßig auftretende Verdunkelung des distalen Abschnitts des Tarsus I im männlichen Geschlecht, die bei keinem der Tiere fehlte.

Pardosa palustris (LINNAEUS) — Die Art kommt zeitgleich mit *P. agrestis* im Untersuchungsgebiet vor, allerdings mit wesentlich geringerer Abundanz. Möglicherweise hat *P. palustris*, analog zu den Verhältnissen bei *Alopecosa pulverulenta*, einen anderen Vorzugsbiotop. MARTIN (1983) bemerkt, daß *P. palustris* sonnige, lockerrasige, meist trockene Sandflächen besiedelt. Diese Beschreibung des Vorzugslebensraums hebt sich kaum von den Angaben für *P. agrestis* ab. Die vorliegenden Befunde sprechen aber dafür, daß *P. palustris* das mikroklimatische Milieu des Wiesenbodens vorzieht. Starke Unterstützung erfährt diese Annahme durch Untersuchungen anderer Autoren. So hat BUCHAR (1968) bei gezielten Untersuchungen über die Arachnofauna von Wiesen 920 Exemplare von *P. palustris*, aber nur 4 Tiere von *P. agrestis* gefangen. In die gleiche Richtung gehen Beobachtungen von SCHÄFER (1971), der im Dünenbereich der Ostseeküste an den trockenwarmen Standorten des Dünengeländes und der Trockenrasen *P. agrestis* zahlreich nachwies, *P. palustris* dagegen nicht. CASEMIR (1982) schließlich meldet von den Trockenflächen des Bausenberges in der Vulkaneifel lediglich ein Exemplar der Art, betont aber, daß *P. palustris* auf den umliegenden Ackerflächen und Wiesen häufiger ist.

Die Hauptaktivitätszeit von *P. palustris* ist nach bisherigen Beobachtungen ausgedehnter als bei *P. agrestis*. Zur Objektivierung dieses Sachverhalts sind Untersuchungen im Gange.

Erigonidae und Linyphiidae

Unter den Kleinspinnen fallen zwei Arten auf, die selten genannt bzw. kaum in nennenswerter Zahl gesammelt werden.

Tapinocyba biscissa (O. PICKARD-CAMBRIDGE) — Die vorliegenden Fangdaten von 38 Tieren bestätigen, daß die Art eine typische Wiesenform ist (cf. PALMGREN 1977). Auf die Verbreitung im Berliner Gebiet wurde bereits eingegangen (v. BROEN 1985). Anzumerken ist hier, daß die Spinne auf den bodentrockenen Sandflächen des Corynephoretums fehlt.

Phänologisch kann *T. biscissa* anhand der vorliegenden 33 adulten Männchen zur Gruppe der stenochronen Arten mit einer Hauptaktivitätsphase im April und Mai gestellt werden.

Lepthyphantes insignis O. PICKARD-CAMBRIDGE — Nach den Erstnachweisen im Küstenbereich der Nord- und Ostsee (HEYDEMANN 1960, MORITZ 1964) ist *L. insignis* auch aus dem Binnenland mehrfach gemeldet (SCHÄFER 1972). Neuerlich wurde ein Vorkommen aus einem Moor in der Rhön bekannt (HEIMER & NENTWIG 1984). Der vorliegende Nachweis in Berlin ergänzt das Bild über die weite Verbreitung der Art.

Die Fallenstandorte, an denen *L. insignis* erfaßt wurde, deuten darauf hin, daß diese Spinne besonntes Gelände mit höherer Vegetation präferiert. Bodentrockene Flächen werden offensichtlich gemieden. Wie bei vielen Linyphiiden scheint die Feuchtigkeit eine wichtige Rolle bei der Wahl des Biotops zu spielen.

Phänologische Aussagen sind anhand der vorliegenden 6 Männchen nicht möglich. Die Fangzeit entspricht den Befunden von MORITZ (1964).

4. Diskussion

Die Erhebungen wurden in einem Gebiet durchgeführt, in dem Geländeanteile mit dem Charakter von Sandgrasheiden in Wiesenflächen und in ein Laubmischgehölz übergehen.

Demgemäß wird das Araneenspektrum durch Arten bestimmt, die offenes Gelände mit starker Sonneneinstrahlung bevorzugen oder die weitgehend tolerant in bezug auf die Intensität des Lichteinfalls sind. Besonderes Interesse verdienen einige Vertreter, die das stark insolierte und bei Windexposition extrem austrocknende Corynephoretum besiedeln. Das betrifft *Sitticus helveolus, Euophrys aequipes, Zelotes aeneus, Pardosa agrestis* und *Xerolycosa miniata*. Wir finden diese Spezies vielfach im Dünengelände und auch auf Trockenrasen anderer Ausprägung wieder. Am Verhalten der Artenpaare *Alopecosa cuneata* und *A. pulverulenta* sowie *Pardosa agrestis* und *P. palustris* sind die fein gestuften Reaktionsnormen vieler Spinnen auf Gradienten des Mikroklimas ablesbar. Eine zönologische Synopsis der Araneen im Untersuchungsgebiet ist erst nach weiteren Bestandsaufnahmen möglich.

Schrifttum

ALMQUIST, S. (1973): Spider associations in coastal sand dunes. — OIKOS **24**: 444—457. Copenhagen.

— (1984): Samhällen av spindlar och lockespindlar pa Knisa myr, Öland. — Ent. Tidskr. **105**: 143—150. Uppsala.

BAEHR, B. & BAEHR, M. (1984): Die Spinnen des Lautertales bei Münsingen (Arachnida, Araneae). — Veröff. Naturschutz Landschaftspflege Bad.-Württ. **57/58** (1983): 375—406. Karlsruhe.

BRAUN, R. & RABELER, W. (1969): Zur Autökologie und Phänologie der Spinnenfauna des nordwestdeutschen Altmoränen-Gebiets. — Abh. Senckenberg naturforsch. Ges. **522**: 1—89.

BREINL, K. (1979): Untersuchungen über die bodenwohnenden Spinnen (Araneae) und Weberknechte (Opiliones) des Heer-Berges bei Gera. — Veröff. Mus. Gera Naturwiss. R. **7**: 59—74.

BROEN, B. VON (1985): Bemerkungen über einige Nachweise selten gefundener Spinnenarten (Araneae). — Zool. Anz. **214**: 151—156.

BROEN, B. VON & MORITZ, M. (1986): Zum Vorkommen von Zodarion rubidum SIMON 1914 im Berliner Gebiet (Araneae, Zodariidae). — Dtsch. ent. Z., im Druck.

BUCHAR, J. (1968): Analyse der Wiesenarachofauna. — Acta Univ. Carolinae — Biologica 1967: 289—318.

CASEMIR, H. (1975): Zur Spinnenfauna des Bausenberges (Brohltal, östliche Vulkaneifel). — Beitr. Landespflege Rhld. — Pfalz Beiheft 4: 163—203. Oppenheim.

— (1982): Zweiter Beitrag zur Spinnenfauna des Bausenberges (Brohltal, östl. Vulkaneifel). — Decheniana — Beihefte (Bonn) **27**: 47—55.

DAHL, F. (1926): Spinnentiere oder Arachnoidea I: Springspinnen (Salticidae). — In DAHL, F.: Die Tierwelt Deutschlands . . . **3**: 1—55.

GRIMM, U. (1985): Die Gnaphosidae Mitteleuropas (Arachnida, Araneae). — Abh. naturwiss. Verein Hamburg (NF) **26**: 1—318.

HARM, M. (1973): Revision der Gattung Sitticus SIMON (Arachnida: Araneae: Salticidae). — Senck. biol. **54**: 369—403. Frankfurt a. M.

HEIMER, S. & NENTWIG, W. (1984): Zur Spinnenfauna des Naturschutzgebietes Rotes Moor in der Rhön (Hessen, BRD). — Faunist. Abh. Staatl. Museum Tierkunde Dresden **12**: 45—51.

HERZOG, G. (1974): Zur Spinnenfauna der westlichen Niederlausitz und benachbarter Gebiete. — Biol. Studien Kreis Luckau **3**: 20—27.

HEYDEMANN, B. (1960): Die biozönotische Entwicklung vom Vorland zum Koog, I. Teil: Spinnen (Araneae). — Abh. Akad. Wiss. Lit. Mainz, math.-naturw. Klasse **11**: 745—913.

HIEBSCH, H. (1984): Beitrag zur Spinnenfauna des Naturschutzgebietes „Dubringer Moor". — Veröff. d. Museums d. Westlausitz **8**: 53—68. Kamenz.

LOCKET, G. H. & MILLIDGE, A. F. (1951): British Spiders I. — London: Ray Society: 1—310.

LOCKET, G. H., MILLIDGE, A. F. & MERRETT, P. M. (1974): British Spiders III. — London: Ray Society: 1—314.

MARTIN, D. (1983): Die Spinnenfauna des Naturschutzgebietes „Ostufer der Müritz". — Zool. Rundbrief f. d. Bezirk Neubrandenburg **3**: 3—36.

MERRETT, P. M. (1967): The phenology of spiders on heathland in Dorset, I. Families Atypidae, Dysderidae, Gnaphosidae, Clubionidae, Thomisidae and Salticidae. — J. Anim. Ecol. **36**: 363—374.

Miller, F. (1967): Studien über die Kopulationsorgane der Spinnengattung *Zelotes, Micaria, Robertus* und *Dipoena* nebst Beschreibung einiger neuen oder unvollkommen bekannten Spinnenarten. — Acta sci. natur. Brno **1**: 251—298. Praha.

Moritz, M. (1964): Ein Beitrag zur Kenntnis der deutschen Spinnenfauna (Araneae: Linyphiidae). — Zool. Anz. **172**: 335—345.

Palmgren, P. (1977): Studies on spider populations in Mäntyharju, Finland. — Commentationes Biol. **87**: 1—44. Helsinki.

Sacher, P. (1983): Spinnen (Araneae) an und in Gebäuden — Versuch einer Analyse der synanthropen Spinnenfauna in der DDR, Teil II. — Entomol. Nachrichten u. Berichte **27**, 1983/4: 141—152.

Schäfer, M. (1971): Zur Jahresperiodizität der Spinnenfauna einer Ostseeküstenlandschaft. — Biol. Zentralblatt **90**: 579—609.

— (1972): Beitrag zur Kenntnis der Spinnenfauna Schleswig-Holsteins (Araneae: Linyphiidae und Micryphantidae). — Schr. Naturwiss. Ver. Schlesw.-Holst. **42**: 94—103. Kiel.

Tretzel, E. (1954): Reife- und Fortpflanzungszeit bei Spinnen. — Z. Morph. Ökol. Tiere **42**: 634—691. Berlin.

Wunderlich, J. (1971): Bemerkenswerte Spinnenarten (Araneae) aus Berlin. — Sitzungsber. Ges. Naturforsch. Freunde Berlin (N. F.) **11**: 140—147. Berlin.

Anschrift des Verfassers:
Dr. Bodo von Broen
Fürstenwalder Straße 17
DDR-1017 Berlin

Dtsch. ent. Z., N. F. 33 (1986) 3—5, 293—295

Merkuri Sergeevič Ghilarov 1912—1985

Am 2. März 1985 verstarb völlig unerwartet in einem Moskauer Krankenhaus infolge Lungenentzündung und einer Bluterkrankung der Entomologe von Weltruf, Akademiemitglied Prof. Dr. Merkuri Sergeevič Giljarov[1]), geboren am 22. Februar 1912.

Giljarov war ein vielseitiger Biologe von profundem Wissen und unermüdlichem Schaffensdrang. Über 600 Veröffentlichungen stehen auf seiner Publikationsliste. Darunter befinden sich mehrere Bücher, deren wichtigste folgende Titel (ins Deutsche übertragen) sind: „Besonderheiten des Bodens als Lebensraum und seine Rolle für die Evolution der Insekten" (1949); „Zoologische Methoden der Bodendiagnostik" (1965); „Gesetzmäßigkeiten der Anpassung der Arthropoden an das terrestrische Leben" (1970); sowie zwei fundamentale Bestimmungsbücher: der bodenbewohnenden Insektenlarven (1964) und der bodenbewohnenden Milben (1975). Bereits diese Buchtitel weisen auf die Breite seines wissenschaftlichen Arbeitsfeldes hin. Dabei war G. nicht nur selbst ein engagierter Forscher, sondern auch stets bereit, sein umfassendes Wissen weiterzugeben. Zahlreiche (über 60) Dissertationen sind unter seiner Anleitung entstanden (auch von Doktoranden aus der DDR). Die „Ghilarov-Schule" ist weit über die Grenzen der Sowjetunion hinaus bekannt, anerkannt und angesehen. Dies gilt in erster Linie für sein Schwerpunktgebiet, die Bodenzoologie.

---

[1]) In dieser Form ist sein Name korrekt in bibliothekarischer Transliteration — dagegen wählten wir in der Überschrift — in Anlehnung an russische Tradition — diejenige Transkriptionsform, die G. selbst in seinen ausländischen Publikationen gebraucht hat.

Bis zu seinem Tode blieb er Leiter des Laboratoriums für Bodenzoologie im Severcov-Institut für Evolutions-Morphologie und -Ökologie der Tiere der Akademie der Wissenschaften der UdSSR. Seine Aktivität und internationale Geltung zeigen sich auch darin, daß er Mitbegründer der wichtigsten bodenbiologischen Zeitschriften „Pedobiologie" (Jena) und „Revue de Ecologie et Biologie du Sol" (Paris) war[2]).

GILJAROV war auch um die internationalen Kontakte zwischen den Bodenbiologen sehr bemüht. Er hat auch die Entwicklung der Bodenzoologie in der DDR mit Interesse begleitet und war dabei stets ein verläßlicher Partner und hilfreicher Freund. Es gibt kaum einen profilierten Bodenzoologen, der nicht neben den wissenschaftlichen Kontakten auch persönliche Beziehungen zu GILJAROV angeknüpft hätte.

Von seinem Spezialgebiet der Bodenzoologie fand GILJAROV immer wieder Anknüpfungspunkte zu weiterreichenden Fragen. So konnte er wichtige Beiträge liefern zu verschiedenen Problemen der Entomologie, zur Morphologie und Ökologie der Wirbellosen, zur Evolution und Systematik der Insekten, zur Schädlingsbekämpfung und zu anderen Fragen. Deshalb hatte ich (E.) als Evolutionsforscher mancherlei Gewinn, wenn ich mit ihm beispielsweise über Fragen der Orthogenese diskutierte. GILJAROV genießt ja auch deshalb weltweite Anerkennung, weil er als Evolutionsforscher zu den ersten gehörte, die die Bedeutung der Lesrichtung erkannten und in Veröffentlichungen zum Ausdruck brachten.

Als Chefredakteur des „Žurnal obščej Biologii" (Moskau) bat er mich einst um einen Beitrag über einige gegenwärtige Tendenzen in der modernen Biologie aus meiner Sicht. Ich sagte zu (E.) — aber gut Ding will Weile haben — ich schüttle nicht gerne Beiträge über so ein gewichtiges Thema einfach aus dem Ärmel. Es verging ein Jahr, ich war wieder in Moskau, rief ihn an — und fast ohne Begrüßung sagte er: „Haben Sie Ihr Manuskript mitgebracht?"

Im August 1984 hatte ich (E.) gehofft, GILJAROV noch auf dem XVII. Internationalen Entomologenkongreß in Hamburg begrüßen zu können; denn er stand auf der Teilnehmerliste. In seiner Eröffnungsrede wurde sein Name von D. WATERHOUSE genannt in der Hoffnung, ihn noch unter den Anwesenden zu finden (er war ja zum Ehrenmitglied des Ständigen Komitees dieser Kongresse gewählt worden). Da war er aber schon im Krankenhaus. GILJAROV galt traditionsgemäß als einer der häufigsten Repräsentanten sowjetischer Biologen auf ausländischen Kongressen. Das verdankte er nicht nur seinem Alter und seinen Funktionen[3]) oder seinen Sprachkenntnissen[4]) — sondern gleichermaßen der Breite seines Spezialfaches — ein Bodenzoologe muß mit nahezu allen Insektenordnungen vertraut sein.

Wer GILJAROV einmal z. B. auf internationalen Tagungen erleben durfte, dem wird seine überlegene Weitsicht, die souveräne und umfassende Sicherheit der Problembehandlung, die Eleganz seiner Darstellungsweise und nicht zuletzt seine Sprachbegabung unvergessen bleiben. Jedem seiner Zuhörer ist bei solchen Gelegenheiten klar geworden, daß GILJAROV nicht nur ein profilierter Forscher, sondern auch ein begeisternder akademischer Lehrer gewesen war.

GILJAROV hat schon zu Lebzeiten viel Anerkennung und Würdigung erfahren, sowohl national wie international. In der SU war er Ehrenmitglied von 3 wissenschaftlichen Vereinigungen, außerhalb der SU unter anderem Mitglied bzw. Ehrenmitglied wissenschaft-

---

[2]) auch zählte er offiziell zu den „ständigen Mitarbeitern" der DDR-Zeitschrift „Beiträge zur Entomologie".

[3]) Mitglied des Präsidiums der AdW der UdSSR; Leiter der Abteilung für allgemeine Biologie der AdW; Präsident des Nationalkomitees sowjetischer Biologen bei der AdW der UdSSR; um nur die herausragendsten genannt zu haben.

[4]) deutsch perfekt, aber auch französisch, englisch, italienisch und polnisch. Die Bedeutung der Sprachkenntnisse für den Nutzen des Besuches von internationalen Kongressen wurde von ihm hervorragend demonstriert.

licher Akademien bzw. entsprechender Gesellschaften in England, Österreich, DDR, Ungarn, Italien, Finnland, Frankreich, Indien, Schweden, ČSSR. Weitere Ehrungen wurden ihm zuteil durch Verleihen der „FILIPO-SILVESTRI-Medaille" (1965) der Italienischen Entomologischen Gesellschaft, der „GUSTAV-KRAATZ-Plakette" (1966) des vormaligen „Deutschen Entomologischen Instituts" der DDR, der Goldmedaille des Ständigen Komitees der Symposien über Entomofaunistik Mitteleuropas (1975), der „METSCHNIKOW-Goldplakette" und dem „SEVERCOV-Preis der UdSSR" sowie der Goldmedaille „Für große Verdienste für die Wissenschaft und Menschheit" der Akademie der Wissenschaften der ČSSR. Mehrere Jahre war er Mitglied des Exekutivkomitees und Vizepräsident der Internationalen Union der biologischen Wissenschaften (IUBS) und hat dabei viel zur Entwicklung von Kontakten unter den Biologen beigetragen.

Es ist ein Phänomen, daß GILJAROV trotz seiner vielen Verpflichtungen immer noch Zeit für wissenschaftliche Arbeit fand. In der Sowjetunion war er — neben den bereits in Fußnote 3 genannten Funktionen — Präsident der All-Unions-Gesellschaft für Entomologie und Vizepräsident der Moskauer Gesellschaft der Naturforscher.

Persönlich kennen gelernt habe ich (E.) ihn 1965 auf der 10. Wanderversammlung deutscher Entomologen in Dresden. Ich hatte einen Vortrag über Evolutionsprobleme gehalten und dabei auch die Problematik der Zwillingsarten berührt. Aber ich hatte die russische Literatur zu diesem Komplex nicht behandelt, und eben das kritisierte GILJAROV in der Diskussion. Aus dieser ersten Begegnung entwickelte sich fast eine Freundschaft — und bei meinen späteren Besuchen in Moskau wurde es beinahe schon zur Tradition, daß er mich in ein Restaurant der AdW zum Mittagessen einlud.

Wir vermissen ihn sehr, diesen großen Forscher, liebenswerten Menschen und verständnisvollen Freund!

WOLFDIETRICH EICHLER — ALFRED PALISSA
Museum für Naturkunde — Sektion Biologie
der HUMBOLDT-Universität zu Berlin

Das Foto wurde von J. PRASSE 1979, einem seiner ehemaligen Schüler aus der DDR, auf dem Symposium „Bioindikation" in Halle aufgenommen.

Buchbesprechung

SCHMIDT, ERICH: **Grundlagen der kybernetischen Evolution.** 500 Seiten, 1985. GOECKE & EVERS Verlag, Krefeld; Ganzleinen DM 168.— ISBN 3-87 263-032-6

Mit dem Erscheinen von DARWINS Werk „Von der Entstehung der Arten“ begann ein neuer Abschnitt im biologischen Denken und darüber hinaus gab es Anlaß zu großen weltanschaulichen Auseinandersetzungen. DARWINS Selektionstheorie bildet einen wesentlichen Bestandteil der modernen Theorie der Evolution, nach der sich die Vielfalt des Lebens auf der Erde im Verlaufe der Zeit entwickelt hat und daß sie das Resultat eines langen, ständig währenden, als Evolution der Organismen bezeichneten Prozesses ist von einfachen Organisationsstufen zu hochdifferenzierten Formen. DARWINS Selektionstheorie wurde im Laufe der Zeit durch die an Hand der experimentellen Genetik und Zytogenetik gewonnenen Erkenntnisse weiter entwickelt. (Neodarwinismus, Synthetische Theorie der Evolution.) Entscheidende, durch ihr Zusammenwirken die Evolution bedingende Faktoren sind Mutationen, Rekombinationen, Selektion, Zufallswirkung, Isolation und Anidation.

Nach Ansicht des Autors reichen die von den Neodarwinisten aufgezeigten Faktoren aber nicht aus, um die unvorstellbare Mannigfaltigkeit und Komplexität der Evolution befriedigend zu erklären. Das Kernproblem des hier vorgelegten Buches gipfelt in der Frage, auf welche Weise das Genom verändert wird, wie die Mutationen zustande kommen. Die Ansicht der Neodarwinisten, daß ausschließlich der Zufall in Verbindung mit der Selektion die entscheidende Rolle spielen soll, läßt der Autor nicht gelten. An Hand eines wohl einmaligen Studiums des diesbezüglichen Schrifttums wird an einer Vielzahl von Beispielen (das ursprüngliche Manuskript wurde auf ein Drittel gekürzt und auf 250 Abbildungen verzichtet) dargelegt — oft etwas zu polemisch — wo die derzeitigen Erklärungen nicht ausreichend sind, um die unvorstellbare Vielfalt der Phänomene allein mit Mutation und Selektion zu erklären.

Sicherlich sind so absolute Aussagen wie „der Neodarwinismus hat die Evolutionsforschung in eine Sackgasse geführt“ (S. 335) oder „Auf dem Gebiet der Evolution hat die Genetik die grundlegenden Fragen beantwortet, und die Evolutionsbiologen können sich nun anderen Problemen zuwenden“ (S. 16) nicht gerechtfertigt.

Die Lösung für viele offene Probleme sieht der Autor in der Kybernetik, in den dynamisch selbstregulierenden Systemen, die sich gegenüber bestimmten Einwirkungen der Natur selbsttätig verhalten und die nach seiner Ansicht alle Lebensbereiche nach dem Regelkreisprinzip der Kopplung und Rückkopplung beherrschen. Der Autor stellt die Hypothese auf, daß Rückkopplungsvorgänge zwischen Umwelt und Genom zur programmierten Neusynthese von Genen führen und postuliert einen „cerebralen Code“. Bekannte Befunde über die Wirkungsweise der Speicherung von Langzeiterinnerungen in Ganglienzellen bestärken ihn in seinen Vorstellungen. Hier sind auch Möglichkeiten experimenteller Nachprüfungen seiner Vorstellungen gegeben.

Ob die Theorie der kybernetischen Evolution die vielen ungelösten bez. unbefriedigend erklärbaren Fragen beantworten kann, wird die Zeit lehren. Daß das Grundprinzip der in den Organismen ablaufenden Lebensvorgänge dem Rückkopplungsmechanismus der Kybernetik entspricht, ist erwiesen (z. B. Abundanzdynamik, Regulierung des Blutdruckes, des Blutzuckerspiegels, der Körpertemperatur). Die Molekularbiologie wird weitere noch unbekannte Vorgänge preisgeben.

Es ist ein großes Verdienst des Autors, die umfangreiche Literatur zusammengetragen, verarbeitet zu haben, neue Wege aufzuzeigen und Denkanstöße zu geben. Mit diesem Werk wird ein kritischer Beitrag zum Evolutionsproblem vorgelegt, das uns in vielen Fragen noch Rätsel aufgibt. HANNEMANN

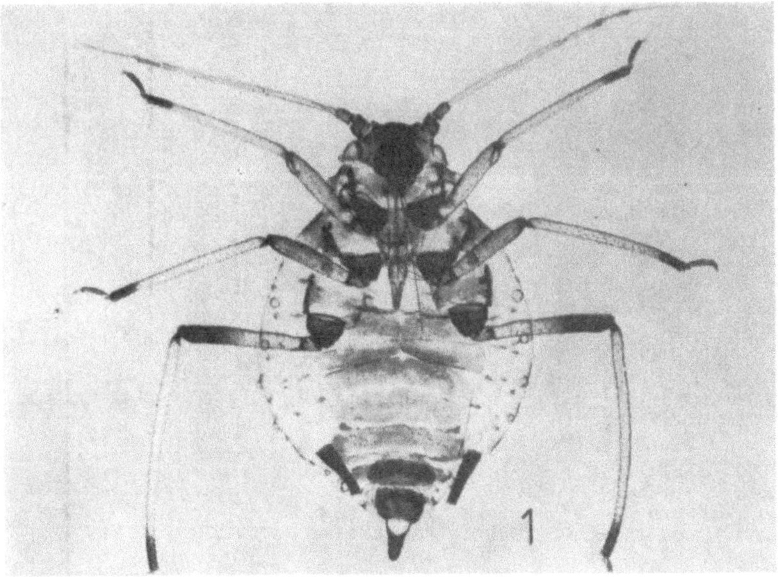

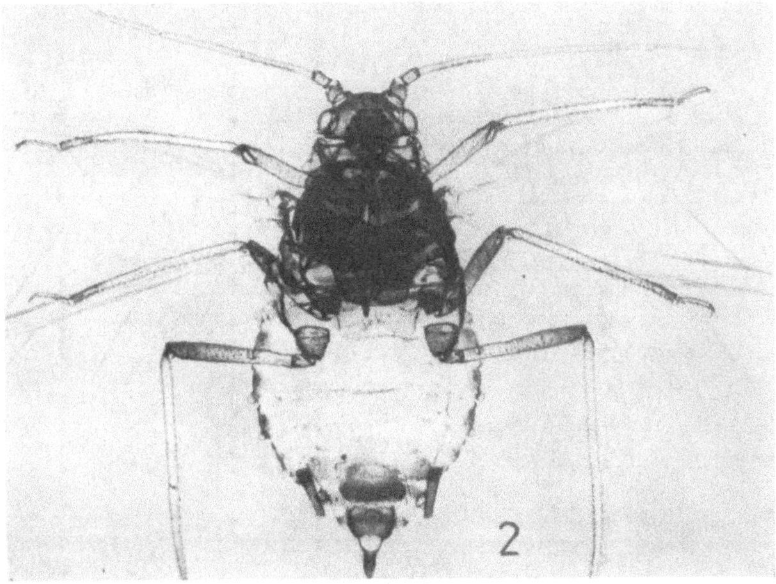

Aphis ciceri n. sp.
Fig. 1 Ungeflügeltes vivipares Weibchen. Fig. 2 Geflügeltes vivipares Weibchen.

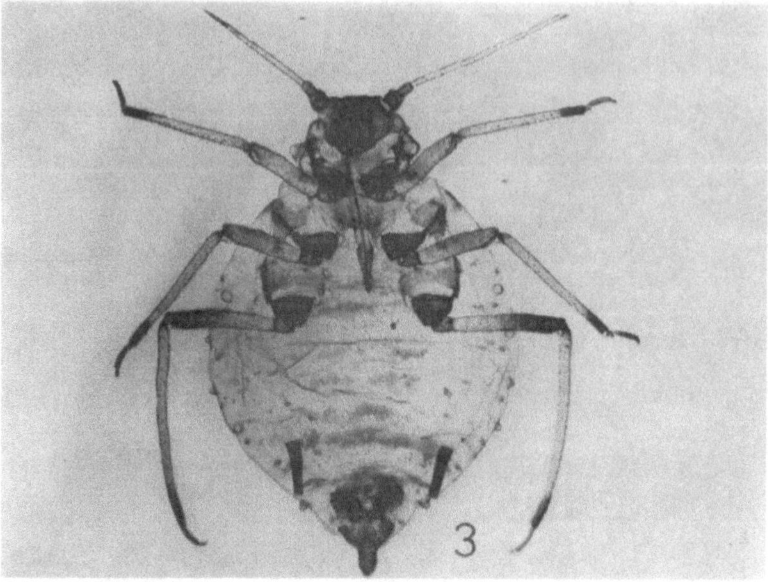

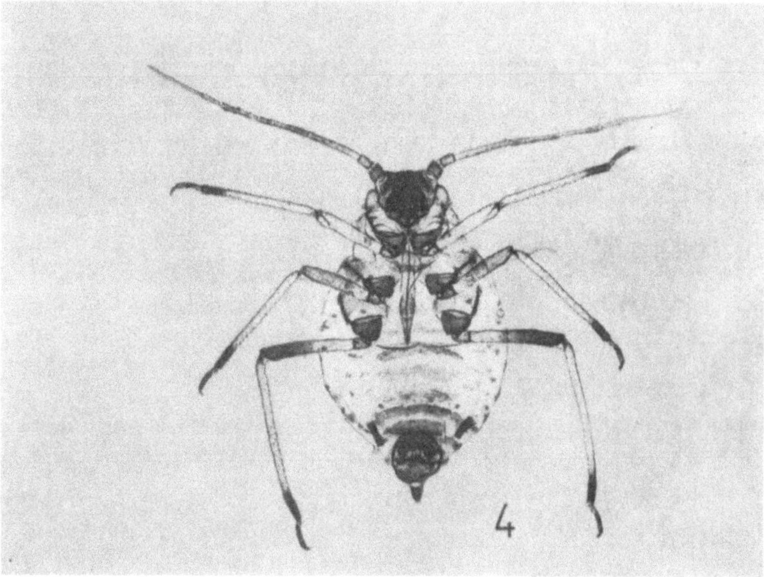

Aphis ciceri n. sp.
Fig. 3 Ovipares Weibchen. Fig. 4 Männchen.

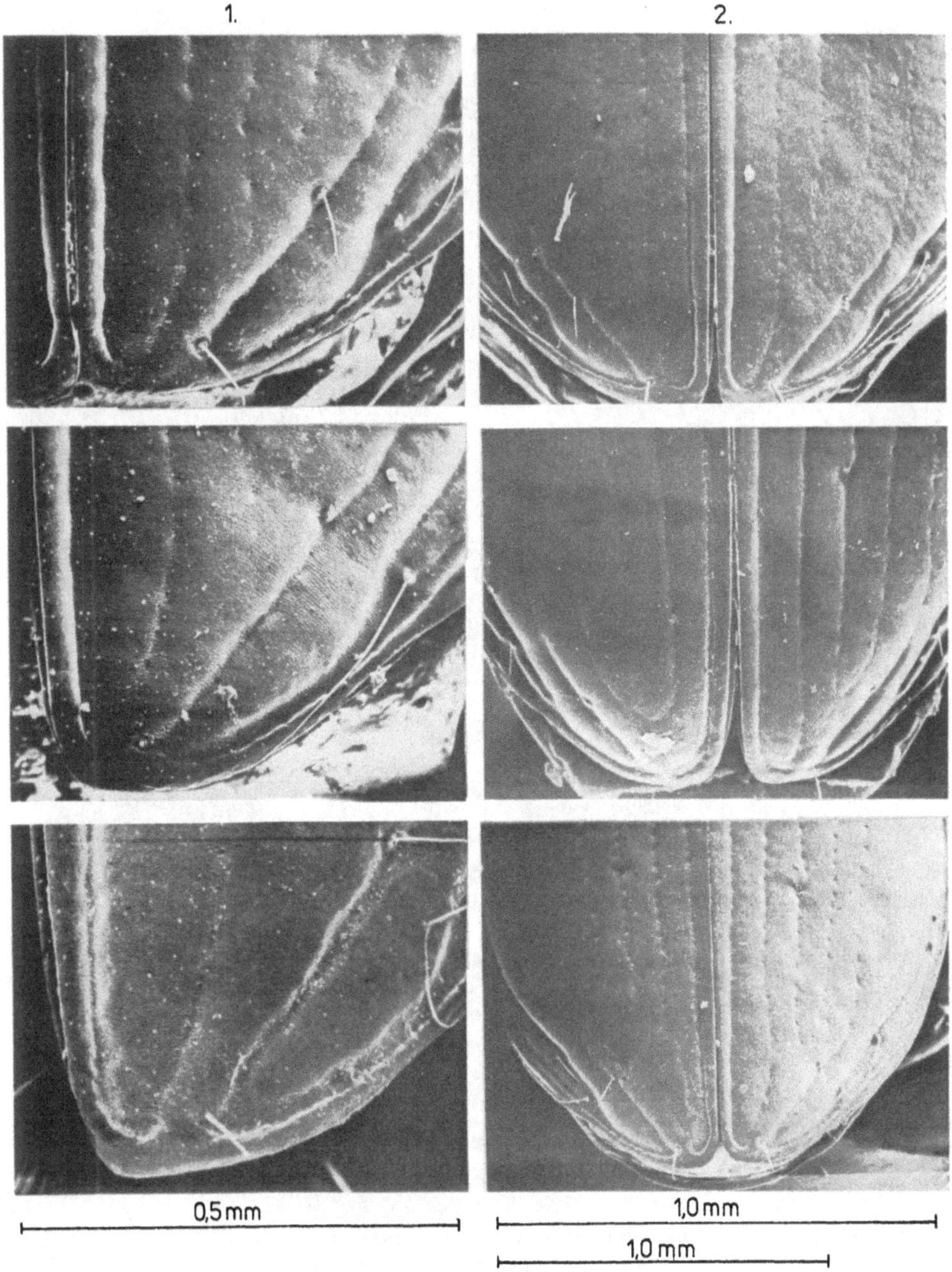

Elytrenspitze von *Bembidion* (von oben nach unten):
1. *zolotarewi* REITT.; *decorum* ssp. *ticinense* MEYER; *decorum* ZENK. s. str.
2. *hiekei* nov. spec.; *decorum* ssp. *nigrotinctum* SCHATZM. *decorum* ssp. *caraffai* DEV. (*hiekei* ist um $^1/_4$ stärker vergrößert).

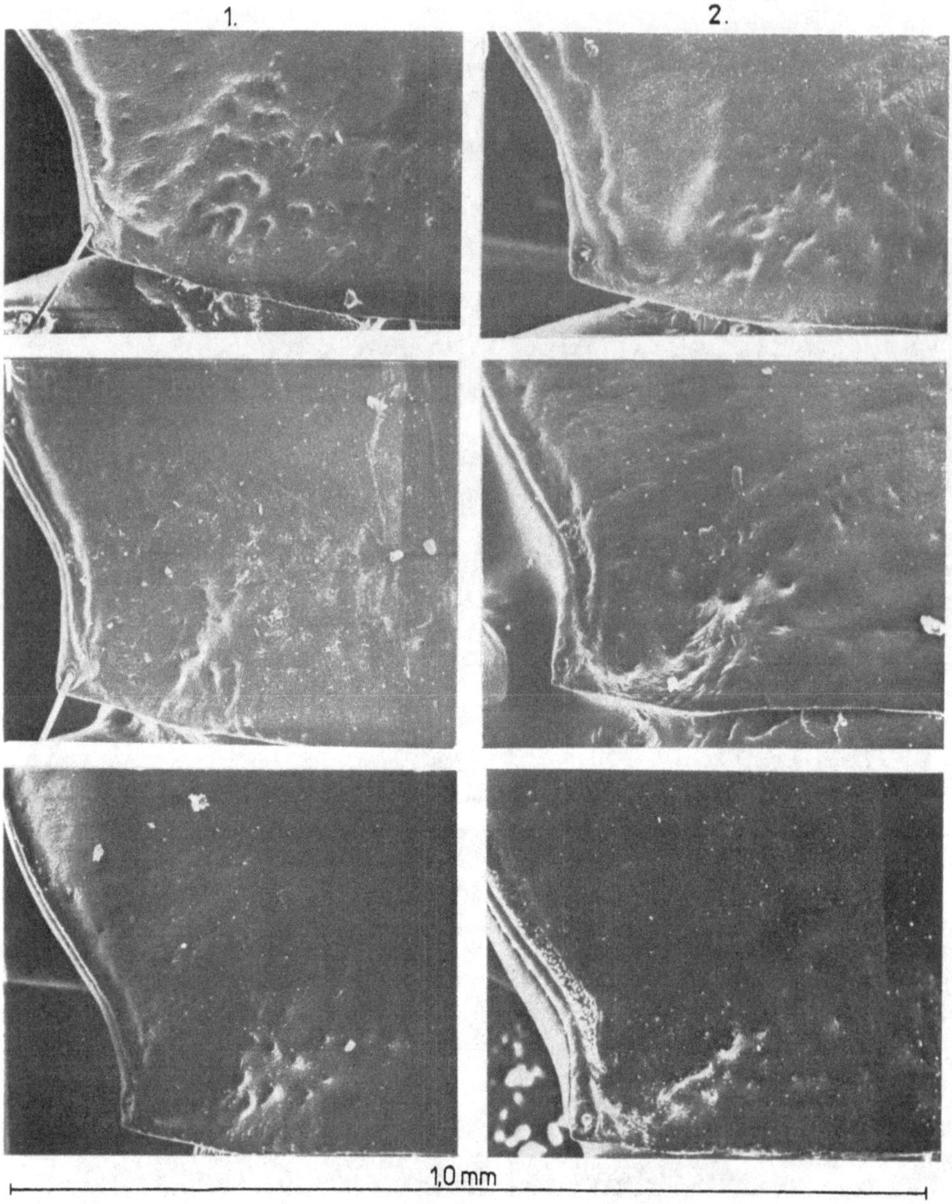

Hinterwinkel des Halsschildes von *Bembidion* (von oben nach unten):
1. *decorum* Zenk. (Mitteleuropa); ssp. *ticinense* Meyer; ssp. *bodemeyeri* Dan.
2. *decorum* Zenk. (Spanien); ssp. *subconvexum* Dan.; *zolotarewi* Reitt.

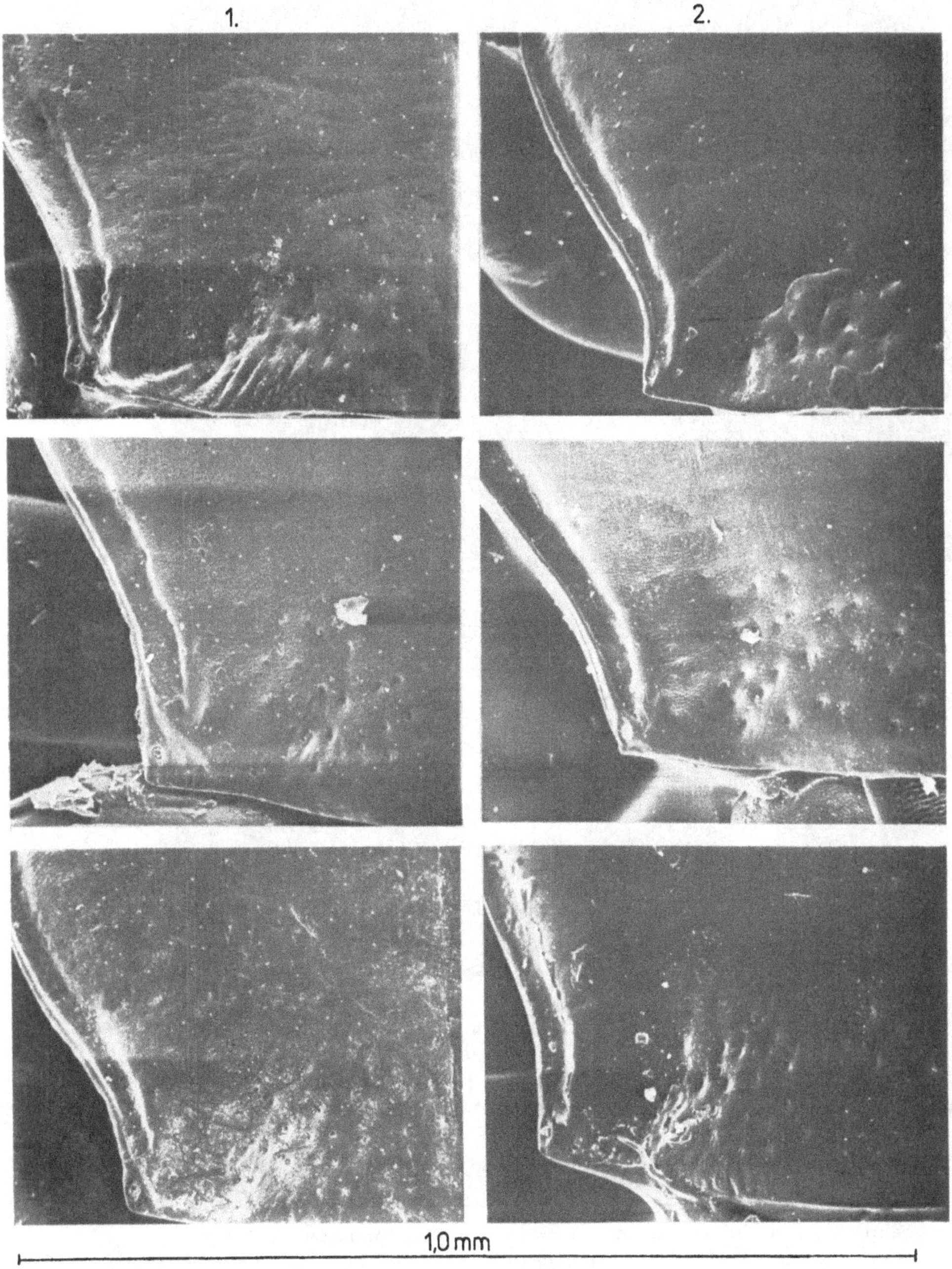

Hinterwinkel des Halsschildes von *Bembidion* (von oben nach unten):
1. *hiekei* nov. spec.; *hasurada* ANDR.; *aetolicum* ssp. *taygetanum* MAR.
2. *siculum* ssp. *winkleri*; n. *coiffaiti* JEANNE; *semilotum* NET.

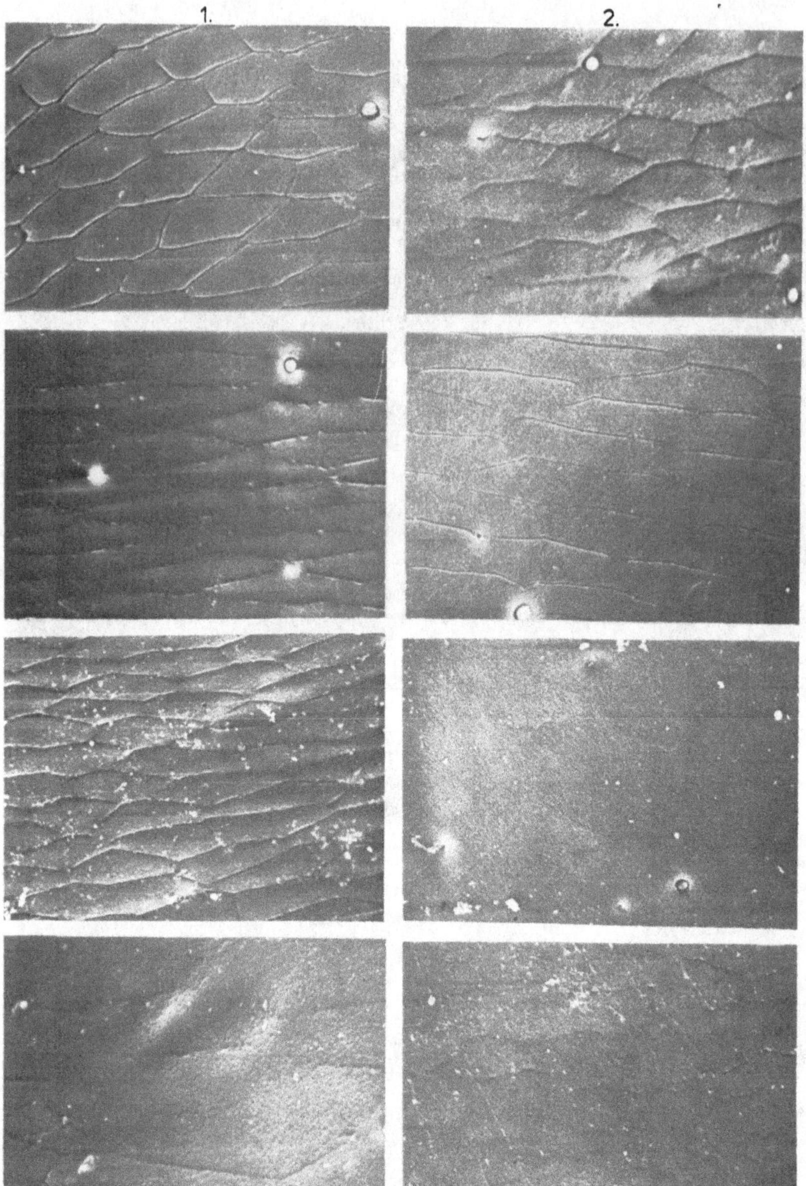

Mikroskulptur des Halsschildes von *Bembidion* (von oben nach unten):

1. *hasurada* ANDR. (M); *decorum* ssp. *subconvexum* DAN. (M); *hiekei* nov. spec. (S); *siculum* ssp. *certans* NET. (S); (doppelt so stark vergrößert).
2. *ispartanum* NET. (S); *decorum* ssp. *nigrotinctum* SCHATZM. (M); *siculum* ssp. *certans* NET. (M); *hiekei* nov. spec. (M).
   (Bei einigen Arten ist die Mikroskulptur auf der Halsschildscheibe (M) stark unterdrückt, den Übergang einer nur aus angedeuteten Furchen bestehenden Mikroskulptur zur Bildung von schollenartig vorstehenden Schuppen zeigt das unterste Bild der 1. Reihe (doppelt stärker vergrößert).

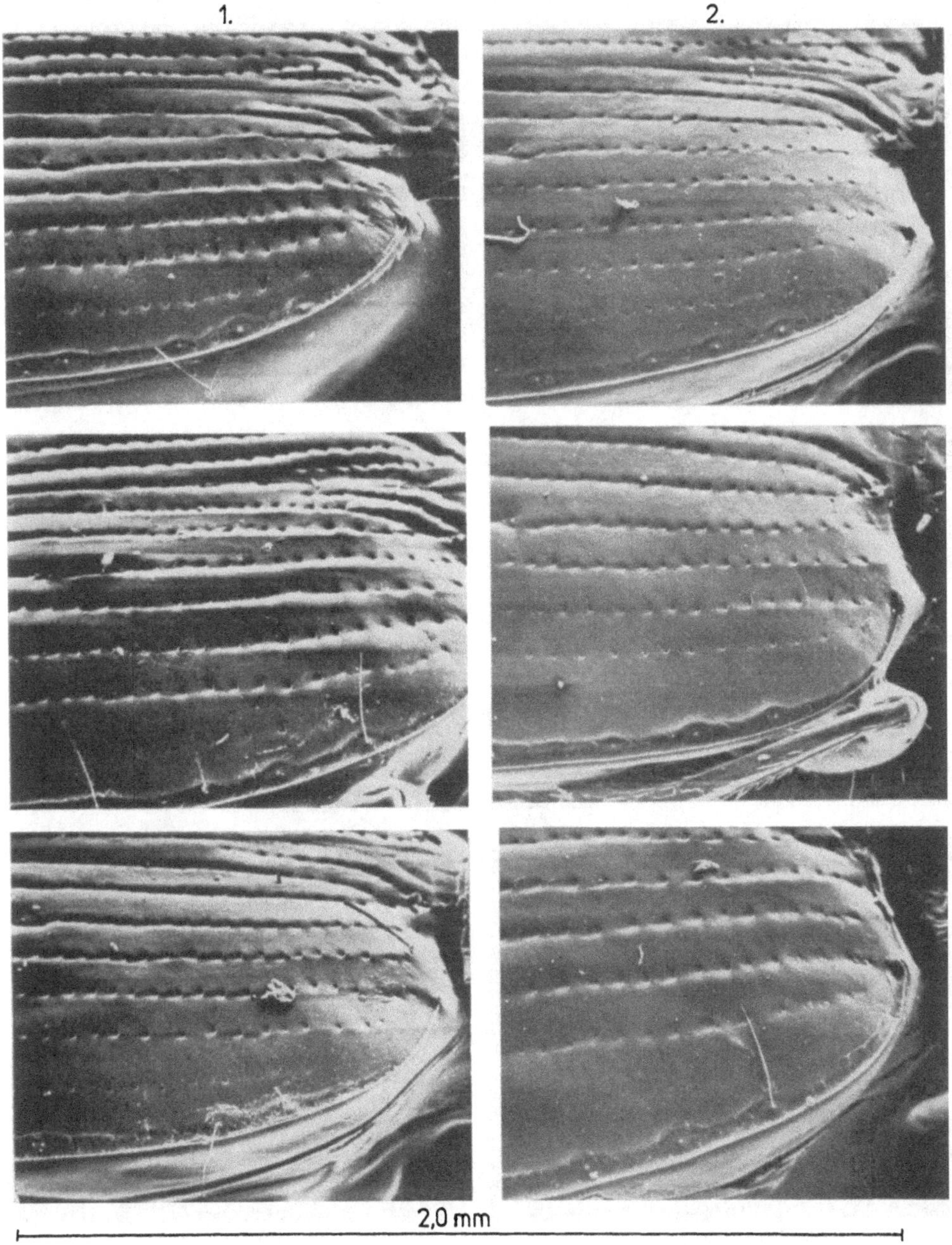

Schulterpartie der rechten Flügeldecke von *Bembidion* (von oben nach unten):
1. *zolotarewi* REITT.; *decorum* ssp. *subconvexum* DAN.; *decorum* ssp. *ticinense* MEYER.
2. *hiekei* nov. spec.; *decorum* ssp. *bodemeyeri* DAN.; *decorum* ssp. *nigrotinctum* SCHATZM.

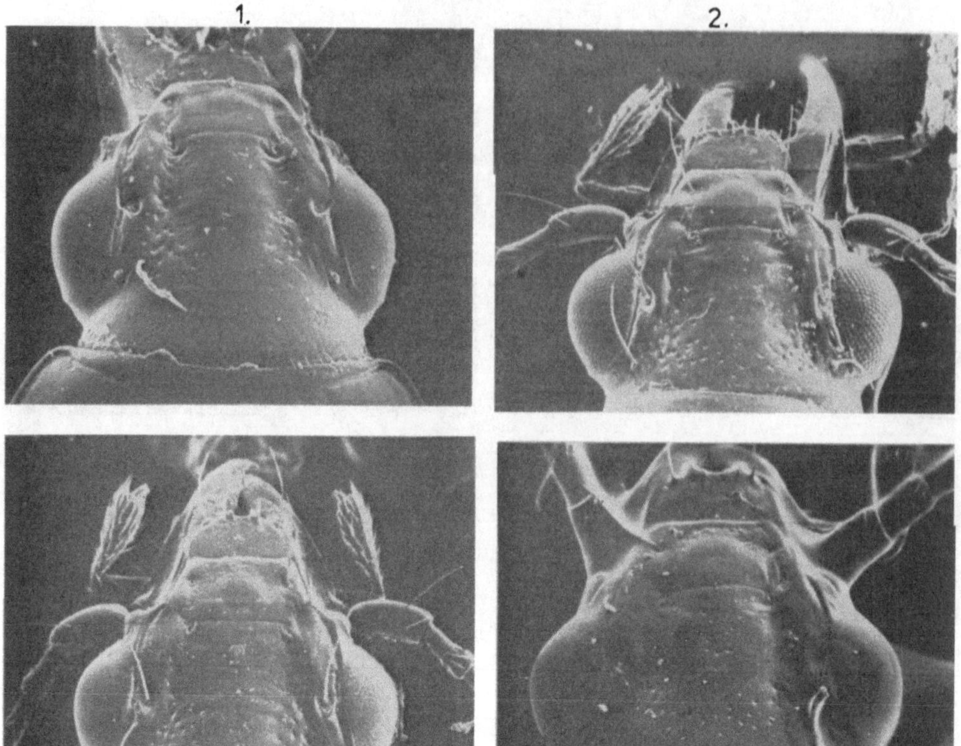

Kopf von *Bembidion* (von oben nach unten):
1. *hasurada* ANDR.; *decorum* ZENK.; *zolotarewi* REITT.;
2. *decorum* ssp. *bodemeyeri* DAN.; *ispartanum* NET.; *hiekei* nov. spec.
(untere Bild-Reihe um $^1/_4$ stärker vergrößert)

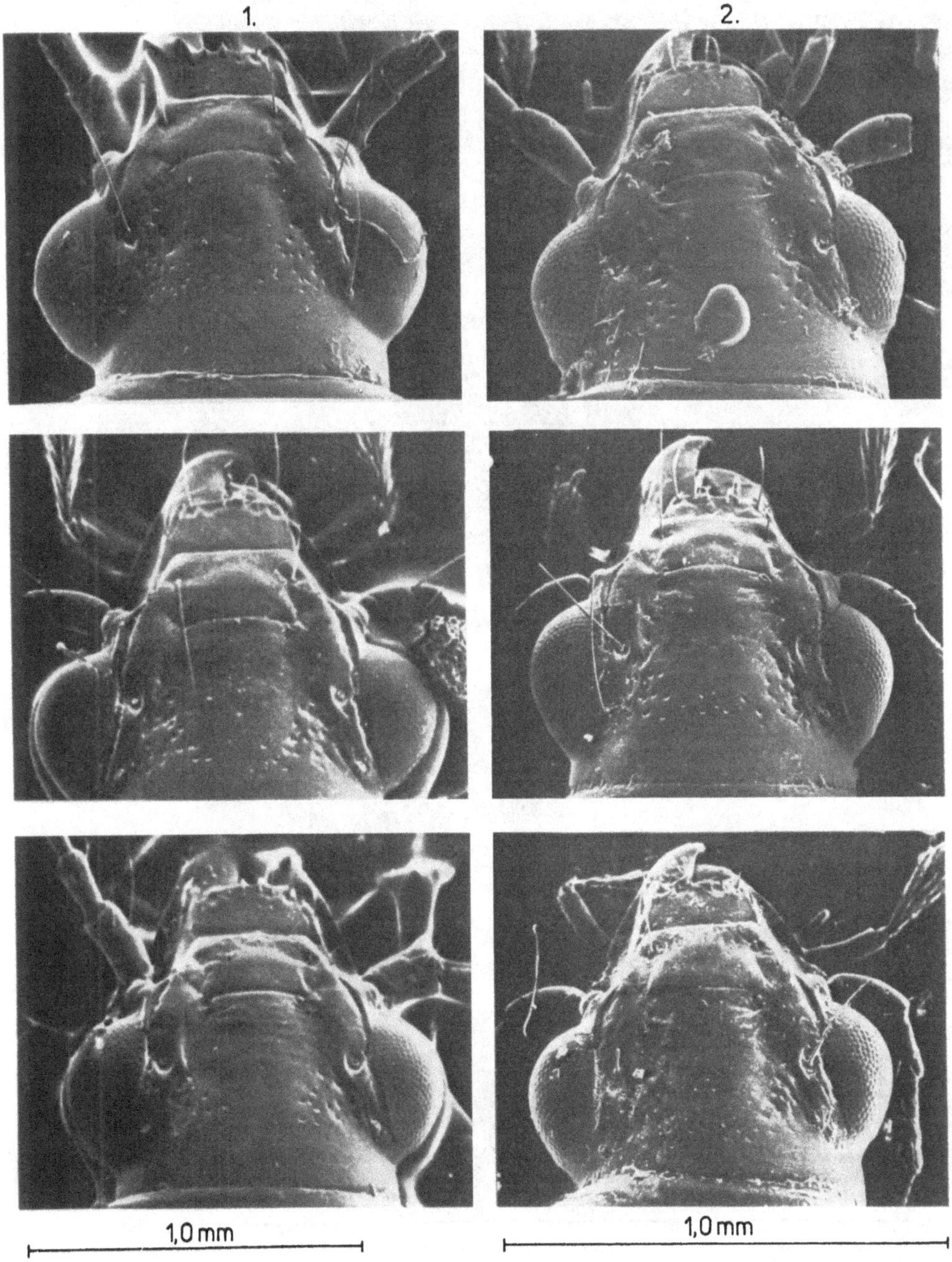

Kopf von *Bembidion* (von oben nach unten):

1. *atlanticum* ssp. *phobon* NET.; *siculum* ssp. *winkleri* n. *coiffaiti* JEANNE; *siculum* ssp. *smyrnense* APF.
2. *apterum* NET.; *decorum* ssp. *caraffai* DEV.; *aetolicum* ssp. *taygetanum* MAR.
(*B. phobon* um $^1/_4$ schwächer vergrößert)

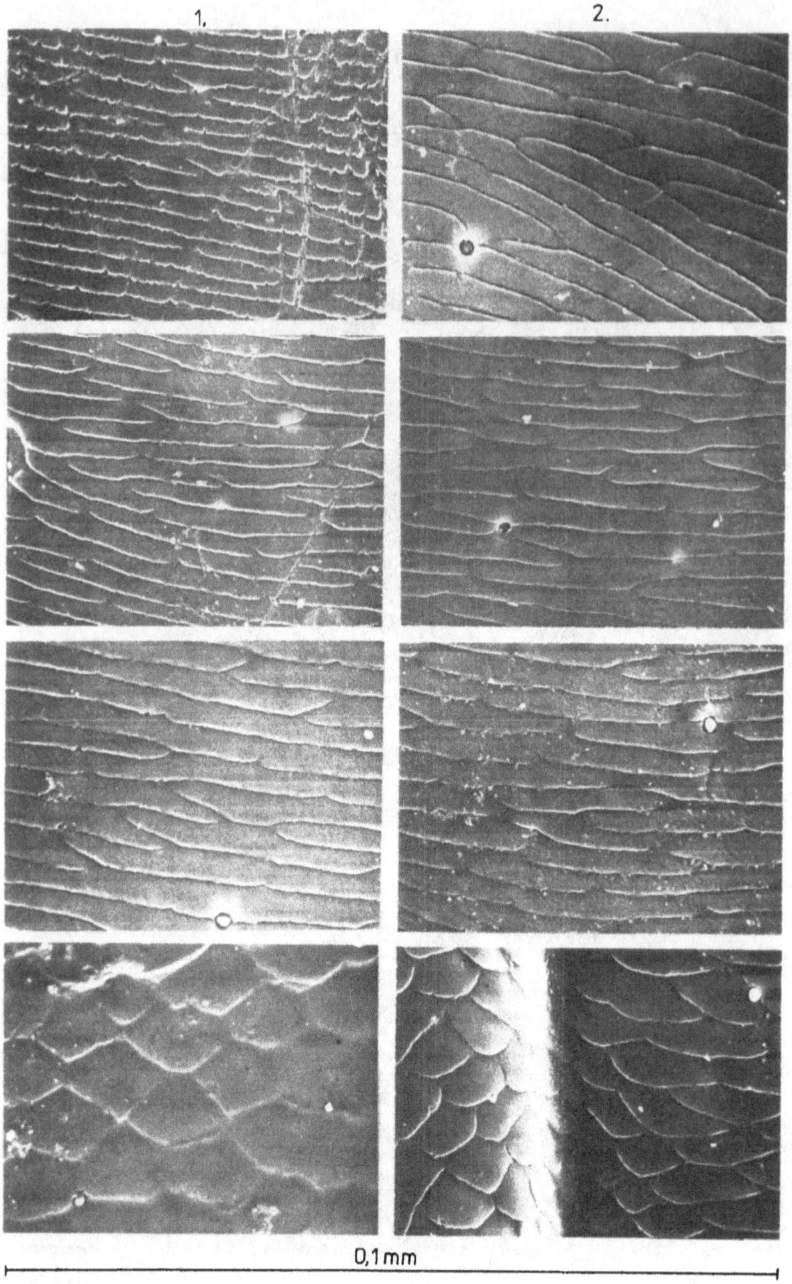

Mikroskulptur der Elytren von *Bembidion* (von oben nach unten):

1. *decorum* Zenk.; *decorum* ssp. *bodemeyeri* Dan.; *decorum* ssp. *nigrotinctum* Schatzm.; *atlanticum* ssp. *phobon* Net. (Hinterende des Kopfes).
2. *hasurada* Andr.; *siculum* ssp. *certans* Net.; *hiekei* nov. spec.; *hiekei* nov. spec. (Elytrenspitze).

Wenn nicht anders angegeben, wurde zum Vergleich der Mikroskulptur jeweils der 2. Zwischenraum (Intervall) der Elytren unmittelbar hinter dem abgekürzten Skutellarstreifen gewählt.

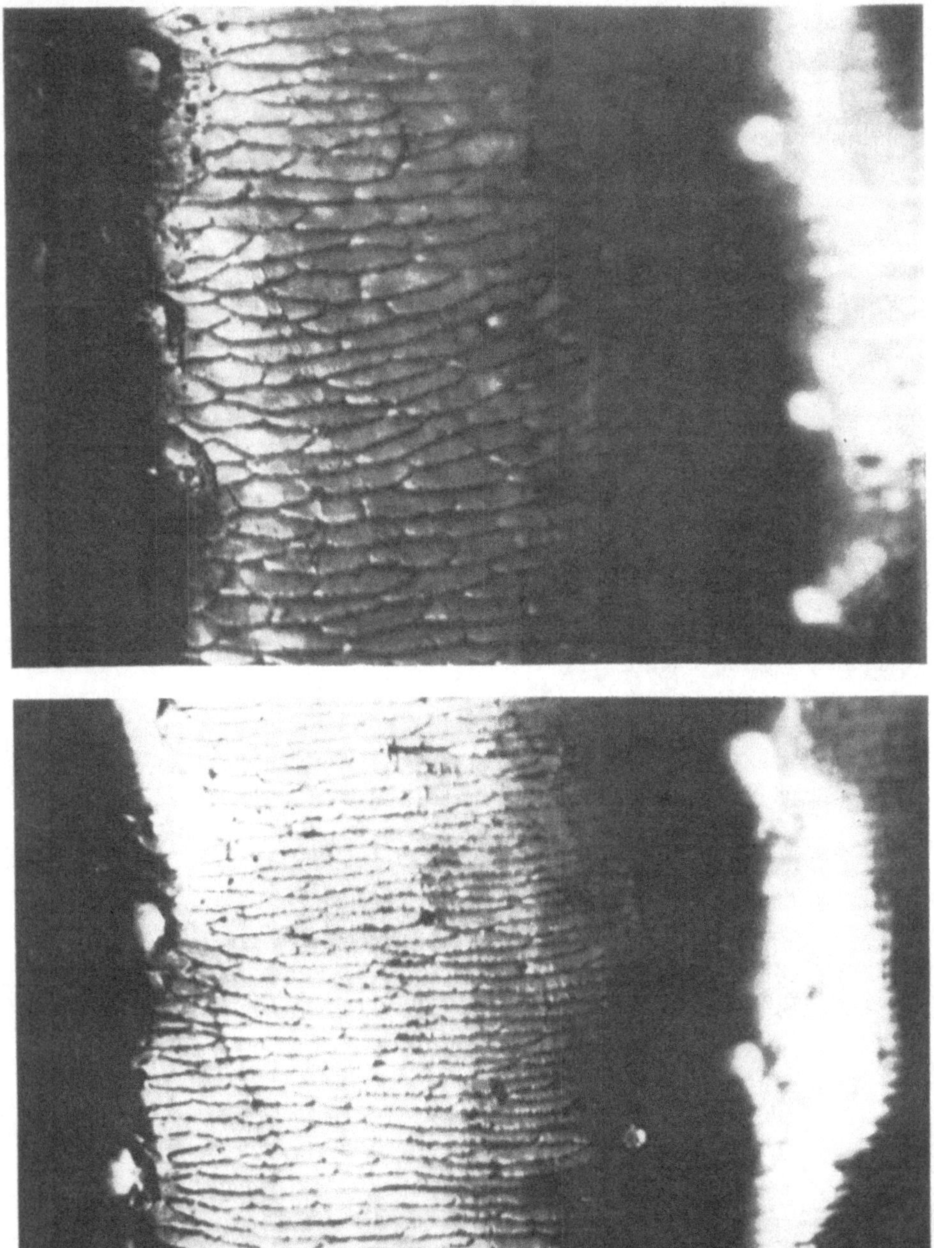

Mikroskulptur der Elytren von *Bembidion* (Auflicht-UV):
oben: *B. semilotum* Net.
unten: *B. decorum* ssp. *ticinense* Meyer.

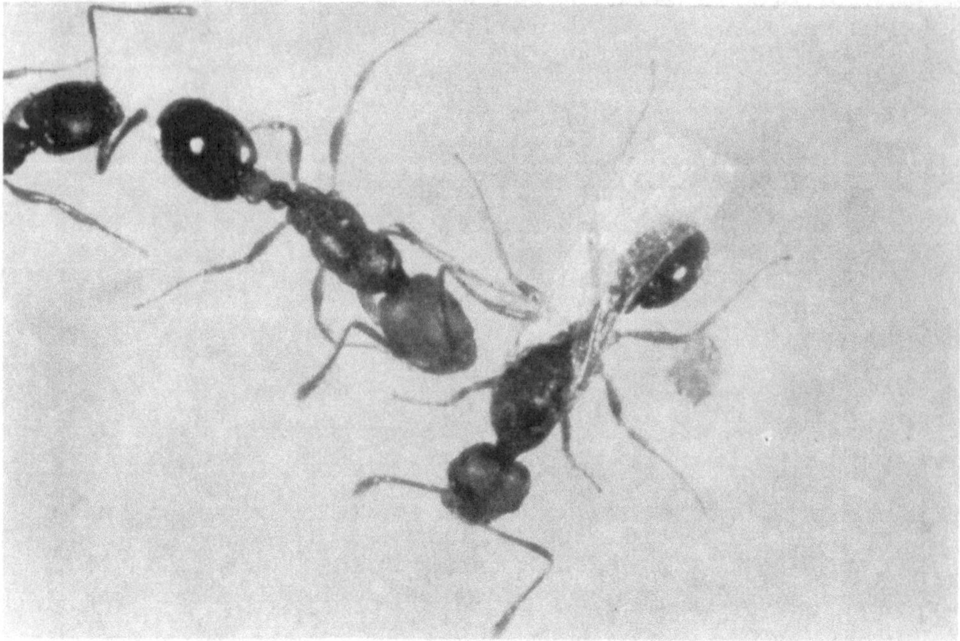

Abb. 1. Androergatogyne Pharaoameisen. Linkes Tier mit normalem Arbeiterrinnenkopf, Gaster männlich, Thorax stark männlich beeinflußt. Scutum jedoch stark reduziert mit Anteilen der Königin. Rechtes Tier mit stark männlich beeinflußtem Kopf (teratologische rechte Antenne!). Thorax überwiegend männlich. Gaster männlich. Königinnenmerkmale sind ebenfalls nachzuweisen (Scutum, laterale Sklerite!)
Abb. 2. Klassischer Halbseitengynander der Pharaoameise. Tier Nr. (XXXIII). Rechts weiblich (Königin), links männlich beeinflußt.

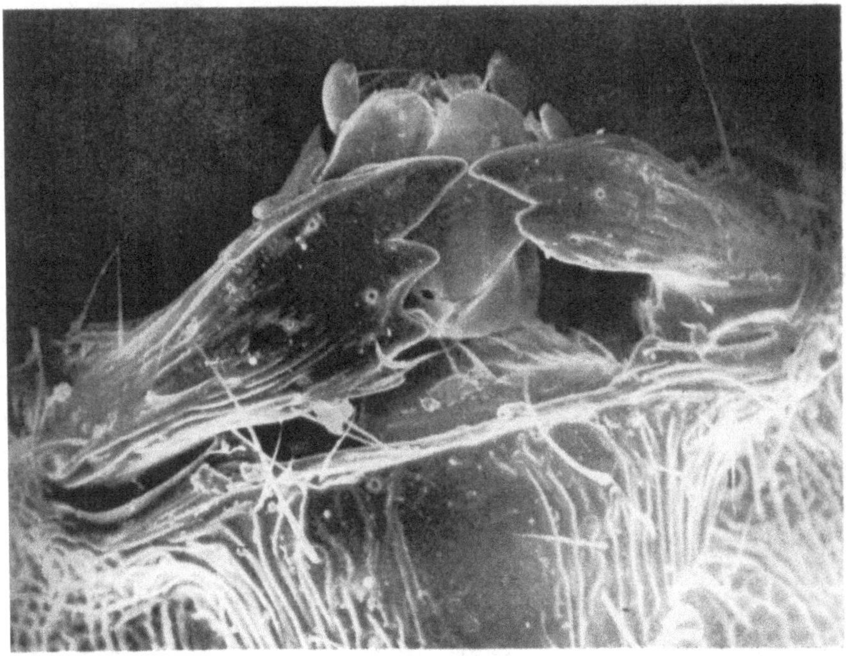

Abb. 3. Blick auf die Mundwerkzeuge eines klassischen Halbseitengynanders, der rechts männlich und links weiblich (Königin) ausgebildet ist. Tier Nr. (XXXII), REM-Darstellung.
Abb. 4. Puppen von ergatandromorphen Pharaoameisen. Deutlich sind beim linken Tier männliches Auge und dunkle Kopf- und Gasterpartien zu erkennen.

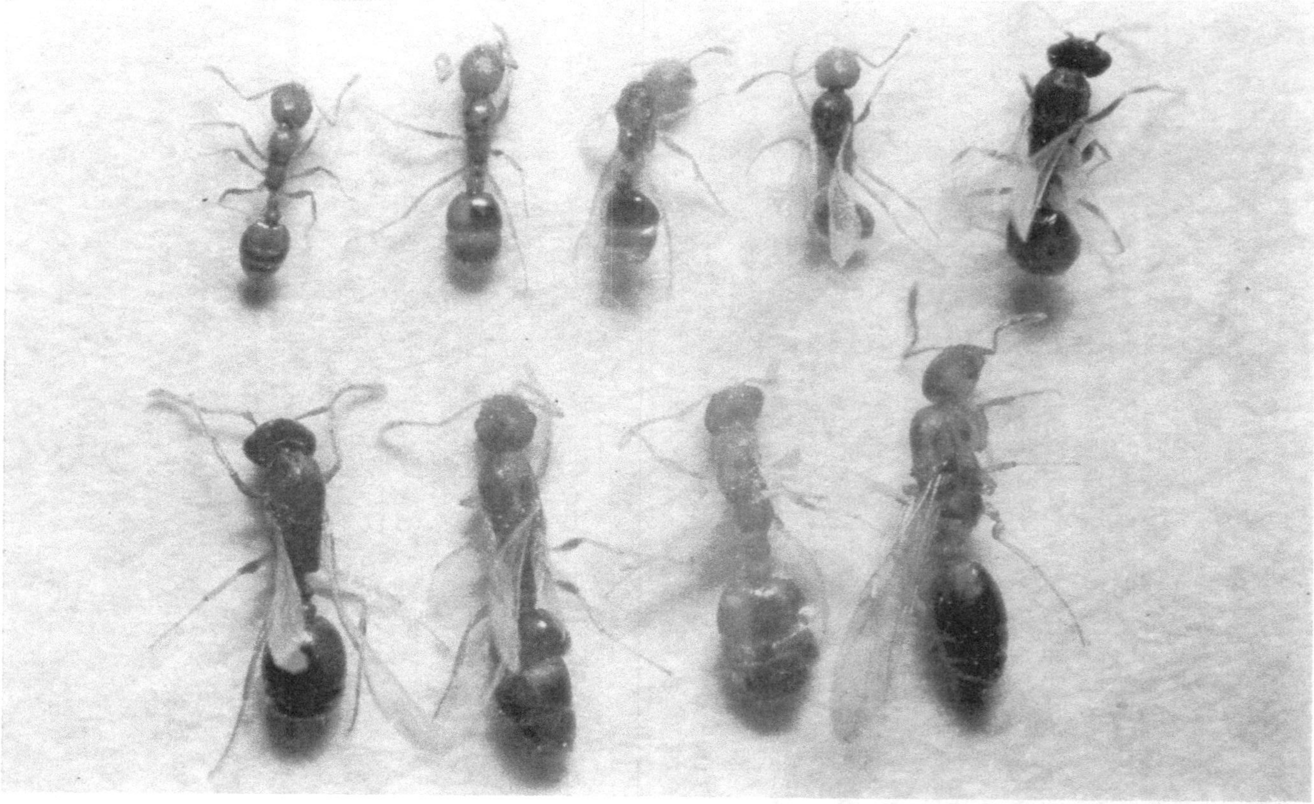

Abb. 5. Auswahl gynandromorpher Pharaoameisen (im Text nicht erfaßt!). Oben: Links – normale Arbeiterin; 2. v. links – ergatandromorphes Tier. Erstes Gastertergit rechts männlich, links weiblich, Kopf einer normalen Arbeiterin, Thorax stark männlich beeinflußt; Mitte – ergatandrogyne Pharaoameise. Kopf einer normalen Arbeiterin. Gaster ergatogynomorph mit männlichem Einfluß. 1. Gastertergit männlich, sonst arbeiterinnenartig; 2. v. rechts – Androergate Pharaoameise. Kopf einer Arbeiterin ebenso wie Gaster. Thorax vollständig männlich; Rechts – normales Männchen; Unten: Links – Männchen mit Königinnengaster. Kopf schwach weiblich beeinflußt (Androgynomorph); 2. v. links – Gynandromorphe Pharaoameise. Kopf schwach, Thorax stark männlich beeinflußt; 2. v. rechts – Gynergatandromorphes Tier. Kopf königinnenartig mit geringem männlichem Einfluß. Scutum deutlich reduziert und männlich beeinflußt. Gaster rechts männlich, links weiblich ausgebildet; Rechts – normale Königin.

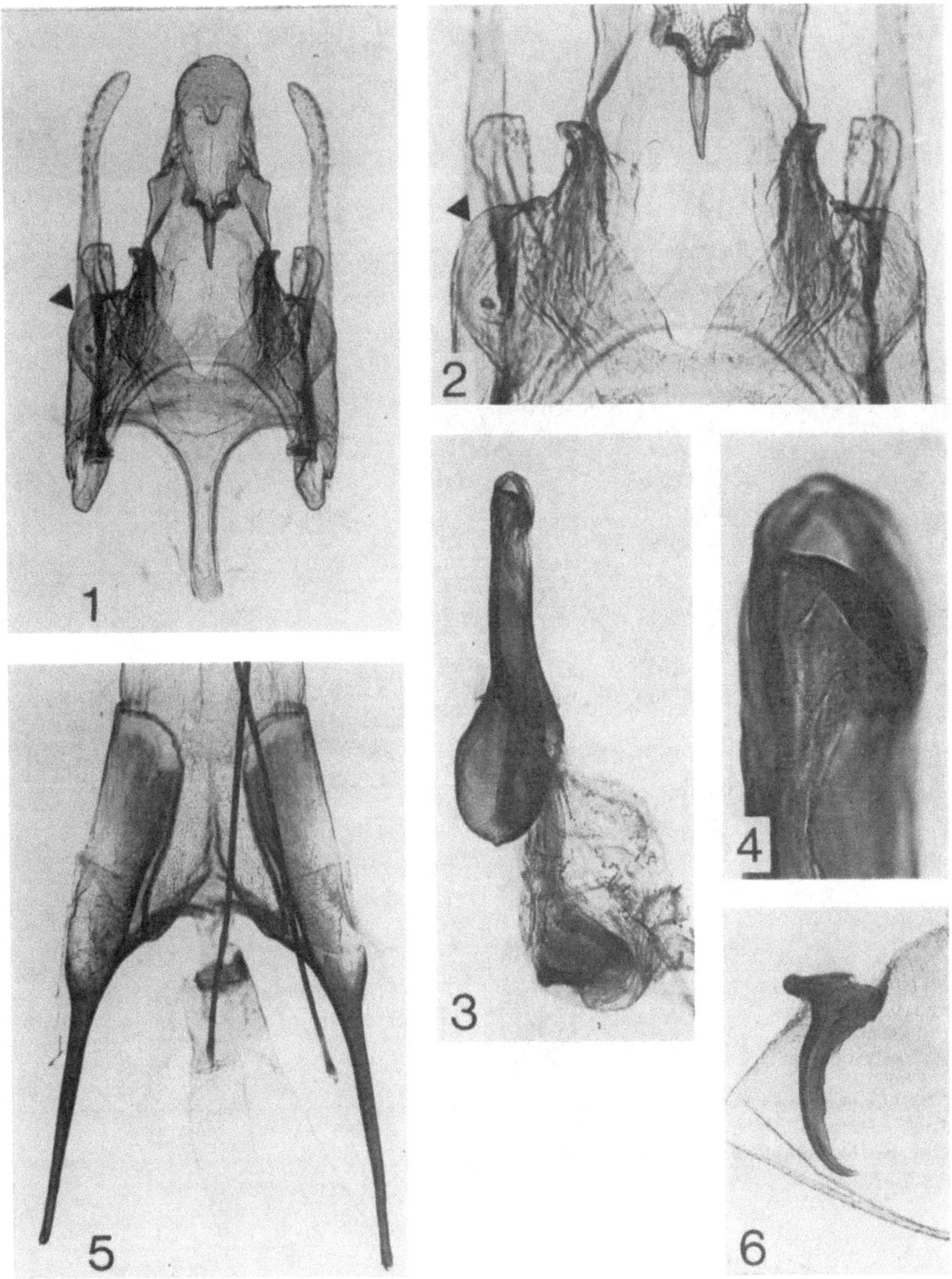

Figs 1 – 6. *Bryotropha indignella* Staudinger, genitalia of paralectotypes. 1 – 4, ♂ (genitalia slide no. 745, Sattler). 1, armature. 2, posterior margin of vinculum. 3, aedeagus. 4, apex of aedeagus.
5, 6, ♀ (genitalia slide no. 743, Sattler). 5, segment VIII. 6, signum.

Oben: *Agonopterix thaiensis* sp. n. ♂, Holotypus
Mitte: *Horridopalpus moranellus* CHRÉT. ♀
Unten: *Horridopalpus moranellus* CHRÉT. ♂

Inhalt

DEUTSCHE ENTOMOLOGISCHE ZEITSCHRIFT
Volume 33 1986 Number 3–5

Contents

The papers published in this journal are selectively abstracted and indexed in the Review of Applied Entomology compiled by the Commonwealth Institute of Entomology, London and published by the Commonwealth Agricultural Bureaux.

FSC
www.fsc.org
MIX
Papier | Fördert gute Waldnutzung
FSC® C083411

Kolibri 360 GmbH
Ferdinand-Jühlke-Straße 7
99095 Erfurt, Deutschland
produktsicherheit@kolibri360.de